土木工程 CAD 软件应用教程

主　编　董　强　刘　勇
副主编　赵晓华　范圣伟　曾宪宝
参　编　罗发明

国防工业出版社
·北京·

内 容 简 介

本书是针对高等学校土木工程专业学生和广大工程技术人员对土木工程计算机辅助设计学习和工作的需要而编写的,全书共16章,可分为两部分。第1~10章为第一部分,主要介绍AutoCAD 2014的基本操作和高级技能;第11~16章为第二部分,特别推荐了当前土木工程学科常用的一系列专业设计软件,每章介绍一种软件,图文并茂,深入浅出,便于学生领会贯通。

本书通俗易懂、方便自学,可作为高等院校土木工程专业学生的基础教程,也可作为道路工程、桥梁工程、建筑工程等行业的从业人员参考用书。

图书在版编目(CIP)数据

土木工程 CAD 软件应用教程/董强,刘勇主编.—北京:国防工业出版社,2014.9
ISBN 978-7-118-09687-3

Ⅰ.①土… Ⅱ.①董… ②刘… Ⅲ.①土木工程—建筑制图—计算机制图—AutoCAD 软件—教材 Ⅳ.①TU204-39

中国版本图书馆 CIP 数据核字(2014)第 221063 号

※

国防工业出版社出版发行
(北京市海淀区紫竹院南路23号　邮政编码100048)
三河市腾飞印务有限公司印刷
新华书店经售

*

开本 787×1092　1/16　印张 20　字数 493 千字
2014 年 9 月第 1 版第 1 次印刷　印数 1—4000 册　定价 39.00 元

(本书如有印装错误,我社负责调换)

国防书店:(010)88540777　　　　发行邮购:(010)88540776
发行传真:(010)88540755　　　　发行业务:(010)88540717

前　言

本书根据最新专业制图规范要求、结合典型工程应用实例，系统地介绍了土木工程计算机辅助制图的方法和技巧，是一本全面介绍土木工程领域计算机辅助设计的教材。土木工程学科涵盖了道路、铁路、桥梁、建筑、水利、地下工程等多个学科，本书主要介绍道路工程、桥梁工程和建筑工程三个学科的 CAD 知识和技术。

本书是为满足高等院校土木工程专业学生和广大工程技术人员对土木工程计算机辅助设计学习和工作的需要而编写的，全书分 16 章，主要介绍 AutoCAD 2014 的基本操作和高级技能，特别推荐了当前土木工程学科常用的一系列设计软件，如快速三维建模软件——SketchUp；建筑绘图 CAD 软件——天正建筑 TArch；道路线路工程辅助设计软件——纬地 HintCAD 软件；桥梁 CAD 软件——海地桥梁工程师系统；地形图绘制专业软件——CASS；工程量清单计价软件——纵横公路工程造价管理软件。本书适用于作为高等院校建筑工程、道路与桥梁工程、地下工程、铁道工程等专业方向的本、专科学生的教材，也可供从事道路工程、市政工程、建筑工程等行业的设计、施工、科研及教学人员应用和参考。

本书由董强、刘勇主编，赵晓华、范圣伟、曾宪宝副主编，罗发明参编。编写分工如下：第 1、8、14 章由刘勇编写；第 2、3 章由曾宪宝编写；第 4、9、10 章由范圣伟编写；第 5、11、12、13 章由董强编写；第 6、7、15 章由赵晓华编写；第 16 章由珠海纵横创新软件有限公司罗发明编写。另外，土木 115 班的李登同学参与部分图形的绘制与采集，在此表示感谢。

本书由王喜仓教授主审，他对本书提出了若干建设性的修改意见，在此深表感谢！

由于时间仓促，不足之处在所难免，恳请批评指正。

编　者

2014 年 7 月

目　　录

第1章 概 述

计算机辅助设计（Computer Aided Design, CAD）是指工程技术人员以计算机为工具，用其专业知识，对产品进行总体设计、绘图、分析和编写技术文档等设计活动的总称。

1.1 CAD 的发展历史

自 1946 年第一台电子计算机 ENIAC（Electronic Numerical Integrator and Calculator）诞生以来，计算机技术作为科技的先导技术得到了飞速的发展和广泛的应用，对人类社会产生了巨大影响，以至于改变了我们这个时代的生活方式，使人类文明进入了信息时代。目前，随着网络技术、多媒体技术、人工智能等技术的相互渗透，计算机几乎渗透到人类生产、科研乃至生活的各个领域，改变着人们的生活方式及观察世界的方式，并成为人类离不开的帮手。

CAD 技术是伴随着计算机软、硬件技术和计算机图形学技术的进步而迅速发展成长起来的，它是近代计算机科学、图形图像处理技术和现代工程设计技术的发展、交汇和融合的硕果。CAD 技术的发展大致经历了如下四个阶段。

（1）第一阶段是 20 世纪 40 年代末至 50 年代末，是孕育、形成阶段。

这个阶段使用的是电子管式计算机，用户要用代码（机器语言）编写求解数学问题的程序，较难掌握，只有专家能够应用。计算机仅起解题中的数值计算作用。1950 年，第一台图形显示器作为美国麻省理工学院"旋风"1 号（Whirlwind 1）计算机的附件诞生了。1958 年美国 Calcomp 公司将联机的数字记录仪发展成为滚筒式绘图仪；GerBer 公司根据数控铣床原理研制出平板式绘图仪。20 世纪 50 年代末期，麻省理工学院在"旋风"计算机上开发的 SAGE 空防系统中，第一次使用了具有控制功能的 CRT 显示器和光笔。少数大公司开始实际使用，美国通用电气公司曾用于进行变压器、电动机等的设计计算。后来类似的技术也在工程设计与生产过程中得到使用。以上种种，可算作是最早的 CAD 输入/输出设备和"交互式图形系统"的雏形。

（2）第二阶段是 20 世纪 50 年代末至 60 年代中后期，是成长阶段。

晶体管成为电子计算机的基本元件，计算机的运算与存储功能有较大提高，陆续开发出一批高级程序设计语言，如 FOR II（1958 年）、ALGOR-60（1960 年）、COBOL（1960 年）、FOR IV（1960 年）以及 PL/I 语言（1965 年），能通用于科学计算与事务管理，且较易为广大工程技术人员掌握和使用。1962 年，麻省理工学院所属林肯实验室的学者 Ivan E.Sutherland 在其博士论文中提出并阐述了交互式图形生成技术的基本概念与原理，研制了第一个人机通信图形处理系统 SKETCH-PAD，采用与计算机连接的阴极射线管 CRT 和光笔，在屏幕上显示、定位与修改图形，实现人机交互式地工作，不久又出现了自动绘图机，解决了图形输出问题。在数据处理方面，由于直接访问设备——磁鼓和磁盘的出现及性能改进，出现了文件系统，到 60 年代中后期得到较大的完善，形成数据管理方法的雏形。在这个阶段后期，由于计算机软、硬件的迅速进展，CAD 技术有很大飞跃，它从简单的零部构件的设计计算，推广应用于大型电站锅炉、核反应堆热交换器等成套设备的设计,其中美国通用汽车公司开发的 DAC-I(Design Augmented by Computer)系统被用于汽车车身外形和结构设计,是这方面的先驱例子。此后几年,美国麻省理工学院、贝尔电话实验室、洛克希德公司和英国剑桥大学等先后展开了对计算机图形学和 CAD 理论与技术的大规模研究,从而使计算机图形学和 CAD 进入了迅速发展并逐步得到广泛应用的新时期。

(3) 第三阶段是 20 世纪 70 年代以后,进入开发应用阶段。

此时计算机已采用集成电路,计算速度与内存容量均有极大的增长,发展了"分时系统",使大型机可与几十个终端连接。图形输入/输出设备也获得了进一步发展,质量不断提高,从 CRT 显示器发展出光栅扫描图形显示器、彩色图形终端等,使图形更加形象逼真,全电子式坐标数字化仪及其他图形输入设备(如 Xerox 公司的数字化鼠标器)取代了光笔并得到广泛应用,机控精密绘图机能高速、高质量地绘制实用图纸。图形信息处理技术问题已基本解决。数据处理也从文件系统发展成为数据库系统,使数据管理更趋完善。与此同时,各种数值分析技术(偏微分方程的数值解法、数值模拟、数值积分、离散数学、有限元等)和现代设计方法(如优化算法、可靠性设计)、系统工程等也在计算机应用的刺激下有了很大的发展。它们反过来又推动 CAD 的应用,逐步开发出一批工程和产品设计的完整的 CAD 系统,涌现出了诸如美国 CV 公司的 CADDS、美国 SDRC 公司的 I-DEAS、美国 M-D 公司的 UGⅡ、美国 CDC 公司的 ICEM、英国剑桥 CIS 公司的 Medusa 等一大批优秀的 CAD 软件。这些软件被广泛地应用于工程领域的产品和工程设计中,大大提高了设计效率,使工程设计质量与设计深度达到一个崭新的水平。

(4) 第四阶段是进入 20 世纪 80 年代以来,电子器件的集成度迅速提高。

随着芯片技术的发展,使小型机与微型机的性能日益完善,专门的图形处理与数据库处理机的出现,软件方面虚拟存储操作系统、分布式数据库技术与网络技术的应用,这些都使 CAD 技术有了长足的进展。过去因设备价格过于昂贵,只有大型企业与公司才能使用的 CAD,现在移植到小型机与微型机上,已能为中、小企业甚至个人广泛使用。应用部门也从航空、汽车、机械制造行业扩展到电子电器、化工、土木、水利、交通、纺织服装、资源勘探、医疗保健等各行各业。CAD 步入广泛实用阶段。

CAD 技术的进步与普及,大大促进了社会生产力的发展,正如美国科学基金中心指出的那样:对直接提高生产力而言,CAD 技术比电气化以来的任何发展,具有更大的潜力,它触发了新的产业革命。现时的 CAD 技术几乎已经到了"无所不能、无所不包"的程度,投资数十亿美元的全世界第一架无图样生产的波音 777 飞机,采用了现代先进的 CAD 技术才成为当时的世界之最,是现代 CAD 技术应用的典型。

1.2　CAD 的主要应用领域

目前 CAD 应用的领域非常广泛,主要有航空航天工业、汽车工业、机械设计、建筑设计、工程结构设计、集成电路设计等。在这里仅做一些简单的介绍。

(1) 在航空和汽车工业中的应用。在机械加工、制造过程中,与 CAD 技术相对应的技术是 CAM(Computer Integrated Manufacturing System, CIMS),即计算机辅助制造技术。通常把 CAD 与 CAM 结合起来使用,称为 CAD/CAM 技术。利用它,可以将设计过程和制造过程通过计算机统一起来。飞机制造和汽车制造是最早应用 CAD/CAM 技术的两个行业。在飞机制造业中,利用 CAD/CAM 技术除了进行机械设计、加工外,还进行机体表面形状的定义,并根据定义进行数控制造。在汽车制造业中,CAD/CAM 技术也为外观造型设计、制图等方面提供了经济而有效的途径。

（2）在电子工业中的应用。CAD 技术在电子工业中的应用最早始于印制电路板的设计。现在,设计半导体的逻辑电路及其布局,由于其复杂性的增加,已经到了非利用 CAD 技术不可的地步。据统计,现在 75%的 CAD 设备是应用于电子工业的设计与生产。

（3）在机械制造行业中的应用。目前,在发达国家的机械制造行业主要生产环节中已应用了 CAD 技术。近几年,在 CAD/CAM 技术的基础上又产生了 CIMS 技术,它使多品种、中小批量生产,实现总体利益的智能化制造成为可能。

（4）在土木工程中的应用。在土木工程中,CAD 技术是发展最快的技术之一。传统的设计方法、设计手段、设计速度和设计质量已远不能适应土木工程的各种新的需要,现代 CAD 技术应用到土木工程的各个领域是必然的。土木工程 CAD 技术也不再只是局限于建筑设计、结构计算和绘制施工图,而是扩展到了包括从工程项目招投标到施工管理在内的几乎全部领域;土木工程 CAD 软件也从各分散功能程序进步到大型的集成化多功能建筑 CAD 软件系统。使用 CAD 的水平已成为企业技术水平的象征,也是对外竞争投标的重要手段。

（5）在其他行业中的应用。在模具行业,进行模具的自动设计和加工过程的仿真;在服装制作行业,根据体形自动设计剪裁形状、尺寸等;在化工行业,进行分子模型的表示等。

我国 CAD 技术的应用与研究始于 20 世纪 60 年代末。经过 40 多年的努力,我国目前在机械、电子、航天、化工、建筑、服装等行业,已广泛应用了 CAD 技术,取得了较好的发展并达到了较高的水平,特别是微型计算机 CAD 技术在社会上的普及。

1.3　CAD 在土木工程中的应用

在 CAD 技术出现以前,工程设计的全过程都是借助铅笔、尺子、图板、计算器等工具来完成的。当然,在工程设计中包含着需要由人来完成的创造性的工作,但是也确实包含了很多重复性高、劳动量大以及某些单纯靠人难以完成的工作,如单调的绘图、烦琐的计算等。这些重复性的工作现在可以由计算机更快、更好地去完成,这就是 CAD 技术的意义所在。

计算机的主要特点是运算速度快、存储数据多、精确度高、具有记忆和逻辑判断能力,可以处理图形。所有这些特点都可被用于辅助设计过程。一般地,利用 CAD 技术可以收到以下效果。

首先,可以缩短设计工期。由于计算机处理速度快,并能不间断地工作,因此可以大大地提高设计效率,缩短设计工期。缩短设计工期就意味着能早日推出新产品,可以产生更多的设计方案,以便进行方案比较,选出最佳设计方案,从而更好地达到预期的目的。

其次,可以提高设计质量。使用自动化程度较高的 CAD 系统进行设计时,设计者只需输入一些有关设计初始条件的数据,由计算机调用结构分析程序进行分析计算,就可得到设计结果。此外,利用计算机可以得到清晰、整齐、美观的设计图和文档,便于校核和修改,从而有效地防止手工绘图过程中尺寸标注错误、不同图纸在表达同一构件时的不一致等错误的产生,提高了设计质量。

另外,可以降低设计成本。应用 CAD 技术可以帮助设计者提高设计效率,当设计劳务费较高而 CAD 系统的费用较低时,就会降低设计成本。工程设计中应用了 CAD 技术以后,已取得明显的经济效益。

目前,CAD 技术在土木工程中的应用非常广泛,已经延伸到工程项目建设的各个阶段:从建设项目的规划、设计、施工几个阶段,到建成以后的维护管理阶段。

1. 在规划中的应用

对任何工程项目,规划工作都是十分重要的。一般土木建筑工程的规划都需要考虑众多的因素,如土地利用、经济、交通、法律、景观等有关社会经济的因素,气象、地质、地形、水等有关自然的因素,以及水质、噪声、土地污染、绿化等生活环境的因素。任何一项规划都是一项决策,其中人始终是主体。

对应于该阶段的 CAD 系统主要有三类:

第一类是有关规划信息的存储和查询系统,如土质数据库系统、地域信息系统、地理信息系统、城市政策信息系统等。这一类系统多采用数据库系统的形式。

第二类为信息分析系统,如规划信息分析系统等。

第三类为规划的辅助表现及作图系统,如景观表现系统、交通规划辅助系统等。

特别说明两点:首先,有关规划信息的数据库,由于其公共性高,应由政府或公共部门建立并提供服务。这类数据库是否健全,反映了一个国家的文明发展程度。其次,通过利用景观表现系统,可以在建造前就看到实物的形象及其和周围的协调情况,对于做出优秀的规划具有重要意义。

2. 在设计中的应用

一般土木建筑结构的设计都包含结构形式的选定、形状尺寸的假定、模型化、结构分析、验算、图面绘制、材料计算等过程。CAD 技术在土木建筑领域中最早就是应用在结构设计中的。所以,设计 CAD 系统的历史较长,发展比较成熟。据有关资料,目前我国土木建筑领域各部级设计院 CAD 出图率为 100%。运用计算机进行分析计算达 98% 以上,进行方案设计已达 80% 以上。采用 CAD 技术进行设计,设计的出错率由手工设计的 5% 降低到 1%,提高工效一般为 6~8 倍,有的可达 20 倍。由于多方案优化,节省工程投资一般为 2%~5%,个别专业可达 10% 以上。

对应于设计的 CAD 系统也可分为三类:

第一类为对应于各个设计过程的系统,如结构形式选择系统、结构分析系统、设计系统、绘图系统、材料计算系统等。其中每个系统都可以处理多种结构形式。其缺点是为完成一项设计需使用多个系统,不但需要掌握每个系统的使用方法,还导致大量数据的重复输入。

第二类系统为通用 CAD 系统,如 AutoCAD,这类系统只提供基本的图形处理功能,可用来绘制各个工程领域的设计图纸。

第三类系统为集成化设计系统。这类系统的自动化程度一般较高,只要输入少量的数据,即可完成设计的全过程。设计时,只需输入基本的参数,如结构尺寸、截面尺寸、材料性质等,系统即可自动进行结构分析,直至生成施工图。这类系统虽可减轻人们学习新系统的负担并避免数据的重复输入,但一般在使用时有一定的限制,是面向特定对象的专用软件,或是根据专业要求进行二次开发的软件。与前面的两类系统相比,使用这类系统具有作业效率较高,专用性高,相关专业数据可共享等特点。例如目前在我国建筑工程设计中应用最广泛的系统,是由中国建筑科学研究院研制开发的具有自主版权的集成化 PKPM 系列软件系统。

3. 在施工中的应用

一般的土木建筑工程的施工包含以下过程,即投标报价—施工调查—施工组织设计—人员、器材和资金的调配—具体施工及项目工程管理—验收等。目前,CAD 技术在每个过程中均有应用,如投标报价与合同管理、工程项目管理、网络计划、质量和安全的评价与分析、劳动人事工资、材料物资、机械设备、财务会计和行政管理、施工图的绘制等系统。其中,应用计算机编绘网络计划图已成为参与国际投标的必要条件之一。CAD 技术的应用,有效地提高了施工企业的工作效率和管理水平。

现在国外已开发出一些建筑物和构筑物的集成化施工系统。例如,隧道的集成化施工系统。在该系统中,包含隧道设计子系统,施工图及施工平面图绘制子系统。施工管理子系统,材料表生成子系统以及施工组织设计书生成子系统等。虽然开发这种集成化系统都伴随着极其庞大的工作量,但使用它极大地提高了工作效率。

4. 在维护管理中的应用

土木建筑结构物在使用期内会出现老化、功能下降等情况,因此,对其必须进行适当的维护和管理。一般地,对土木建筑结构物的维护和管理包括定期检查、维修和加固等。

CAD 技术在维护管理中最早的应用是煤气、上下水管线图的计算机管理,其中包含管线的位置以及管线的埋设条件,如管线的材质、管径、埋深等。这样的系统无疑对管路的分析、检查等提供了极大的方便。近年来,出现了以数据库为中心的道路设施维护管理 CAD 系统。这种系统具有两种作用:一种是用于保存定期检查结果等信息,另一种是用于辅助维修和加固的规划设计。

当前,土木建筑"向空间要面积、向地下要根基"的势头日盛,而施工技术和建筑新材料的不断创新、智能型建筑的兴起等更是对土木工程设计提出了新的挑战。随着计算机技术和土木工程技术的飞速发展,现代 CAD 技术在土木工程中的应用也必将得到进一步的发展。

1.4 土木工程 CAD 的发展趋势

20 世纪 80 年代中期以后是 CAD 向标准化、集成化、网络化、智能化方向发展的时期。标准化指研究开发符合国际标准化组织颁布的产品数据转换标准、制定网络多媒体环境下数据信息的表示和传输标准、制定统一的国家 CAD 技术标准体系。集成化包括软件硬件的集成、不同系统之间的集成以及通过网络多媒体数据库实现异地系统协同共享信息资源等。网络化指充分发挥网络系统的优势,共享昂贵的设备;借助现有的网络,用高性能的 PC 代替昂贵的工作站;在网络上方便地交换设计数据。智能化指将领域专家的知识和经验归纳成必要的规则形成知识库,再利用知识的推理机制进行推理和判断,以获得设计专家水平的设计结果。当今计算机技术及相应支撑软件系统的发展日新月异、更新迅速,大大促进了 CAD 技术的发展。土木工程CAD 技术在软件、系统方面的发展集中在可视化技术、集成化技术、智能化技术、网络化技术、虚拟现实技术和 3S(GIS、GPS、RS)技术等方面。

1. 可视化技术

随着 CAD 系统的深入发展其功能越来越多,而 CAD 系统的操作过程就越复杂,成果也越丰富,如何将工程设计和结果清晰直观地表现出来是 CAD 系统能否实用化的关键所在。科学计算可视化(Visualization In Scientiric Computing, VISC)技术正是在基于上述需求,于 20 世纪 80年代末期提出并发展起来的一门新技术,它是运用人的视觉对颜色、动作和几何关系等直观模式的识别能力,将科学计算过程、算法及计算结果通过图形、图表、动画等手段直观地表现出来的一门技术。可视化技术作为实现操作过程与功能对接的工具,不仅可以改进传统设计手段,还可以改变设计环境,如 CAD 虚拟环境,使设计者处于虚拟的三维空间进行工程设计,提高设计质量。可视化技术应包括良好的数据输入输出界面、中间数据的实时查询、人机交互的设计过程、可引导可控制的设计流程、设计结果自动处理等内容。

2. 集成化技术

集成化技术主要是实现对系统中各应用程序所需要的信息及所产生的信息进行统一的管理,达到软件资源和信息的高度共享和交换,避免不必要的重复和冗余,充分提高计算机资源的利用率。国外发达国家在工程设计领域集成化技术的研究与应用已日趋成熟,能够构成从市场分析、招标投标、工程规划、工程设计到计划进度、质量成本控制、施工与管理等一体的计算机辅助系统。发展集成化技术是当今 CAD 技术的主要趋势之一,与国外发达国家相比,我国工程设计领域在这一方面还存在很大差距,应加快研究、开发、建设和应用集成系统的步伐。CAD 技术的集成化主要体现在系统构造由原来单一功能变成综合功能,出现由 CAD/CAM/CAE/MIS 构成的计算机集成制造系统、计算机辅助制造(Computer Aided Manufacture,CAM)、计算机辅助工程(ComputerAided Engineering,CAE)、管理信息系统(Management Information System,MIS)。集成化还体现在下列几个方面:①CAD 中有关软件和算法不断地被固化,即用集成电路及其功能块来实现有关软件和算法的功能;②多处理机、并行处理技术用于 CAD 中,使工作速度成百倍增加;③网络技术在 CAD 中被采用,这样近程和远程资源及成果都能即时共享。当前人工智能和专家系统技术已在 CAD 中逐步被应用,把工程数据库及其管理系统、知识库及专家系统、用户接口管理系统和应用程序系统集于一体,形成智能计算机辅助设计(Intelligent CAD,ICAD),大大提高了设计的自动化程度。

3. 智能化技术

智能化 CAD 系统是把人工智能的思想、方法和技术引进到 CAD 领域而产生的,它是 CAD 发展的必然方向。传统 CAD 系统基本上都是采用基于算法的技术,这种方法比较简单,处理的费用比较低,但处理能力局限性较大,特别是缺乏综合和选择、判断的能力,系统在使用时常常需要具有较高的专业知识和较丰富的实践经验的设计人员,通过人机交互手段才能完成设计。智能化 CAD 系统是具有某种程度人工智能的 CAD 系统,它是基于知识的技术,目前主要通过在 CAD 系统中运用专家系统、知识库系统和人工神经网络等人工智能技术来实现。知识库系统包括知识库的建立和知识库的管理。人工神经网络是以一种简单的方式从结构上来模拟人脑神经元,从而实现模拟人脑思维活动的功能。目前智能化技术已经在光谱分析与解释、疾病诊断、石油探测、市场分析、仪器故障分析、产品分级、图像识别、运动员训练优化、质量控制、语言教学、计算机辅助翻译、金属实验等方面得到了应用,在土木工程领域地基处理中布桩方案的确定也得到了应用。

4. 网络化技术

利用计算机网络资源共享的特点,可实现网络中的硬件、软件和数据共享,优化资源配置。利用网络信息快速传输、远程通信的特点,它可以将一个复杂的大型工程划分为若干个较小的子工程,分散在几个不同地点的终端上进行协同设计,通过网络将各子工程数据和设计结果进行传输、交换、更新和汇总,最后完成全部设计任务,从而可以加快设计速度,提高设计效率。计算机网络可分为局域网、城域网和广域网。局域网的地理范围一般在 $10km^2$ 之内,如一个学校的校园网。广域网的地理范围可以很大,从几十平方千米到几万平方千米,即采用远程通信技术把局域网连接起来,如一个城市、国家或洲际网络。城域网介于局域网和广域网之间,一般覆盖一个城市或地区。

5. 虚拟现实技术

虚拟现实技术是一种逼真地模拟人在自然环境中视觉、听觉、运动等行为的人机界面技术，它将真实世界的各种媒体信息有机地融合进虚拟世界，构造用户能与之进行各个层次的交互处理的虚拟信息空间。一个虚拟现实系统主要由实时计算机图像生成系统、立体图形显示系统、三维交互式跟踪系统、三维数据库及相应的软件组成。虚拟技术的第一个特征是沉浸，让参与者有身临其境的真实感觉；第二个特征是交互，它主要通过使用虚拟交互接口设备实现人类利用自然技能对虚拟环境对象的交互考察与操作；第三个特征是构想，它强调的是三维图形的立体显示。运用虚拟现实技术，可以用狭小的空间代替广阔的空间，可以体验到由于危险、经济代价高昂等原因而达不到的地方，还可以体验到因大小关系而无法体验的事情。利用虚拟现实技术还可以检验设计的合理性，如建筑物的外观、道路线形等。虚拟现实技术在土木工程领域也有广阔的应用前景，如景观表现系统、交通规划系统等。

6. 3S 技术

3S 技术是地理信息系统（GIS）、全球定位系统（GPS）和遥感（RS）技术的一种简称。GIS、GPS、RS 三者紧密结合，共同构成一个对地观测、处理、分析、制图和工程应用的系统。GIS 是用于采集、模拟、处理、检索、分析和表达地理空间数据的计算机系统。它将现实世界表达成一系列的地理要素和地理现象等地理信息，通过对信息的处理、分析来提供多种空间和动态地理信息，为地理研究和地理决策服务。目前 GIS 技术在城市规划和管理、农作物规划与管理、地下管网规划与管理以及灾害风险预测等方面得到了广泛的应用。GPS 是通过卫星通信、测距和导航来获取地面上静止点和动态点的三维空间坐标。它是一种全新的测量手段，具有测量精度高、速度快、全天候作业、不受通视条件和点位限制等优点。如今 GPS 技术在测绘方面的应用范围越来越广阔，它被用于大地测量、海洋测绘、监测地球板块运动、工程测量等。此外，在军事、交通、通信、地矿、石油、建筑、气象、土地管理等部门也开展了 GPS 技术的研究和应用。RS 技术是综合了空间技术、无线电技术、光学技术和计算机技术在 20 世纪 60 年代发展起来的一门新技术。它利用光学、电子学、电子光学传感器，不经与被测物体直接接触，远距离接收物体辐射或反射的电磁波信息，经过处理分析，从中提取对研究目标有用的信息。RS 技术促使摄影测量发生了革命性的变化，目前已经发展到比较成熟的阶段，在地理学和环境学方面有着广泛的应用。利用 RS 技术可以对灾害范围进行实时跟踪和监控。利用卫星照片或航片上含有的丰富信息，通过立体观察和照片判读来获取道路沿线的各种地质、地貌、水文、建材等资料。

第 2 章　AutoCAD 绘图系统

本章主要介绍 AutoCAD 绘图系统的基本概念，以及如何快速入门，包括如何打开、关闭并管理图形，利用 AutoCAD 窗口组件进行高效、快速地绘图和设计。

2.1　AutoCAD 概述

近年来，随着计算机技术、信息技术以及网络技术的成熟和飞速发展，计算机辅助设计技术得到了充分的发展和应用。计算机辅助设计已被越来越多的行业和领域（如机械、电子、航空、航天、轻工、纺织等）普遍接受。CAD 技术具有高效益、更新快等特点，它的发展和应用水平已成为衡量一个国家科技和工业现代化水平的重要标志之一。

AutoCAD 2014 是应当今技术的快速发展和用户的需求而开发的面向 21 世纪的 CAD 软件包，它实现了向 Windows/Objects/Web 的战略性转移，体现了世界 CAD 技术的发展趋势。它的推出正迅速而深刻地影响着人们设计和绘图的基本方式。

AutoCAD 2014 从概念设计到草图和局部详图，提供了创建、展示、记录和共享构想所需的所有功能。AutoCAD 2014 将用户惯用的 AutoCAD 命令和熟悉的用户界面与更新的设计环境结合起来，能够以前所未有的方式实现并探索构想。

1. 概念设计

更新的概念设计环境使实体和曲面的创建、编辑和导航变得简单且直观。所有工具都集中在一个位置，因此可以方便地将构想转化为设计。改进的导航工具使设计人员可以在创建和编辑期间直接与其模型进行交互，从而可以更加有效地对备选设计进行筛选。

2. 可视化工具

无论处于项目生命周期中的哪个阶段，在 AutoCAD 2014 中用户都可以通过强大的可视化工具（例如漫游动画和真实渲染）来表达所构思的设计。通过新的动画工具，可以在设计过程早期发现设计缺陷，而不是在缺陷可能变得难以解决时才发现它们。

3. 文档

有时必须将设计付诸实现，在此情况下，AutoCAD 2014 可以方便快捷地将设计模型转化为一组构造文档，以便清晰准确地描绘要构建的内容。截面和展平工具使用户可以直接通过设计模型进行操作来创建截面和视图，随后可以将其集成到图形中。由于无需为设计文档包重新创建模型信息，因此，能够节省时间和资金，并避免在手动重新创建期间可能发生的任何错误。

4. 共享

AutoCAD 2014 扩展了已有的功能强大的共享工具（例如，可将当前 DWG 文件输出为旧版本的 DWG 文件，而且可以输出和输入具有红线圈阅和标记信息的 DWF 文件），并且改进了输入并将 DWF 文件作为图形参考底图进行操作的功能。

2.2 AutoCAD 的基本操作

本节主要介绍 AutoCAD 2014 的启动过程,绘图屏幕的各组成部分及其功能,在此基础上介绍简单图形的绘制。

2.2.1 启动 AutoCAD

在"开始"菜单中选择"程序",然后选择"AutoCAD 2014 中文版"或在桌面连击 AutoCAD 2014 中文版图标 A,启动后首先出现欢迎屏幕窗口,如图 2-1 所示。关闭欢迎屏幕窗口,进入 AutoCAD 2014 操作窗口,如图 2-2 所示。

图 2-1　AutoCAD 欢迎屏幕窗口

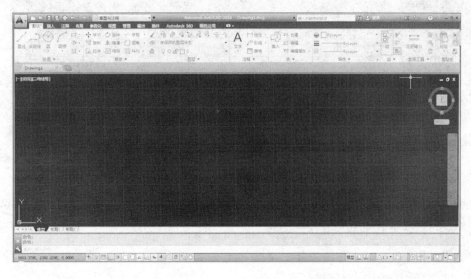

图 2-2　AutoCAD 二维草图与注释绘图窗口

9

2.2.2 AutoCAD 窗口操作

启动 AutoCAD 2014 后,将会看到如图 2-2 所示的 AutoCAD 2014 窗口。这一窗口是设计工作空间,它包括用于设计和接收设计信息的基本组件。AutoCAD 2014 提供了"二维草图与注释"、"三维基础"、"三维建模"和"AutoCAD 经典"四种工作空间模式,分别如图 2-2~图 2-5 所示。

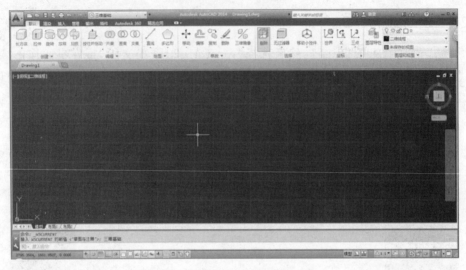

图 2-3 AutoCAD 三维基础绘图窗口

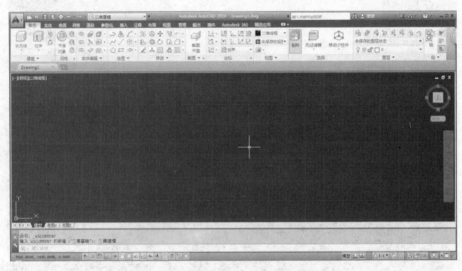

图 2-4 AutoCAD 三维建模绘图窗口

1. 工作空间的转换和设置

AutoCAD 2014 默认显示的是二维草图与注释工作空间,要改变工作空间,在窗口的左上角单击工作空间转换下拉列表框 ⚙三维建模 ▼,出现如图 2-6 所示的列表框,选择所需要的工作空间即可。单击工作空间设置按钮 ⚙,出现如图 2-7 所示的"工作空间设置"对话框,可以对所需的工作空间进行设置。

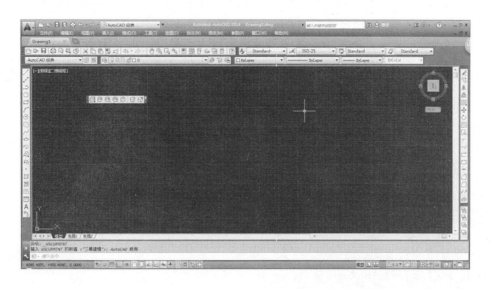

图 2-5　AutoCAD 经典绘图窗口

图 2-6　工作空间转换列表框

图 2-7　"工作空间设置"对话框

2. AutoCAD 操作窗口

AutoCAD 的各个工作空间都包含"菜单浏览器"按钮、标题栏、快速访问工具栏、命令提示行、绘图窗口、状态栏和功能选项板等。下面以 AutoCAD 经典绘图窗口的工作空间进行介绍。其包括以下主要部分。

（1）菜单栏（下拉菜单）。菜单由菜单文件定义。用户可以修改或设计自己的菜单文件。典型的下拉菜单包括文件（F）、编辑（E）、视图（V）、插入（I）、格式（O）、工具（T）、绘图（D）、标注（N）、修改（M）、窗口（W）等。单击下拉菜单标题时，会在标题下出现菜单列表项，可以在表中拾取各命令项。

（2）工具栏。工具栏包括许多由图标表示的工具。单击这些图标按钮就可激活相应的命令。AutoCAD 2014 提供了 48 个工具栏，右击任何工具栏，屏幕出现工具栏菜单，然后在工具栏内单击某工具栏项目，在此可以打开、关闭某个工具栏。

（3）绘图区域。绘图区域用于显示图形。根据窗口大小和显示的其他组件（例如工具栏和对话框）数目，绘图区域的大小将有所不同。

（4）十字光标。十字光标用于在绘图区域标识拾取点和绘图点。十字光标由定点设备控制。可以使用十字光标定位点、选择和绘制对象。

（5）模型/布局选项卡。可以在模型（图形）空间和图纸（布局）空间来回切换。一般情况下，先在模型空间创建设计，然后创建布局以绘制和打印图纸空间中的图形。

（6）命令窗口。命令窗口在绘图区下方，显示命令提示和信息。

（7）状态栏。在状态栏的左下角显示光标坐标。状态栏还包含一些按钮，使用这些按钮可以打开常用的绘图辅助工具。这些工具包括"捕捉"、"栅格"、"正交"、"极轴"、"对象捕捉"、"对象追踪"、"线宽"（线宽显示）和"模型"（模型空间和图纸空间的切换）等。

2.2.3 常用功能键

Auto CAD 常用功能键功能如下。

F1：按下 F1 键打开 AutoCAD 帮助。

F2：按下 F2 键打开 AutoCAD 文本窗口，再按下关闭。

F3：按下 F3 键打开对象捕捉，再按下关闭。

F4：按下 F4 键打开三维对象捕捉，再按下关闭。

F5：按下 F5 键绘制等轴测平面。

F6：按下 F6 键打开动态显示，再按下关闭。

F7：按下 F7 键打开屏幕栅格，再按下关闭。

F8：按下 F8 键打开正交状态，再按下关闭。

F9：按下 F9 键打开捕捉，再按下关闭。

F10：按下 F10 键打开极坐标，再按下关闭。

F11：按下 F11 键打开对象捕捉追踪，再按下关闭。

F12：按下 F12 键打开动态输入，再按下关闭。

ESC：取消或中断命令。

2.3　图形文件的使用

2.3.1 用新建（NEW）命令建立一幅新图

用"新建"（NEW）命令可以开始一幅新图。可以从标准工具栏单击"新建"图标或在下拉菜单中单击"文件"→"新建"命令，出现"选择样板"对话框，如图 2-8 所示，在对话框中进行绘图设置后，单击"确定"按钮即可开始绘图。

2.3.2 打开一幅旧图

在 AutoCAD 中打开一幅已有的图形，可以使用"打开"（OPEN）命令。从标准工具栏中单击"打开"图标或在下拉菜单中单击"文件"→"打开"命令，出现如图 2-9 所示的"选择文件"对话框，在对话框中可以从不同路径下查找已有的图形，选中后单击"打开"按钮即可。

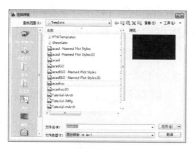

图2-8 "选择样板"对话框   图2-9 "选择文件"对话框

2.3.3 保存图形

绘制图形时应该经常保存文件。如果要绘制新图形或修改旧图而又不影响原图形,可以用一个新名称保存它。

保存图形的步骤:从"文件"菜单中选择"保存"命令或从标准工具栏单击"保存"图标。

如果当前图形已经保存并命名,则 AutoCAD 保存上一次保存后所作的修改并重新显示命令提示。如果是第一次保存图形,则显示如图2-10所示的"图形另存为"对话框。在对话框的"文件名"组合框中输入新建图形的名字,单击"保存"按钮即可。

图2-10 "图形另存为"对话框

2.3.4 关闭图形

"关闭"(CLOSE)命令,用来关闭活动图形。也可以单击图形右上角的"关闭"按钮来关闭图形。

关闭图形的步骤:

(1)单击要关闭的图形,使其成为活动图形。

(2)从"文件"菜单中选择"关闭"命令。

注意:AutoCAD 处于"单文档"模式时,Close 命令不可用。

(3)退出 AutoCAD。

如果已经保存了对所有打开的图形的修改,就可以直接退出 AutoCAD 而不用再次保存。如果没有保存修改,AutoCAD 会提示保存或放弃修改。

退出 AutoCAD 的步骤:从"文件"菜单中选择"退出"命令。

2.3.5 快捷菜单的使用

单击鼠标右键(右击)就可以显示快捷菜单,从中可以快速选择一些与当前操作相关的选项。快捷菜单与当前条件密切相关。显示的快捷菜单及其提供的选项取决于光标位置、对象是否被选定以及是否有命令在执行。在以下几部分 AutoCAD 窗口区域都可以显示快捷菜单:绘图区域、命令行、对话框和窗口、工具栏、状态栏、"模型"和"布局"选项卡。

（1）在绘图区域使用快捷菜单。在绘图区域右击,将显示如图 2－11 所示的快捷菜单。在无命令状态下拾取对象后右击,将显示如图 2－12 所示的快捷菜单。可以在"选项"对话框的"用户系统配置"选项卡中控制"默认"、"编辑"和"命令"菜单的显示。

图 2－11　快捷菜单一　　　　　　　　　　　　图 2－12　快捷菜单二

（2）在绘图区域中关闭快捷菜单的步骤。单击"工具"菜单的"选项"或绘图区域的快捷菜单的"选项"命令,出现如图 2－13 所示的"选项"对话框。在"选项"对话框的"用户系统配置"选项卡上,清除"Windows 标准操作"下的"绘图区域中使用快捷菜单"。

要单独控制"默认"、"编辑"和"命令"快捷菜单时,选择"绘图区域中使用快捷菜单"选项,然后选择"自定义右键单击",出现如图 2－14 所示的"自定义右键单击"对话框。

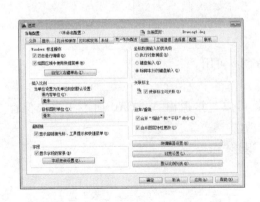

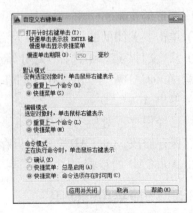

图 2－13　"选项"对话框　　　　　　　　　　图 2－14　"自定义右键单击"对话框

在"自定义右键单击"对话框的"默认模式"或"编辑模式"下,选择相应选项,以控制在没有执行任何命令时在绘图区域上单击鼠标右键所产生的结果。单击鼠标右键与按 Enter 键的效果一样。

除了关闭和打开"默认"、"编辑"和"命令"快捷菜单外,还可自定义这些菜单上所显示的选项。例如,可以在"编辑"快捷菜单中添加只在选择了圆时才显示的选项。

(3)在绘图区域外使用快捷菜单。在绘图区域之外,在 AutoCAD 窗口的其他区域右击也能显示快捷菜单。

第3章 绘图入门

本章主要介绍初次绘图时常用到的一些命令。

3.1 国家标准《工程制图》的有关规定设置

为了使绘出的图样符合国家标准的基本规定,本节主要介绍在绘图过程中常用的国家标准的设置。

3.1.1 图纸幅面的设置

1. 设置绘图单位

绘图单位的设置包括坐标、距离和角度的记数制和精度。

命令的执行:单击下拉菜单"格式"→"单位"命令,弹出如图3-1所示的"图形单位"对话框。此对话框分长度和角度两项,可以各自设置类型和精度。

图3-1 "图形单位"对话框

2. 设置图形界限

用于设置当前图形的绘图界限。

命令的执行:单击下拉菜单"格式"→"图形界限"命令,命令行提示:

命令:'_limits

重新设置模型空间界限:

指定左下角点或[开(ON)/关(OFF)]<0.0,0.0>: （输入左下角坐标）

指定右上角点<420.0,297.0>: （输入右上角坐标）

指令说明:

（1）绘图界限的功能分为打开（ON）和关闭（OFF）两种状态，在 ON 状态下，绘图元素不能超出边界，否则出错。在 OFF 状态下，AutoCAD 不进行边界检查。

（2）"图形界限"命令所确定的绘图范围以栅格显示。

3.1.2 文字样式

利用定义新字形 STYLE 命令可以改变当前文字字形。

单击下拉菜单"格式"→"文字样式"命令或单击工具栏的 按钮，弹出如图 3-2 所示的"文字样式"对话框，可以定义字体类型。

图 3-2 "文字样式"对话框

在该对话框中，单击"新建"按钮，出现如图 3-3 所示的"新建文字样式"对话框，在"样式名"文本框内输入新建字体的名称，然后单击"确定"按钮即可。

图 3-3 "新建文字样式"对话框

在"文字样式"对话框的"样式"列表框中选择新建的样式名，在"字体名"列表框中选择要设置的字体，在字体的"图纸文字高度"、"宽度因子"、"倾斜角度"等框内输入设置的字体的各项参数即可。

3.1.3 图层、线型、颜色、线宽的设置

图层是 AutoCAD 的一大特色，它就像一张透明胶片，在它上面可以存储各种图形信息。

绘图时各种实体可以放在一个图层上，也可以放在多个图层上，并可以给每个图层设置不同的颜色和线型等。

3.1.3.1 图层的设置

开始绘制一个新图形时，AutoCAD 将创建一个名为 0 的特定图层。默认时，图层 0 将被指定编号为 7 的颜色（白色或黑色，由背景色决定）、Continuous（连续）线型、"默认"线宽（"默认"的默认设置是 0.01 英寸或 0.25mm）以及"普通"打印样式。图层 0 不能被删除或重命名。

（1）建立新图层。

（2）设置当前层。

（3）控制图层的可见性。

（4）锁定和解锁图层。

（5）设定图层颜色。

（6）设定图层的线型。

（7）图层线宽的设置。

（8）删除图层。

3.1.3.2　图层特性

在图层上绘图时,新对象的默认设置是"随层"的颜色、线型、线宽和打印样式。以"随层"设置绘制的对象都将采用所在图层的特性。例如,如果在一个颜色为绿色、线型为 Continuous（连续）、线宽为 0.25 mm、打印样式为"普通"的图层上绘图,绘制的所有对象都具有这些特性。将颜色、线型、线宽和打印样式设置为"随层"默认对象特性,可以把图形组织得井井有条。如果要使特定的对象具有与其所在的图层不同的颜色、线型、线宽或打印样式,可以修改对象特性设置。一个对象特性可以被设置为特定的特性值（如颜色为红色）或被设置为"随块"。对象特有的特性设置将替代图层特性设置,除非将其值设置为"随层"。

（1）使用颜色。可以给图层指定颜色,为新建的对象设置当前颜色（包括"随层"或"随块"）,或者改变图形中现有对象的颜色。若要使用一种颜色绘图,必须选择一种颜色并将其设置为当前色,则所有新创建的对象都将使用当前色。

操作方法:选取下拉菜单"格式→颜色"或单击工具条 [■红] 按钮选择所需要的颜色。

（2）使用线型。可以给图层指定线型,为新建的对象设置当前线型（包括"随层"或"随块"）,或者改变图形中现有对象的线型。若要使用一种线型绘图,必须选择一种线型并将其设置为当前线型,则所有新创建的对象都将使用当前线型。

操作方法:选取下拉菜单"格式→线型"或单击工具条 [—— Continuous] 按钮选择所需要的线型。

（3）使用线宽。可以给图层指定线宽,为新建的对象设置当前线宽（包括"随层"或"随块"）,或者改变图形中现有对象的线宽。若要使用一种线宽绘图,必须选择一种线宽并将其设置为当前线宽,则所有新创建的对象都将使用当前线宽。

操作方法:选取下拉菜单"格式→线宽"或单击工具条 [■ 0.30 mm] 按钮选择所需要的线宽。

3.1.4　设置尺寸标注样式

在标注尺寸时,根据要标注尺寸的类型和方式的不同,有时需要对尺寸样式设置进行修改。AutoCAD 提供了利用标注样式管理器设置尺寸标注方式的功能,可以形象直观地设置尺寸变量,建立尺寸标注样式。

在 AutoCAD 中,可在命令行中键入 DimStyle 或 DDIM 来打开"标注样式管理器"对话框。也可从下拉菜单"格式"或"标注"下单击"标注样式"命令或单击标注工具栏的"标注样式"图标 ,系统弹出如图 3-4 所示的对话框。

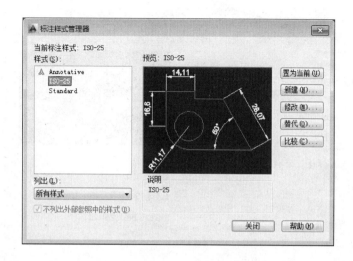

图 3-4 "标注样式管理器"对话框

下面介绍该对话框中主要选项的功能。

(1) 样式。该选项列出当前已定义好的尺寸类型名称,如果要改变当前尺寸标注类型,可在此区内选取一个,然后单击右边的"置为当前"按钮即可。

(2) "置为当前"按钮。该按钮把"样式"列表中选择的尺寸标注类型设置为当前样式。

(3) "新建"按钮。单击该按钮将显示"创建新标注样式"对话框,如图 3-5 所示。在"新样式名"框中输入新建的尺寸标注样式名称。在"基础样式"框中可以指定新建的尺寸标注样式将以哪个已有的样式为模板。在"用于"框中可以指定新建的尺寸标注样式将用于哪些类型的尺寸标注。然后单击"继续"按钮,显示"新建标注样式"对话框,如图 3-6 所示,在此对话框内可以对组成尺寸的各要素及标注方式按国标进行设置。

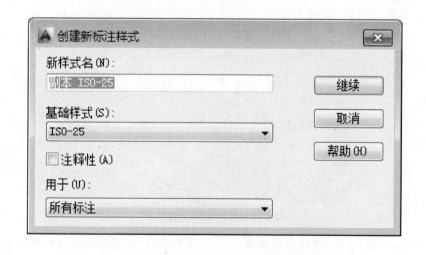

图 3-5 "创建新标注样式"对话框

(4) "修改"、"替代"按钮。单击"修改"、"替代"按钮所弹出的对话框与图 3-11 所示的"新建标注样式"对话框的内容完全一样。

19

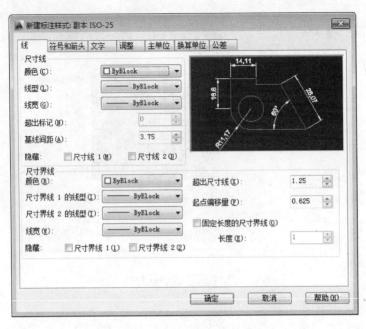

图 3-6 "新建标注样式"对话框

3.2 基本绘图命令

下面结合一些简单绘图实例来说明如何使用 AutoCAD 中最基本的绘图命令。

3.2.1 直线(Line)命令

功能:用直线(Line)命令能绘制一系列相连的线段,也可以让起点和端点闭合,形成一个封闭的图形,如图 3-7 所示。

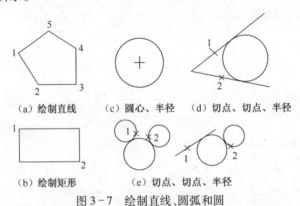

(a) 绘制直线　　(c) 圆心、半径　　(d) 切点、切点、半径

(b) 绘制矩形　　(e) 切点、切点、半径

图 3-7　绘制直线、圆弧和圆

绘制直线的步骤:选取下拉菜单"绘图"→"直线"选项或单击绘图工具栏的图标 ✎。

命令行提示:

命令:_line

指定第一点:点取 1(指定一点时可用鼠标在屏幕点取,也可在命令行输入点的坐标,如图 3-12(a)所示的 1 点)

指定下一点或[放弃(U)]:2

指定下一点或[放弃(U)]:<正交开>3

(按F8键表示进入正交模式,此时只能画水平、垂直线)

指定下一点或[闭合(C)/放弃(U)]:4

指定下一点或[闭合(C)/放弃(U)]:5

指定下一点或[闭合(C)/放弃(U)]:C

说明:

(1)画完一条独立直线段或连续几段直线段的末端时,在命令提示行下,按回车键或空格键,结束此直线的绘制。

(2)如画封闭多边形时,在最后命令提示行下输入C,可以将所画线框封闭。

(3)在画线过程中要取消刚刚所画的线段,在命令提示行下输入U(Undo取消),可以将最后画的线段取消。

(4)若要画水平和垂直方向的线段,应按下F8键或激活 图标,进入正交模式(OR-THO)。

使用输入线段端点坐标值的方法画线时有四种方式。

(1)用绝对 X、Y 坐标值,如80,60。

(2)用极坐标(@距离<方向),如@100<90,表示长度为100,方向为900。

(3)用相对坐标(@ΔX,ΔY),如@50,40,表示相对参考点 $\Delta X=50$,$\Delta Y=40$。

(4)用鼠标移动光标在屏幕中点取,如图3-8所示。

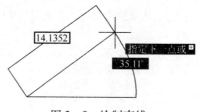

图3-8 绘制直线

3.2.2 矩形(Rectanglf)命令

功能:在任意位置指定两对角点画出矩形,如图3-7(b)所示。

绘制矩形的步骤:选取下拉菜单"绘图"→"矩形"或单击绘图工具栏的图标 。

命令行提示:

命令:_rectangle

指定第一个角点或[倒角(C)/标高(E)/圆角(F)/厚度(T)/宽度(W)]:1(如图3-7(b)所示的1点)指定另一个角点:2

3.2.3 画圆(Circle)命令

功能:在任意位置画任意直径大小的圆。绘制圆的方法有多种,默认方法是指定圆心和半径,如图3-7(c)所示。

1. 绘制圆命令的拾取

(1)单击绘图工具栏的图标 (为默认项,即圆心、半径画圆)。

（2）选取下拉菜单"绘图"→"圆"，出现级联菜单，有六种绘制圆的方法供选择：①给定圆心、半径画圆；②给定圆心、直径画圆；③给定两点画圆；④给定三点画圆；⑤给定两切线、半径画圆；⑥给定三切点画圆。

2. 绘制圆的步骤

（1）圆心、半径画圆（该项为默认）。

命令：`_circle`
指定圆的圆心或[三点(3P)/两点(2P)/相切、相切、半径(T)]:（输入圆心坐标，如图3-12(c)所示）
指定圆的半径或[直径(D)]:50　（输入半径值）

（2）给定两切线、半径画圆。

命令：`_circle`
指定圆的圆心或[三点(3P)/两点(2P)/相切、相切、半径(T)]:`_ttr`
在对象上指定一点作圆的第一条切线:1　（拾取如图3-7(d)所示的第一条线）
在对象上指定一点作圆的第二条切线:2　（拾取如图3-7(d)所示的第二条线）
指定圆的半径<56.0814>:50　（输入半径值）

其他几种方法按上述步骤自己练习，不再赘述。

3.2.4　圆弧(Arc)命令

功能：绘制任意半径和任意长度的圆弧。

画圆弧的方法共有四大类10种，最常用的默认方法是"三点定弧法"。

1. 绘制圆弧命令的拾取方式

选取下拉菜单"绘图"→"圆弧"，出现级联菜单，如图3-9所示。

图3-9　"圆弧"命令级联菜单

2. 绘制圆弧的步骤

作图过程如图3-10所示。

（1）给定三点画圆弧。

命令：`_arc`指定圆弧的起点或[圆心(CE)]:
指定圆弧的第二点或[圆心(CE)/端点(EN)]:
指定圆弧的端点:

（2）给定起点、圆心、端点画圆弧。

命令：`_arc`指定圆弧的起点或[圆心(CE)]:
指定圆弧的第二点或[圆心(CE)/端点(EN)]:

c 指定圆弧的圆心：

指定圆弧的端点或［角度(A)／弦长(L)］：

其他几种画圆弧的方法按上述步骤自己练习，不再赘述。

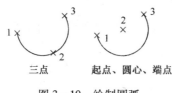

三点　　　　起点、圆心、端点

图 3－10　绘制圆弧

3.3　基本编辑命令

下面结合一些简单绘图实例来说明如何使用 AutoCAD 中最基本的编辑命令。

3.3.1　选择对象

对已绘制的图形进行编辑，先要创建对象的选择集。用鼠标选择对象，然后运行编辑命令。无论用哪一种方法，AutoCAD 都会提示选择对象并用拾取框代替十字光标。

（1）单选。选取编辑命令后，移动鼠标点取要编辑的对象，选中后对象变虚。

（2）用选择窗口来选择对象。选择窗口是绘图区域中的一个矩形区域，在"选择对象"提示下指定两个角点即可定义此区域。角点指定的次序不同，选择的结果也不同。指定了第一个角点以后，从左向右拖动（窗口选择）仅选择完全包含在选择区域内的对象，如图 3－11 所示，从右向左拖动（交叉选择）可选择包含在选择区域内以及与选择区域的边框相交叉的对象，如图 3－12所示。

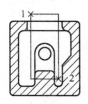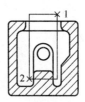

图 3－11　窗口选择对象　　　　　　　　图 3－12　交叉窗口选择

（3）用不规则形状的区域内选择对象。选择窗口是绘图区域中的一个多边形区域。窗口多边形只选择它完全包含的对象，而交叉多边形可选择包含或相交的对象。通过指定点来划定区域，从而创建选择窗口。指定点的次序决定了定义的是窗口多边形还是交叉多边形。

选择不规则形状区域中的对象的步骤：

① 在"选择对象"提示下输入 cp（多边形）。

② 从左至右指定点，定义一块区域，该区域完全包含要选择的线条（窗口多边形）。

③ 按回车键闭合多边形并完成选择。

在如图 3－13 所示的图例中，是使用窗口多边形选择完全被包含在不规则形状区域内的所有图形及选择结果。

（4）使用选择栏选择对象。使用选择栏可以很容易地从复杂图形中选择非相邻对象。选择栏是一条直线，可以选择它穿过的所有对象。

23

用选择栏选择非相邻对象的步骤：

① 在"选择对象"提示下输入 f(栏选)。

② 指定选择栏点。

③ 按回车键完成选择。

如图 3-14 所示的图例是显示用选择栏选择多个图形的结果。

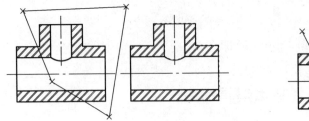

图 3-13 窗口多边形选择对象

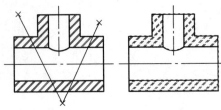

图 3-14 使用选择栏选择对象

(5) 选择相邻对象。选择相邻或重叠的对象通常是很困难的。当对象是相邻的时,可以一次次地单击以便在选择的对象间循环切换,直至切换到要选择的对象。

循环切换选择对象的步骤：

① 在"选择对象"提示下,按住 Ctrl 键并选择一个尽可能接近要选择的对象的点。

② 重复单击左键,直到要选择的对象被亮显。

③ 按回车键选定对象。

如图 3-15 所示的图例中,有两条直线和一个圆位于选择拾取框的作用域内。

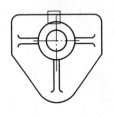
选择第一个对象

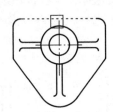
选择第二个对象

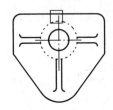
选择第三个对象

图 3-15 选择相邻对象

(6) 从选择集中删除对象。创建一个选择集后,可从选择集中删除某个对象。例如,选择图形十分密集的对象,然后在所选择的对象内删除指定对象,只留下应该留的选择对象。

从选择集中删除对象的步骤：

① 选择一些对象。

② 在"选择对象"提示下输入 r(即 Remove)。

③ 在"删除对象"提示下,从选择集中选择要删除的对象。

反之,要向选择集中添加对象,则输入 a(即 Add)。

也可以在选择对象时按 Shift 键从选择集中删除多个对象。

3.3.2 删除(Erase)命令

功能：删除所选图形。

命令的执行：

（1）选取下拉菜单"修改"→"删除"或单击修改工具栏中的删除图标 🖉。命令行提示：

命令:_erase

选择对象:找到 1 个

选择对象:找到 1 个,总计 2 个

选择对象:回车即删除选取的对象

（2）快捷菜单:终止所有命令,选择要删除的对象,然后在绘图区域右击并选择"删除"命令。

3.3.3 移动(Move)命令

功能:将所选取的对象移动到其他位置。移动对象仅仅是位置平移,而不改变对象的方向和大小。要非常精确地移动对象,使用坐标、夹点和对象捕捉模式。

命令的执行：

（1）选取下拉菜单"修改"→"移动"或单击修改工具栏中的移动图标 ✥。命令行提示：

命令:_move

选择对象:找到 1 个

选择对象:找到 1 个,总计 2 个

选择对象:(回车)

指定基点或位移:A 点(如图 3 - 16 (a)所示的 A 点)

指定位移的第二点或<用第一点作位移>:B 点(如图 3 - 16 (a)所示的 B 点)

（2）用夹点移动对象。

① 选择对象,夹点显示出来。

② 右击并选择"移动"命令。

③ 拖动对象将其移动到新位置。

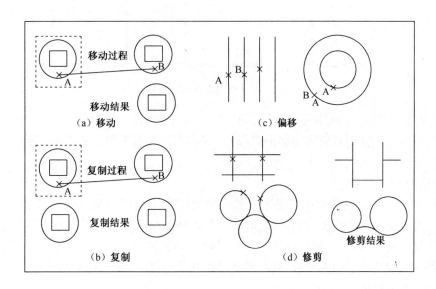

图 3 - 16　移动、复制、偏移与修剪

25

3.3.4 复制对象

功能:可以在当前图形内复制单个或多个对象,而且可以在其他应用程序与图形之间复制。这包括图形内复制、利用夹点多次复制、利用剪贴板复制和粘贴对象。

1. 图形内复制(Copy)命令

功能:将在指定位置上拷贝所选图形,而不改变原图形。

命令的执行:

(1)选取下拉菜单"修改"→"复制"或单击修改工具栏中的复制图标。命令行提示:

命令:_copy

选择对象:找到 1 个

选择对象:(不选择,回车)

指定基点或位移,或者[重复(M)]:A (如图 3-16(b)所示的 A 点)

指定位移的第二点或<用第一点作位移>:B (如图 3-16(b)所示的 B 点)

(2)快捷菜单。终止所有命令,选择要复制的对象,在绘图区域中右击,然后选择"复制"选项,按系统提示执行。

说明:

① 在"指定基点或位移,或者[重复(M)]:"提示时,若键入 M,则为连续复制方式。

② 复制命令与移动命令的不同之处在于原图形不动,而在新的位置上复制一个图形。

2. 利用夹点多次复制

功能:可以在任何夹点模式下复制多个对象。例如,可以通过偏移捕捉,以指定的间距复制多个对象。偏移距离由原始对象和第一个复制对象之间的距离定义。

利用夹点多次复制的步骤:

(1)选择要复制的对象。

(2)选择基夹点(1),如图 3-17 所示。

图 3-17 利用夹点多次复制

(3)拾取复制图标或右击拾取"复制"命令。

(4)确定第一个复制对象的偏移距离(2)。偏移距离是点 1 和点 2 之间的距离。

(5)按回车键退出夹点模式。

3. 利用剪贴板复制

使用另一个 AutoCAD 图形中的对象或另一个应用程序创建的文件中的对象时,可以先将这些对象剪切或复制到剪贴板,然后将它们从剪贴板粘贴到图形中。对象的颜色在复制到剪贴板时不会改变。例如,如果对象是白色的,并且被粘贴到背景色为白色的图形,将看不见对象。利用剪贴板复制包括剪切到剪贴板、复制到剪贴板和复制视图到剪贴板。

(1)剪切到剪贴板。

功能:剪切将从图形中删除选择的对象并将它们存储到剪贴板上。

命令的执行：

① 选取下拉菜单"编辑"→"剪切"命令或按 Ctrl+X 键或单击图标🗡。选择要剪切的对象后，右击结束。

② 快捷菜单。终止所有命令，选择要剪切的对象，在绘图区域中右击，然后选择"剪切"命令。

（2）复制到剪贴板。

功能：使用剪贴板将图形的部分或全部复制到另一个应用程序。

命令的执行：

① 选择要复制的对象。选取下拉菜单"编辑"→"复制"命令或按 Ctrl＋C 键或单击图标🗐。

② 快捷菜单。终止所有命令，选择要复制的对象，在绘图区域中右击，然后选择"复制"命令。

（3）复制视图到剪贴板。

功能：将当前视图复制到剪贴板上，而不复制选定的对象。如果选定了一个视口，AutoCAD 将复制该视口中的内容。否则，它将复制绘图区域。

将视图复制到剪贴板的步骤：

① 选择一个视口或显示想复制的视图。

② 选取下拉菜单"编辑"→"复制链接"命令。

4. 从剪贴板粘贴对象

功能：当将对象复制到剪贴板时，AutoCAD 存储所有有效格式的信息。当将剪贴板中的内容粘贴到 AutoCAD 图形中时，AutoCAD 使用保留最多信息的格式。

命令的执行：

（1）选取下拉菜单"编辑"→"粘贴"，或者按 Ctrl+V 键或单击图标🗐，当前剪贴板上的对象被粘贴到图形中。

（2）快捷菜单。终止所有命令，在绘图区域中右击，然后选择"粘贴"命令。

3.3.5　偏移(Offset)命令

偏移可以创建一个与原图形本身平行的对象，即创建一个与选定对象类似的新对象，并把它放在离原对象一定距离的位置。可以偏移直线、圆弧、圆、二维多段线、椭圆、椭圆弧、参照线、射线和平面样条曲线。

命令的执行：选取菜单"修改"→"偏移"命令或单击修改工具栏中偏移图标🖳。

命令行提示：

命令:_offset

指定偏移距离或[通过(T)]<1.0000>:20(如图3-16(c)所示)

选择要偏移的对象或<退出>:

3.3.6　修剪(Trim)命令

修剪命令用指定的修剪边界可以将图形中不要的部分剪去。剪切边可以是直线、圆弧、圆、多段线、椭圆、样条曲线、构造线、射线和图纸空间中的视口。

命令的执行:选取菜单"修改"→"修剪"命令或单击修改工具栏中修剪图标。

命令行提示:

命令:_trim

当前设置:投影=UCS 边=无

选择剪切边…

选择对象:找到1个 (如图3-16 (d)所示)

选择对象:找到1个,总计2个

选择对象:(不选择回车)

选择要修剪的对象或[投影(P)/边(E)/放弃(U)]:(此时用鼠标点取要修剪的对象)

3.4 精 确 绘 图

利用 AutoCAD 的追踪和对象捕捉工具能够快速、精确地绘图。利用这些工具,无须输入坐标或进行烦琐的计算就可以绘制精确的图形。在绘图过程中,为使绘图和设计过程更简便易行,AutoCAD 提供了栅格、捕捉、正交、对象捕捉及自动追踪等多个绘图工具。这些绘图工具有助于在快速绘图的同时保证绘图的精度。

3.4.1 调整捕捉和栅格对齐方式

捕捉和栅格设置有助于创建和对齐对象。可以调整捕捉和栅格间距,使之更适合进行特定的绘图任务。栅格是按指定间距显示的点,给用户提供直观的距离和位置参照。它类似于可自定义的坐标纸。捕捉使光标只能以指定的间距移动。打开捕捉模式时,光标只能在一定间距的坐标位置上移动。可以旋转捕捉和栅格方向,或将捕捉和栅格设置为等轴测模式,以便在二维空间中模拟三维视图。通常,捕捉和栅格有相同的基点和旋转角度,间距也一样。但间距可以设置为不同的值。包括修改捕捉角度和基点、与极轴追踪一起使用捕捉模式和将捕捉和栅格设置为等轴测模式

1. 设置栅格、修改捕捉角度和基点

要沿着特定的方向或角度绘制对象,可以旋转捕捉角,调整十字光标和栅格。如果正交模式是打开的,AutoCAD 把光标的移动限制到新的捕捉角度和与之垂直的角度上。修改捕捉角度将同时改变栅格角度。

在如图3-18所示的例子中,捕捉角度调整为与固定支架的角度一致。通过这样的调整,就可以使用栅格非常方便地以30°方向绘制对象。

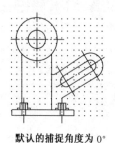
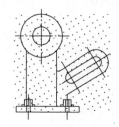

默认的捕捉角度为0°   旋转的捕捉角度为30°

图3-18 栅格

用于旋转捕捉角的原点称为基点。通过修改基点的 X 或 Y 坐标值（默认设置为 0.0000），可以偏移基点。

命令的执行：

（1）选取菜单"工具"→"草图设置"命令，弹出如图 3-19 所示的对话框。在"草图设置"对话框中，设置"捕捉 X 轴间距"、"捕捉 Y 轴间距"、"角度"、"X 基点"、"Y 基点"、"栅格 X 轴间距"、"栅格 Y 轴间距"等参数，如图 3-19 所示。

（2）快捷菜单。在状态栏按钮 或 或 或 或 上右击，然后选择"设置"，弹出如图 3-19 所示的"草图设置"对话框。

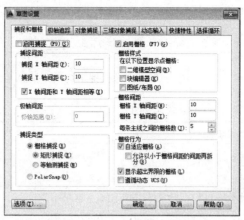

图 3-19 "草图设置"对话框

2. 与极轴追踪一起使用捕捉模式

如果使用极轴追踪，可以改变"捕捉"模式。这样，当在命令中指定点时，"捕捉"模式将沿极轴追踪角进行捕捉，而不是根据栅格进行捕捉。设置极轴追踪捕捉模式的步骤：在如图3-20所示的"草图设置"对话框的"捕捉和栅格"选项卡中，选择"捕捉类型"下的"极轴捕捉"和设置"极轴间距"。

3. 将捕捉和栅格设置为等轴测模式

"等轴测捕捉/栅格"模式有助于建立表示三维对象的二维图形，如图 3-20 所示的立方体等轴测图。等轴测图形不是真正的三维图形，而且沿三根主轴进行对齐，它们可以模拟从特定视点观察到的三维对象。如果将"捕捉"模式设置为等轴测，可以使用 F5 键（或 Ctrl+E）将等轴测平面改变为左视、右视或俯视方向。

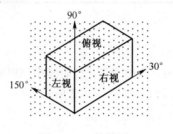

图 3-20 等轴测

左视：捕捉和栅格沿 90°和 150°轴对齐。

右视：捕捉和栅格沿 90°和 30°轴对齐。

俯视：捕捉和栅格沿 30°和 150°轴对齐。

打开等轴测平面的步骤:在如图 3-19 所示的"草图设置"对话框的"捕捉和栅格"选项卡中,选择"捕捉类型"下的"等轴测捕捉"。

注意:在正交模式方式下,可以绘制等轴测图。

3.4.2 捕捉对象上的几何点

在绘图命令运行期间,可用光标捕捉对象上的几何点,如端点、中点、圆心、交点等。

1. 单点对象捕捉

可以设置一次使用的对象捕捉,要求指定一个点时,在对象捕捉工具栏拾取相应的对象捕捉模式来响应。各项选择如图 3-21 所示。

图 3-21 对象捕捉工具栏

各选项的名称、按钮、命令缩写和含义如下:

对象捕捉的名称	工具栏按钮	命令缩写	含 义
端点		END	对象端点
中点		MID	对象中点
交点		INT	对象交点
外观交点		APP	对象的外观交点
延伸		EXT	对象的延伸路径
中心点		CET	圆、圆弧及椭圆的中心点
节点		NOD	用 POINT 命令绘制的点对象
象限点		QUA	圆弧、圆或椭圆的最近象限
插入点		INS	块、形、文字、属性或属性定义的插入点
垂足		PER	对象上的点,构造垂足(法线)对齐
平行		PAR	对齐路径上一点,与选定对象平行
切点		TAN	捕捉到圆与圆弧上切点
最近点		NEA	与选择点最近的对象捕捉点
无		NON	下一次选择点是关闭对象捕捉

2. 运行中的对象捕捉

可以一直运行对象捕捉,直至将其关闭。

运行中的对象捕捉的设置:在"草图设置"对话框中,选取"对象捕捉"选项卡,在此对话框中可以设置自己需要的对象捕捉目标,如图 3-22 所示。

对象捕捉的快捷方式:

(1) 按下功能键 F3。

(2) 在状态栏单击"对象捕捉"按钮。

(3) 按 Shift 键并在绘图区域中右击,然后从快捷菜单中选择一种对象捕捉,如图 3-23 所示。

（4）在命令行中输入一种对象捕捉的缩写。

图 3-22　"对象捕捉"选项卡

图 3-23　对象捕捉快捷菜单

3.4.3　使用自动追踪

"自动追踪"可以用指定的角度绘制对象，或者绘制与其他对象有特定关系的对象。当自动追踪打开时，临时的对齐路径有助于以精确的位置和角度创建对象。可以通过状态栏上的"极轴"或"对象追踪"按钮打开或关闭自动追踪。对象捕捉追踪应与对象捕捉配合使用，从对象的捕捉点开始追踪之前，必须先设置对象捕捉。自动追踪包含两种追踪选项：极轴追踪和对象捕捉追踪。

1. 极轴追踪

使用极轴追踪进行追踪时，对齐路径是由相对于命令起点和端点的极轴角定义的。例如，在如图 3-24 所示的图中绘制一条从点 1 到点 2 长 15 的直线，然后绘制一条到点 3 的长 15，角度 45°的直线。如果打开了 45°极轴角增量，当光标划过 0°或 45°时，AutoCAD 将显示对齐路径和工具栏提示。当光标从该角度移开时，对齐路径和工具栏提示消失。

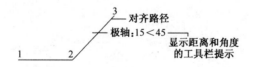

图 3-24　极轴追踪

一般使用极轴追踪沿着 90°、60°、45°、30° 和 15°的极轴角增量进行追踪，也可以指定其他角度。

极轴追踪的参数设置：根据前面介绍的拾取出现"草图设置"对话框，如图 3-25 所示，然后选取"极轴追踪"选项卡，在此对话框中可以设置自己需要的参数。

打开极轴追踪的步骤：按 F10 键或单击状态栏上的 按钮。

2. 正交模式

正交模式可以将光标限制在水平或垂直（正交）方向。因为不能同时打开正交模式和极轴追踪，因此在正交模式打开时 AutoCAD 会关闭极轴追踪。如果打开了极轴追踪，AutoCAD 将关

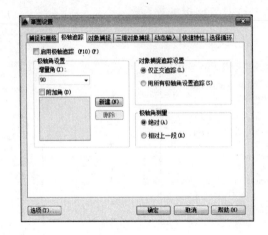

图 3 - 25 "极轴追踪"选项卡

闭正交模式。

打开正交模式的步骤:单击状态栏上的└┙按钮或按 F8 键。

3. 追踪对象上的几何点

可以使用对象捕捉追踪沿着对齐路径进行追踪。对齐路径是基于对象捕捉点的。例如,可以基于对象端点、中点或者对象的交点,沿着某个路径选择一点。

打开对象捕捉追踪的步骤:按 F3 键,或单击状态栏上的 ☐ 按钮。

使用对象捕捉追踪的步骤:

(1) 启动一个绘图命令(还可以将对象捕捉追踪与编辑命令一同使用,如 Copy 或 Move)。

(2) 将光标移动到一个对象捕捉点处以临时获取点。不要单击它,只是暂时停顿即可获取。已获取的点显示一个小加号(+),可以获取多个点。获取点之后,当在绘图路径上移动光标时,相对点的水平、垂直或极轴对齐路径将显示出来。

在如图 3 - 26 所示的图例中,开启了端点对象捕捉。单击直线的起点 1 开始绘制直线,将光标移动到另一条直线的端点 2 处获取该点,然后沿着水平对齐路径移动光标,定位要绘制的直线的端点 3。

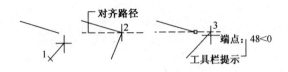

图 3 - 26   对象捕捉追踪

3.5   基本尺寸标注

在工程制图中,进行尺寸标注是必不可少的一项工作。因为图形只表示零部件的形状和位置关系,而零件和大小及各部分之间的相互位置是要靠尺寸确定的。因此,尺寸是制造、安装及检验的重要依据。AutoCAD 为此提供了一套完整、快速的尺寸标注方式和命令。本节将介绍尺寸标注命令的使用方法。

3.5.1 尺寸标注的组成及类型

1. 尺寸的组成

一个完整的尺寸由尺寸线、尺寸界线、尺寸箭头及尺寸文本组成。尺寸文本既包含基本尺寸，也包含尺寸公差，标注时根据要求而定。

2. 尺寸标注的几种类型

（1）长度型，如图 3－27（a）所示。

① 水平、垂直标注方式；② 对齐标注方式；③ 基准线标注方式；④ 连续标注方式。

（2）角度型标注方式（Angular），如图 3－27（b）所示。

（3）半径、直径型标注方式，如图 3－27（b）所示。

（4）指引线标注方式（Leader）。

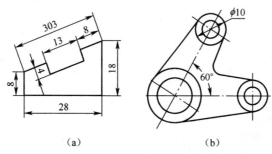

（a）   （b）

图 3－27　尺寸标注的形式

3.5.2　基本尺寸标注命令

命令的执行：选取菜单"标注"下的对应标注命令选项或点取尺寸标注工具栏中的尺寸标注按钮，如图 3－28 所示。

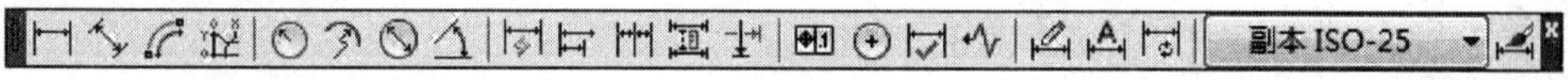

图 3－28　标注工具栏

1. 标注水平、垂直尺寸

功能：标注水平、垂直的长度型尺寸。

命令的执行：选取菜单"标注"→"线性"命令或单击尺寸标注工具栏的 ⊢⊣。

命令操作：

（1）第一种标注方法。

命令：_dimlinear

指定第一条尺寸界线起点或<选择对象>：　（A 点，如图 3－34（a）所示）

指定第二条尺寸界线起点：　（B 点）

指定尺寸线位置或[多行文字(M)/文字(T)/角度(A)/水平(H)/垂直(v)/旋转(R)]:(C 点)

标注文字=45

（2）第二种标注方法。

命令：_dimlinear

指定第一条尺寸界线起点或<选择对象>：　回车

选择标注对象：(选择线、圆弧或圆，1 点，如图 3－29（a）所示)

指定尺寸线位置或[多行文字(M)/文字(T)/角度(A)/水平(H)/垂直(V)/旋转(R)]:(2点)

标注文字=45

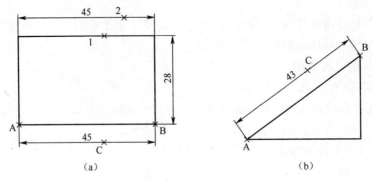

（a）　　　　　　　　　　　　　　（b）

图3-29　线性标注

2. 倾斜标注方式

功能:标注倾斜的长度型尺寸。

命令的执行:选取菜单"标注"→"对齐"命令或单击尺寸标注工具栏的图标 。

命令操作:

（1）第一种标注方法。

命令:_dimaligned(如图3-29（b）所示)

指定第一条尺寸界线起点或<选择对象>:(A点)

指定第二条尺寸界线起点:(B点)

指定尺寸线位置或[多行文字(M)/文字(T)/角度(A)]:(C点)

标注文字=43

（2）第二种标注方法。

命令:_dimaligned

指定第一条尺寸界线起点或<选择对象>:回车

选择标注对象:(选择线、圆弧或圆)

指定尺寸线位置或[多行文字(M)/文字(T)/角度(A)]:

标注文字=43

3. 半径、直径型标注方式

（1）半径标注方式 Radius 命令。

功能:标注圆或圆弧的半径。

命令的执行:选取菜单"标注"→"半径"命令或单击尺寸标注工具栏的 。

命令操作:

命令:_dimradius

选择圆弧或圆:

标注文字=23

指定尺寸线位置或[多行文字(M)/文字(T)/角度(A)]:(如图3-30（a）所示)

（2）直径标注方式 Diameter 命令。

功能:标注圆或圆弧的直径。

命令的执行:选取菜单"标注"→"直径"命令或单击尺寸标注工具栏的 。

命令操作:

命令:_dimdiameter

选择圆弧或圆:

标注文字=46

指定尺寸线位置或[多行文字(M)/文字(T)/角度(A)]:(如图3-30(b)所示)

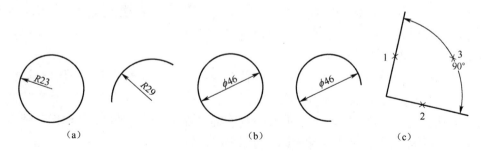

(a)   (b)   (c)

图3-30　圆或圆弧和角度标注

4. 角度型标注方式

功能:标注两条线之间的夹角。

命令的执行:选取菜单"标注"→"角度"命令或单击尺寸标注工具栏的 ◹。

命令操作:

命令:_dimangular

选择圆弧、圆、直线或<指定顶点>:(如选取一条直线1)

选择第二条直线:(选取第二条直线2)

指定标注弧线位置或[多行文字(M)/文字(T)/角度(A)]:(选择尺寸圆弧线位置,3点)

标注文字=90(如图3-29(c)所示)

3.6　屏　幕　显　示

AutoCAD提供了多种显示图形视图的方式。在编辑图形时,如果想查看所作修改的整体效果,可以控制图形显示并快速移动到图形的不同区域。可以通过缩放图形显示来改变大小或通过平移重新定位视图在绘图区域中的位置。

按一定比例、观察位置和角度显示图形称为视图。增大图像以便更详细地查看细节称为放大。收缩图像以便在更大范围内查看图形称为缩小。缩放并没有改变图形的绝对大小。它仅仅改变了绘图区域中视图的大小。AutoCAD提供了几种方法来改变视图:指定显示窗口、按指定比例缩放以及显示整个图形。

3.6.1　实时缩放和平移

为了提高平移和缩放图像的能力,AutoCAD提供了"实时"选项来实现交互式缩放和平移。在"实时缩放"模式下,单击图像,然后按住鼠标左键的同时,通过垂直向上或向下移动光标即可放大或缩小图形。在"实时平移"模式下,单击图像,然后按住鼠标左键的同时移动光标就可以将图形图像平移到新的位置。

1. 使用实时缩放

在绘图区域的中心点处按住鼠标左键然后垂直向上(正向)移动光标到窗口顶部,可以使窗口放大 100%(图形显示变为原来的两倍)。在图形中点处按住鼠标左键然后垂直向下(反向)移动光标到窗口底部,可以使窗口缩小 100%(图形显示变为原来的1/2)。放开鼠标左键,缩放就会停止。移动光标到图形中的另一个位置,然后按下鼠标左键,仍以图形区中点为不动点继续进行缩放。

当放大到当前视图的最大极限时,加号(+)将会消失,表明不能再放大了。当缩小到当前视图的最小极限时,减号(-)将会消失,表明不能再缩小了。

在实时模式下缩放的步骤:

(1) 从"视图"菜单中选择"缩放"→"实时"命令或单击图标 或不选中任何对象,在绘图区域中右击,然后在快捷菜单中选择"缩放"。

(2) 要放大或缩小到不同尺寸,按住鼠标的左键然后垂直移动光标。从绘图区域的中点向上移动光标可以放大图像,向下移动光标则可以缩小图像。

用快捷菜单还可退出"实时缩放"或"打印",或进入"平移"模式、"三维动态观察器"模式、"窗口缩放"、"缩放为上一个"或"范围缩放"。要退出"实时"模式,请按回车键或 Esc 键。

2. 使用实时平移

按住鼠标的左键并移动光标即可以平移图形。

在实时模式下平移的步骤:

(1) 从"视图"菜单中选择"平移"→"实时"命令或单击图标 或不选择任何对象,在绘图区域中右击,然后在快捷菜单中选择"平移"。

(2) 按住鼠标左键并移动光标。如果正在使用智能鼠标,可用旋转滑轮移动图形。

用快捷菜单还可退出"实时平移",或进入"实时缩放"模式、"三维动态观察器"模式、"窗口缩放"、"缩放为上一个"或"范围缩放"。要退出"实时"模式,请按回车键或 Esc 键。

3.6.2 定义缩放窗口

可以通过指定一个区域的两个角点来快速放大该区域。在新的屏幕视图中,所定义的区域居屏幕中心放置。

定义缩放窗口的步骤:

(1) 从"视图"菜单中选择"缩放"→"窗口"命令或单击图标 。

(2) 指定要观察区域的一个角点 1,再指定要观察区域的另一个角点 2。

3.6.3 显示前一个视图

单击图标 可以快速回到前一个视图。AutoCAD 能依次还原前 10 个视图。这些视图不仅包括缩放视图,而且包括平移视图、还原视图、透视视图或平面视图。

还原前一个视图的步骤:从"视图"菜单中选择"缩放"→"上一个"或单击图标 。

如果正处于实时缩放模式,则右击,从快捷菜单中选择"缩放为上一个",即可回到最近一次使用实时缩放过的视图。

3.6.4 按比例缩放视图

如果需要按精确的比例缩放图像,可以用三种方法指定缩放比例:相对图形界限、相对当前视图和相对图纸空间单位。

（1）要相对图形界限按比例缩放视图，只需输入一个比例值，如输入1，将在绘图区域中以前一个视图的中点为中点来显示尽可能大的图形界限。要放大或缩小，只需输入大于1或小于1的数字，如输入2，以完全尺寸的两倍显示图像；输入0.5，以完全尺寸的1/2显示图像。图形界限由栅格显示。

（2）要相对当前视图按比例缩放视图，只需在输入的比例值后加上×，如输入2×，则以两倍的尺寸显示当前视图；输入0.5×，则以1/2的尺寸显示当前视图；而输入1×则没有变化。

（3）要相对图纸空间单位按比例缩放视图，只需在输入的比例值后加上×p。它指定了相对当前图纸空间按比例缩放视图，并且还可以用来在打印前缩放视口。

按比例缩放视图的步骤：

① 从"视图"菜单中选择"缩放"→"比例"命令或单击图标 🔍→🔍。

② 输入相对于图形界限、当前视图或图纸空间视图的比例因子。

3.6.5 显示图形界限和范围

可以在图形边界或图形范围的基础上显示视图。"范围"以布满绘图区域或当前视口的最高缩放比例显示包含图形中所有对象的视图。"全部"显示一个包含在设置图形时所定义的图形界限和所有延伸到图形界限外的对象的视图。

显示整个图形或范围的步骤：从"视图"菜单中选择"缩放"→"全部"命令或选择"缩放"→"范围"或单击图标 🔍→🔍 或 🔍→🔍。

3.7　实　　训

3.7.1　基本操作练习

下面以简单的几何作图为例，说明用AutoCAD绘图的主要操作过程，如图3-31所示。

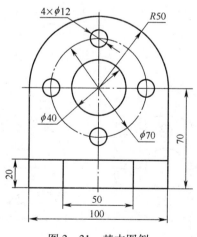

图3-31　基本图例

（1）设置图层。单击图层工具栏的"图层特性管理器"按钮 ▦。建立图层1为粗实线，图层2为细实线，图层3为点划线，图层4为虚线，图层5为尺寸标注，图层6为剖面线，如

图3-32 所示。

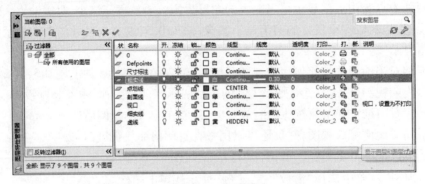

图3-32 建立图层

（2）用直线命令绘制基准线（中心线），如图3-33（a）所示。

① 改变图层：将属性工具条中的0层改为点划线层 [Ω☆尼 d⁀口 点划线 ▼]。

② 绘制直线：单击状态栏上的 [L] 按钮或按一次 F8 键，绘制水平和垂直线，如图3-33(a)所示。

（3）用圆命令绘制圆、圆弧，如图3-33（b）、（c）所示。

① 鼠标点取 [⊙] 按钮，捕捉"交点"，拾取圆心位置（交点），画直径70的圆。

② 改变图层：将属性工具条中的点划线层改为粗实线层 [Ω☆尼 d⁀口 粗实线 ▼]。

单击 [⊙] 按钮，捕捉"交点"，拾取圆心位置（交点），输入半径20，回车，画出直径为40的圆；用同样的方法分别绘制半径为50和直径为12的圆即可。

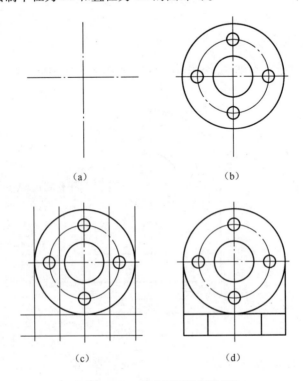

(a)   (b)

(c)   (d)

图3-33 基本图例作图步骤

（4）绘制平行线,如图 3‐33（c）所示。

① 拾取偏移按钮⏣,在命令提示行输入 70,回车,拾取圆中心线(水平直线)后,选择偏移方向(向下)。用同样的方法绘制相距为 20 的直线。

② 拾取偏移按钮⏣,在命令提示行输入 25,回车,拾取圆中心线(铅垂直线)后,选择偏移方向(左、右)。用同样的方法绘制相距为 100 的直线。

（5）裁剪多余的线段,如图 3‐33（d）所示。单击菜单"修改"→"修剪"命令或在修改工具栏中拾取 ⫟ 按钮,拾取剪切到边,回车后拾取要裁剪的多余线段。

（6）尺寸标注。单击标注工具栏中的"线性标注"按钮 ⊢,按系统提示分别拾取标注元素,50、100、20、70,拾取"圆标注"按钮 ⊙,标注 $\phi40$、$\phi70$、$4\times\phi12$,再拾取"圆弧标注"按钮 ⟲,标注 $R50$。完成全图,如图 3‐31 所示。

3.7.2 简单平面图形作图

绘制如图 3‐34 所示的平面图形,作图步骤如下:

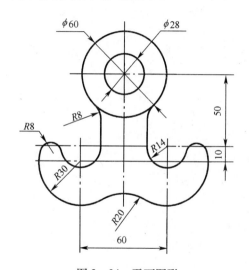

图 3‐34 平面图形

（1）用直线命令绘制基准线(中心线),如图 3‐35（a）所示。

① 改变图层:将属性工具条中的 0 层改为点划线层 [点划线]。

② 绘制直线:单击状态栏上的 ⌐ 按钮或按一次 F8 键,绘制水平和垂直线,如图 3‐35（a）所示。

③ 拾取偏移按钮⏣,在命令提示行输入 30,回车,拾取圆中心线(铅垂直线)后,选择偏移方向(左、右)。用同样的方法绘制相距为 50 和 10 的直线。

（2）用圆命令绘制圆、圆弧,如图 3‐35（b）所示。

① 改变图层:将属性工具条中的点划线层改为粗实线层 [粗实线]。

② 单击圆按钮 ⊙,捕捉"交点",拾取圆心位置(交点),输入半径 14,回车,画出直径为 28 的圆;用同样的方法分别绘制直径为 60,半径为 8、30、14、20 的圆即可。

（3）用修剪命令剪去多余的线段,如图 3‐35（b）所示。标注尺寸,完成全图。

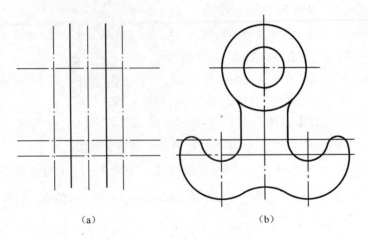

(a)   (b)

图 3 - 35　平面图形作图步骤

第4章 绘图命令

在第3章介绍了作图过程中常用的几个基本绘图命令,本章将分别介绍其他基本绘图命令的使用。

4.1 绘椭圆和椭圆弧

4.1.1 绘制椭圆

命令:Ellipse

下拉菜单:绘图→椭圆

工具栏:绘图→椭圆 ⬭

功能:绘制椭圆或椭圆弧。

(1)根据椭圆中心坐标、一根轴上的一个端点的位置以及一转角绘制椭圆。

命令:Ellipse

指定椭圆的轴端点或[圆弧(A)/中心点(C)]:C

指定椭圆的中心点:(输入椭圆中心点)

指定轴的端点:(输入椭圆某一轴上的任一端点)

指定另一条半轴长度或[旋转(R)]

(2)根据椭圆某一轴上的两个端点的位置以及另一轴的半长绘制椭圆。

下拉菜单:绘图→椭圆→轴、端点

命令:Ellipse

指定椭圆的轴端点或[圆弧(A)/中心点(C)]:(输入椭圆某一轴上的端点)

指定轴的另一个端点:(输入该轴上的另一端点)

指定另一条半轴长度或[旋转(R)]:(输入另一轴的半长)

4.1.2 绘制椭圆弧

下拉菜单:绘图→椭圆→圆弧

命令:Ellipse

指定椭圆的轴端点或[圆弧(A)/中心点(C)]:A

指定椭圆弧的轴端点或[中心点(C)]:

指定轴的另一个端点:

指定另一条半轴长度或[旋转(R)]:

指定起始角度或[参数(P)]:

它的含义如下:起始角度——通过指定椭圆弧的起始角与终止角确定圆弧,为默认项。

响应该选项,即输入椭圆弧的起始角,指令提示:

指定终止角度或[参数(P)/包含角度(I)]:

例4.1 绘椭圆与椭圆弧。

命令:Ellipse
指定椭圆的轴端点或[圆弧(A)/中心点(C)]:2,2.55
指定轴的另一个端点:6.5,2
指定另一条半轴长度或[旋转(R)]:5
命令:Ellipse
指定椭圆的轴端点或[圆弧(A)/中心点(C)]:A
指定椭圆弧的轴端点或[中心点(C)]:15,1.5
指定轴的另一个端点:10.5,4
指定另一条半轴长度或[旋转(R)]:2
指定起始角度或[参数(P)]:0
指定终止角度或[参数(P)/包含角度(I)]:180
执行结果如图4-1所示。

说明:

（1）系统变量PEllipse决定椭圆的类型。当该变量为0时,即为默认值时,所绘椭圆是由NURBS曲线表示的真正的椭圆;当该变量为1时,所绘椭圆是由多段线近似表示的椭圆。

（2）当系统变量PEllipse为1时,执行Ellipse命令后没有"圆弧"选项。

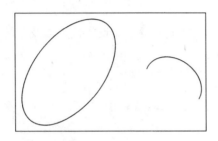

图4-1　绘制椭圆和椭圆弧

4.2　绘制等边多边形

命令:Polygon

下拉菜单:绘图→多边形

工具栏:绘制→多边形

功能:绘制指定格式的等边多边形。

操作:

命令:Polygon

输入边的数目<4>:　　（输入多边形的边数）

指定多边形的中心点或[边(E)]:

如果输入E,则系统提示:

边的第一个端点:(输入多边形上的某一条边的第一个端点位置)

边的第二个端点:(输入多边形上的同一条边的第二个端点位置)

这时就按要求绘出了多边形。

（1）用多边形的外接圆绘制等边多边形,如图4-2所示。

命令:Polygon

输入边的数目<4>:(输入多边形的边数)

指定多边形的中心点或[边(E)]:(输入多边形的中心点)

输入选项[内接于圆(I)/外切于圆(C)]<I>:I

指定圆的半径:(输入圆的半径)

（2）用多边形的内切圆绘制等边多边形,如图4-3所示。

命令:Polygon

输入边的数目<4>:(输入多边形的边数)

指定多边形的中心点或[边(E)]:(输入多边形的中心点)

输入选项[内接于圆(I)/外切于圆(C)]<I>:C

指定圆的半径:(输入圆的半径)

例4.2 绘制一个五边形,它的内切圆为φ20。

命令:Polygon

输入边的数目<4>:5

指定多边形的中心点或[边(E)]:用鼠标指定多边形的中心点

输入选项[内接于圆(I)/外切于圆(C)]<I>:C

指定圆的半径:10

结果如图4-4所示。

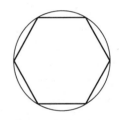

图4-2 多边形的外接圆

图4-3 多边形的内切圆

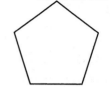

图4-4 绘制五边形

4.3 多段线和多线

4.3.1 多段线(带宽度的实体)

由多个直线段和圆弧段相连接而构成的一个实体,称为多段线。各段线间共有相同的顶点(Vertex)坐标,可将其宽度加大或缩小,可以构成一个封闭的多边形或椭圆,可对其进行编辑修改等。

画多段线的操作与画直线段和画弧线段的方法稍有不同,步骤如下:

（1）命令操作。在绘图工具栏或下拉式菜单"绘图"中点取"多段线(P)"命令。

命令:_pline

指定起点: <输入或点取线段起点>

当前线宽为0.0000

指定下一点或[圆弧(A)/闭合(C)/半宽(H)/长度(L)/放弃(U)/宽度(W)]:

各选项说明:

指定下一点:此选项为默认选项,输入或拾取一点完成该线段;

圆弧(A):输入A后回车,开始画圆弧;

闭合(C):输入C后回车,所画线段闭合;

半宽(H):输入H后回车,设定线的半宽;

长度(L):输入L后回车,开始画指定长度的线段;

放弃(U):输入U后回车,取消上次操作;

宽度(W):输入W后回车,设定线段的起始宽度。

（2）多段线的绘制。

命令:_pline

指定起点:1 点(输入或点取线段起点,如图4－5所示)

当前线宽为0.0000

指定下一点或[圆弧(A)/闭合(C)/半宽(H)/长度(L)/放弃(U)/宽度(W)].W

指定起点宽度<0.0000>:0.6

指定端点宽度<0.6000>:

指定下一点或[圆弧(A)/闭合(C)/半宽(H)/长度(L)/放弃(U)/宽度(W)]:2 点

指定下一点或[圆弧(A)/闭合(C)/半宽(H)/长度(L)/放弃(U)/宽度(W)]:3 点

指定下一点或f 圆弧(Ay 闭合(C)/半宽(H)/长度(L)/放弃(U)/宽度(W)]:A

指定圆弧的端点或[角度(A)/圆心(CE)/闭合(CL)/方向(D)/半宽(H)/直线(L)/半径(R)/第二点(S)/放弃(U)/宽度(W)]:R

指定圆弧的半径:

指定圆弧的端点或[角度(A)/圆心(CE)/闭合(CL)/方向(D)/半宽(H)/直线(L)/半径限)/第二点 cs)/放弃(U)/宽度(W)]:4 点

指定圆弧的端点或[角度(A)/圆心(CE)/闭合(CL)/方向(D)/半宽(H)/直线(L)/半径(R)/第二点(S)/放弃(U)/宽度(W)]:L

指定下一点或[圆弧(A)/闭合(C)/半宽(H)/长度(L)/放弃(U)/宽度(W)]:5 点

指定下一点或[圆弧(A)/闭合(C)/半宽(H)/长度(L)/放弃(U)/宽度(W)]:A

指定圆弧的端点或

[角度(A)/圆心(CE)/闭合(CL)/方向(D)/半宽(H)/直线(L)/半径(R)/第二点(S)/放弃(U)/宽度(W)]:R

指定圆弧的端点或[角度(A)/圆心(CE)/闭合(CL)/方向(D)/半宽(H)/直线(L)/半径(R)/第二点(S)/放弃(U)/宽度(W)]:W

指定起点宽度<0.6000>:

指定端点宽度<0.6000>:0

指定圆弧的端点或[角度(A)/圆心(CE)/闭合(CL)/方向(D)/半宽(H)/直线(L)/半径(R)/第二点(S)/放弃(U)/

宽度(W)]:CL

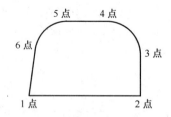

图4－5 绘制多段线

4.3.2 多线

用多线(Mline)命令可以绘制由多条平行线段组成的复合线,类似于将多段线偏移一次或多次。另外还可以用 Mledit 命令编辑多个多线的交点;用 Mlstyle 命令创建新的多线样式或编辑已有的多线样式。在实际工作中最为典型的应用就是建筑制图中墙体线的绘制。除此以外,在一些电气、化工等涉及到管线的行业也会使用复合线的样式表现各式各样的线槽、管道。由此不难看出,复合线的应用比多段线更专业一些。

(1)多线命令的使用:绘制如图4－6所示图线。

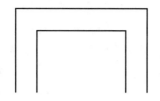

图 4-6 多段线绘制

在绘图工具栏或下拉菜单"绘图"中点取"多线(M)"命令,命令提示行出现:

命令:mline

当前设置:对正=上,比例=20.00,样式=STANDARD

指定起点或[对正(J)/比例(S)/样式(ST)]:

指定下一点或[放弃(U)]:

指定下一点或[闭合(c)/放弃(U)]:

指定下一点:

(2)设置多线的样式。单击菜单"格式"→"多线样式"命令或在命令行输入 mlstyle 命令,弹出"多线样式"对话框,如图 4-7 所示。在此对话框可以创建、修改、保存和加载多线样式。

图 4-7 "多线样式"对话框

在"多线样式"对话框中,"样式"文本框用于显示当前多线样式的名称。"新建"、"保存"按钮用于建立新的多线样式,然后保存在当前文件里。可以用"修改"按钮对多线样式进行修改。单击"加载"按钮,可将多线文件中的线型取出并加入到图形文件中。在"多线样式"对话框的下部是对当前多线样式的预览。

下面以新建一个新的多线样式——墙线的完整过程为例,讲解设置多线样式的操作步骤。

要设置的墙厚为 240,该线由三条直线元素组成,它们分别代表外墙线、内墙线和墙线轴线,其中,轴线对中,内、外墙线与轴线对称分布。

单击"新建"按钮,出现如图4-8所示的"创建新的多线样式"对话框,在"新样式名"中输入"墙线",单击"继续"按钮,弹出如图4-9所示的"新建新多线样式:墙线"对话框。在对话框的"图元"选项组中,选择第一条线,将偏移改为120,选择第二条线,将偏移改为-120,再单击"添加"按钮,设置偏移为0,单击"线型"按钮,在"线型"对话框中选择中心线,单击"确定"按钮,最终设置结果如图4-10所示。

图4-8　创建新的多线样式对话框

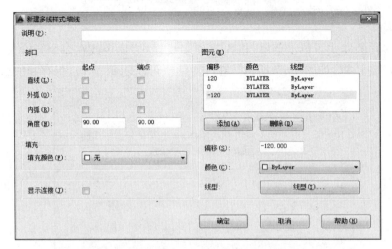

图4-9　"新建多线样式:墙线"对话框

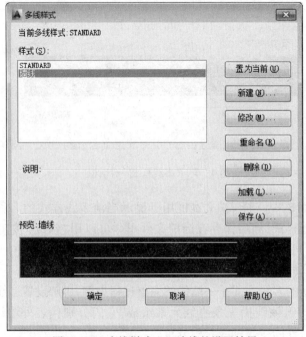

图4-10　多线样式——墙线的设置结果

4.4 绘制样条曲线

命令:Spline

下拉菜单:绘图→样条曲线

工具栏:绘图→样条曲线

功能:绘二次或三次样条(NURBS)曲线。

操作:

命令:_spline

当前设置:方式=拟合 节点=弦

指定第一个点或[方式(M)/节点(K)/对象(O)]:

输入下一个点或[起点切向(T)/公差(L)]:

输入下一个点或[端点相切(T)/公差(L)/放弃(U)/闭合(C)]:

(1) 输入第一点。

输入样条曲线上的第一点,AutoCAD 提示:

输入下一个点或[起点切向(T)/公差(L)]

这时用户有三种选择:输入点、输入起点切向或输入终点切线方向,操作完成。

例4.3 绘制样条曲线。

命令:Spline

指定第一个点或[对象(O)]:3,5

指定下一点:7,9

指定下一点或[闭合(C)/拟合公差(F)]<起点切向>:4,7

指定下一点或[闭合(C)/拟合公差(F)]<起点切向>:13,6

指定下一点或[闭合(C)/拟合公差(F)]<起点切向>:14,7

指定下一点或[闭合(C)/拟合公差(F)]<起点切向>:

指定起点切向:

指定端点切向:

绘制完成,如图4-11所示。

图4-11 样条曲线

(2) 闭合(C):绘制封闭样条曲线。

当用户选择提示"指定下一点或【闭合(C)/拟合公差(F)】<起点切向>:"中的"闭合(C)"后,AutoCAD 提示:

输入切向:

此时要求用户确定样条曲线在起始点处(也是终止点)的切线方向。确定切线方向后即可绘出指定条件的封闭样条曲线。

例4.4 绘制封闭样条曲线。

命令:Spline

指定第一个点或[对象(O)]:22,156
指定下一点:134,89
指定下一点或[闭合(C)/拟合公差(F)]<起点切向>:C
指定切向:75

绘制完成,如图4-12所示。

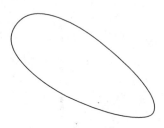

图4-12 封闭样条曲线

4.5 绘 制 点

4.5.1 绘制单点或多点

命令:Point

下拉菜单:绘图→点→单点;绘图→点→多点

工具栏:绘图→点

功能:在指定的位置绘点。

操作:

单击相应的菜单项、按钮或输入Point命令后回车,提示如下:

当前点模式: PDMODE=0 PDSIZE=0.0000

指定点:(输入点的位置)

此时会在屏幕上指定的位置绘出一点。

AutoCAD提供了多种形式的点,用户可以根据需要进行设置,过程如下:

单击下拉菜单"格式"→"点样式"选项,弹出如图4-13所示的"点样式"对话框。在该对话框中,可以选取自己所需要的点的形式,还可以利用"点大小"文本框调整点的大小,也可以进行其他的一些设置。

4.5.2 绘制等分点

命令:Divide

下拉菜单:绘图→点→定数等分

功能:在指定的对象上绘制等分点或在等分点处插入块。

操作:

单击相应的菜单项或输入Divide命令后回车,提示如下:

选择要定数等分的对象:(选择要等分的对象)

输入线段数目或[块(B)]:(输入对象的等分数)

注意:执行完操作后好像对象并没有发生变化,这是因为没有对点进行设置的原因。

48

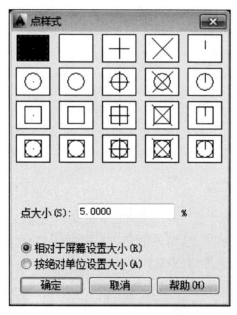

图 4 - 13 "点样式"对话框

如果执行"输入线段数目或[块(B)]:B"则表示在等分点插入块,提示如下:

输入要插入的块名:(输入所插入块的名称)

将块与对象对齐?("Y"或"N")

输入线段数目:(输入对象的等分数)

4.5.3 绘制测量点

命令:Measure

下拉菜单:绘图→点→定距等分

功能:在指定的对象上按指定的长度在分点处用点做标记或插入块。

操作:

单击相应的菜单项或输入 MEASURE 命令后回车,提示如下:

选择要定距等分的对象:(选择对象)

指定线段长度或[块(B)]:(输入每段的长度值)

在选定的对象上,将用指定的长度在各个分点处做标记。

如果执行"指定线段长度或[块(B)]:B"则表示在等分点插入块,提示:

要插入的块名称:(输入所插入块的名称)

将块与对象对齐?("Y"或"N")

指定线段长度:(输入线段长度)

4.6 AutoCAD 的图案填充

在工程制图中,为了表达假想被剖切零件的断面,使之与没剖到的部分区分开来,并表达出零件的材料特征,在零件与剖切平面相接触部分的封闭轮廓线内,填充由规律图线构的图案,称为"剖面线"。AutoCAD 设置了图案填充功能,完成剖面线的绘制。

填充图案一般由许多条图案线构成，AutoCAD 将它构成一个块，在应用时，将整个填充图案作为一个实体进行填充或删除。

4.6.1 定义图案填充边界

进行图案填充时，首先要确定填充的边界。边界可以是直线、圆弧、圆、二维多段线、椭圆、样条曲线、块或图纸空间视口的任意组合。每个边界的组成部分至少应该部分处于当前视图内。使用"拾取点"定义边界时，指定的边界集将决定 AutoCAD 通过指定点定义边界的方式，边界对象应为封闭轮廓线，不可以有任何间隙。对重叠边界在与其他边界相交处被当作终止端。

4.6.2 图案填充的操作

在绘图工具条拾取"图案填充"按钮 或在下拉菜单"绘图"下拾取"图案填充(H)"命令，显示如图 4-14 所示的对话框。此对话框提供了"图案填充"和"渐变色"两个选项卡及其他命令的按钮，可以定义边界、图案类型、图案特性。

图 4-14 "图案填充和渐变色"对话框

4.6.2.1 图案填充

使用"图案填充"选项卡可以处理图案填充并快速地创建图案填充，可以定义填充图案的外观。它包括以下控制选项：

（1）"类型(Y)"下拉列表框。"类型"下拉列表框可以设置填充图案的类型，它有三个选项：预定义、用户定义和自定义。

预定义：可以指定一个已定义好的填充图案，而且可以控制任何预定义图案的比例系数和角度。

用户定义:可以用当前线型定义一个简单的填充图案。

自定义:可用于从其他定制的.PAT文件而不是从ACAD.PAT文件中指定的图案。

(2)"图案(P)"下拉列表框。"图案"下拉列表框中列出了可用的预定义图案。拾取"图案"下拉列表框后的[…]按钮或连击图样编辑框,将显示如图4-15所示的"填充图案调色板"对话框。在该对话框中共有四个选项:ANSI、ISO、其他预定义和自定义。

单击每个选项将出现以字母顺序排列的填充图案供用户选择。

(3)"自定义图案(T)"下拉列表框。"自定义图案"下拉列表框中列出了可用的自定义图案。但只有在"类型"下拉列表框中选择了"自定义"时才能使用。

(4)"角度(L)"下拉列表框。"角度"下拉列表框可以让用户指定填充图案的角度。

(5)"比例(S)"下拉列表框。"比例"下拉列表框用于设置填充图案的比例系数,控制图案的疏或密。

(6)"间距(C)"编辑框。"间距"编辑框用于指定用户定义图案中线的间距。此选项只有在"类型"下拉列表框中选择了"用户定义"选项时才可用。

4.6.2.2　渐变色

渐变填充在一种颜色的不同灰度之间或两种颜色之间使用过渡。渐变填充可用于增强演示图形的效果,使其呈现光在对象上的反射效果,也可以用作徽标中的有趣背景。

在"图案填充和渐变色"对话框中选择"渐变色"选项卡后,显示如图4-16所示的对话框。可以从工具选项板拖放图案填充或使用具有附加选项的对话框。

图4-15　"填充图案选项板"对话框

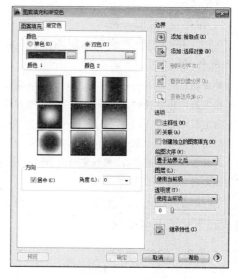

图4-16　"渐变色"选项卡

在"填充图案和渐变色"对话框中,使用"预览"按钮将显示图案填充的结果。当预览完毕后,按回车键或右击重新显示"填充图案和渐变色"对话框,从而决定图案是否合适。

4.6.3　剖面线填充示例

(1)绘制如图4-17所示的图形。

(2)从绘图工具栏或菜单"绘图"下拾取"图案填充"命令。

(3)选取"图案"下拉列表框右边[…]按钮,在"填充图案调色板"对话框中选择ANSI,再

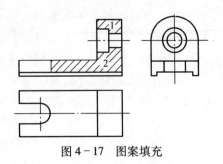

图 4-17 图案填充

点取 ANSI31。

（4）在"填充图案"选项卡中选取"拾取点（K）"按钮。

（5）在所绘制的图形中点取 1、2 两点后回车。

（6）在"填充图案"选项卡中选取"预览（W）按钮,看图案比例是否合适,进行调整。

（7）选取"确定"按钮结束。

4.7　绘圆环或填充圆

4.7.1　绘制圆环

命令:Donut

下拉菜单:绘图→圆环

功能:在指定位置绘制指定内外径的圆环或填充圆。

操作:绘圆环。

单击相应的菜单项或输入 DONUT 命令后回车,提示:

指定圆环的内径<10.0000>:（输入圆环的内径）

指定圆环的外径<20.0000>:（输入圆环的外径）

指定圆环的中心点<退出>:（输入圆环的中心）

此时会在指定的中心,用指定的内、外径绘出圆环,同时 AutoCAD 会继续提示:

指定圆环的中心点<退出>:

继续输入中心点,会得到一系列的圆环。当在"指定圆环的中心点<退出>:"提示下输入空格或回车时结束本命令。

4.7.2　绘制填充圆

执行 Donut 当提示"指定圆环的内径"时输入 0,则可绘出填充圆。

例 4.5　在点(4,4.5)、(9.5,4.5)绘制内径为 3、外径为 4 的圆环,在点(15,4.5)处绘制半径是 4 的填充圆。

命令:Donut

指定圆环的内径<10.0000>:3

指定圆环的外径<3.0000>:4

指定圆环的中心点<退出>:4,4.5

指定圆环的中心点<退出>:9.5,4.5

指定圆环的中心点<退出>:

命令:(回车表示重复执行 Donut 命令)
指定圆环的内径<10.0000>:0
指定圆环的外径<0.0000>:4
指定圆环的中心点<退出>:15.4.5
指定圆环的中心点<退出>:

执行结果如图 4-18 所示。

图 4-18　绘制圆环(填充)

说明:利用命令 Fill 可控制绘出的圆环或圆填充与否。方法是:在"命令:"提示行输入 Fill 并回车,AutoCAD 提示:开(ON)或关(OFF)。

在此提示下,执行"开",即输入"ON"后回车,则表示执行 Fill 功能,进行填充;若执行"关",即输入"OFF"后回车,则关闭 Fill 功能,不填充。当 Fill 为"关"时再执行例 4.8,或对图 4-18 执行 Regen 命令,得到如图 4-19 所示的结果。

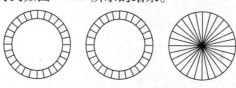

图 4-19　绘制圆环

4.8　文　字　标　注

在进行设计时,不仅要绘出图形,而且要在图纸上标注一些文字说明。本节讨论如何在图纸上加入文本。

4.8.1　设置文字样式

文字样式指定义文字使用的字体,正确设置好文字样式才能得到想要的字体类型。不同名称的文字样式可设置成相同的或不相同的字体。

单击菜单"格式"→"文字样式"命令或单击"文字"工具栏上的"文字样式"按钮 A。打开"文字样式"对话框,如图 4-20 所示。

在该对话框中,"样式"列表框显示了当前使用的文字样式名称。"新建"、"删除"按钮分别用于新建文字样式和删除已有文字样式。设置好文字样式后,单击"确定"按钮即可将设置内容应用于使用该样式的所有文字上。

4.8.2　单行文字的输入

命令:Dtext 或 Text
下拉菜单:绘图→文字→单行文字
功能:在图中标注一行文字。

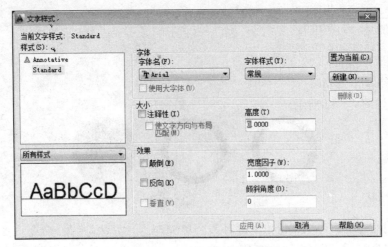

图 4-20 "文字样式"对话框

操作：

命令:Dtext

当前文字样式:Standard 文字高度:2.5000

指定文字的起点或[对正(J)/样式(S)]：

其中各项含义如下：

1. 对正(J)

此选项用来确定所标注文字的排列方式。执行该选项后提示：

[对齐(A)/调整(F)/中心(C)/中间(M)/右(R)/左上(TL)/中上(TC)/右上(TR)/左中(ML)/正中

(MC)/右中(MR)/左下(BL)/中下(BC)/右下(BR)]：

上面提示行各项的含义如下：

(1) 对齐:此选项要求用户确定所标注文字行基线的始点位置与终点位置。执行该选项，提示：

指定文字基线的第一个端点:(确定文字行基线始点位置)

指定文字基线的第二个端点:(确定文字行基线终点位置)

输入文字:(输入文字后回车)

(2) 调整:此选项要求用户确定所标注文字行基线的始点位置与终点位置及所标注文字的字高。执行该选项,提示：

指定文字基线的第一个端点:(确定文字行基线始点位置)

指定文字基线的第二个端点:(确定文字行基线终点位置)

输入文字高度:(确定文字高度)

输入文字:(输入文字后回车)

后面的那些选项都表示文字行插入时的插入基准点的位置,如下所示:

技术要求　　技术要求　　技术要求
　　中心　　　　　　中央　　　　　　　右

技术要求　　技术要求　　技术要求
　　左上　　　　　　中上　　　　　　右上

技术要求　　技术要求　　技术要求
　　左中　　　　　　正中　　　　　　右中

技术要求　　技术要求　　技术要求
　　左下　　　　　　中下　　　　　　右下

2. 样式(S)

此选项确定标注文字时所使用的字体样式。执行该选项,提示:

输入样式名或吗<默认值>:

在提示下用户可以直接输入文字样式名称,也可以输入(?)查询已有的文字样式。

3. 起点

默认项,用户可以直接输入文字行的始点位置,输入后提示:

高度:(输入文字高度)

旋转角度:(输入文字行倾角)

文字:(输入文字)

4. 控制码和特殊字符

在用户实际绘图时,有时经常需要标注一些特殊字符。但是有些字符不能直接从键盘输入,为此 AutoCAD 提供了各种控制码,用来实现这些要求。AutoCAD 的控制码由两个百分号及紧接一个字符构成,用这种方法可以表示特殊字符,如下表所列。

符　号	功　能
%%O	打开或关闭文字上划线
%%U	打开或关闭文字下划线
%%D	标注"度"符号(°)
%%P	标注"正负公差"符号(±)
%%C	标注"直径"符号(φ)

(1) 当用户标注完一行文字后,如果再执行 Dtext 命令,上一次标注的文字行会以高亮度方式显示。这时若在"对正(J)/样式(S)/<起点>:"提示下直接回车,AutoCAD 会根据上一行文字的排列方式另起一行进行标注。

(2) 执行 Dtext 命令后,当提示"文字"时,屏幕上会出现一小方框,其反映将要输入的字符位置、大小以及倾斜角度等。当输入一个字符时,AutoCAD 会在屏幕上的原小方框内显示该字符,同时小方框向后移动一个字符的位置,其指明下一个字符的位置。

(3) 在一个 Dtext 命令下,可标注若干行文字。当输入完一行后,按回车键,系统自动移动到下一行的起始位置上。

（4）当输入控制符时，控制符也临时显示在屏幕上，结束 Dtext 命令，重新生成后，控制符才从屏幕上消失。

Text 命令与 Dtext 命令相比，有如下不同之处：

（1）Text 命令一次只能标注一行文字，即在标注过程中不能换行，也不能改变标注的位置。

（2）在"文字："提示下输入文字时，屏幕上不会出现表示文字大小与方向的小方框。

（3）用户在输入文字内容时，不出现在屏幕上，而是出现在命令行中，只有输入完成后回车，所输入的内容才会显示在屏幕上。

4.8.3　多行文字

利用"多行文字"（Mtext）命令输入多行文字，可以以段落的方式处理所输入的文字，段落的宽度由用户指定的矩形框来决定。

多行文字 Mtext 命令的操作方法：在绘图工具栏中拾取"多行文字"按钮悬或在下拉菜单"绘图"中拾取"文字(X)"，出现级联菜单，再拾取"多行文字"命令。

命令:_mText
当前文字样式:"Standard"。文字高度:10
指定第一角点:
指定对角点或[高度(H)/对正(J)/行距(L)/旋转(R)/样式(S)/宽度(W)]:

指定对角点后出现如图 4-21 所示的"多行文字编辑器"对话框。在此对话框中输入要写的文字，可以对文字进行编辑。单击右边输入文字按钮可以打开其他文字文件。

文字书写后，单击"确定"按钮即可。

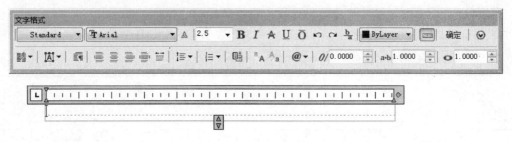

图 4-21　"多行文字编辑器"对话框

4.9　表　　格

在实际工作中，往往需要在 AutoCAD 中制作各种表格，如工程数量表等。如何高效制作表格是一个很实用的问题。在图纸中插入表格与文字及属性，其目的是让图形附带文字数据。

4.9.1　创建表格样式

表格的外观由表格样式控制。可以使用默认表格样式 Standard，也可以创建自己的表格样式。

在 AutoCAD 的表格中，可以计算数学表达式，可以快速跨行或列对值进行汇总或计算平均值，可以在单元格中输入公式等表格功能。

创建表格样式的步骤：

（1）单击"常用"标签"注释"面板下的"表格样式"按钮 ，或在命令提示下，输入 tablestyle，系统出现如图 4-22 所示的"表格样式"对话框。

（2）在"表格样式"对话框中，单击"新建"按钮，出现如图 4-23 所示的"创建新的表格样式"对话框，输入新表格样式的名称。

（3）在"基础样式"下拉列表中，选择一种表格样式作为新表格样式的默认设置。单击"继续"按钮，在如图 4-24 所示的"新建表格样式"对话框中，单击"选择起始表格"按钮，可以在图形中选择一个要应用新表格样式设置的表格。

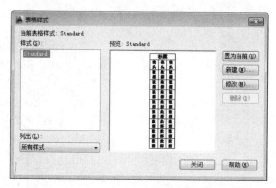

图 4-22 "表格样式"对话框

图 4-23 "创建新的表格样式"对话框

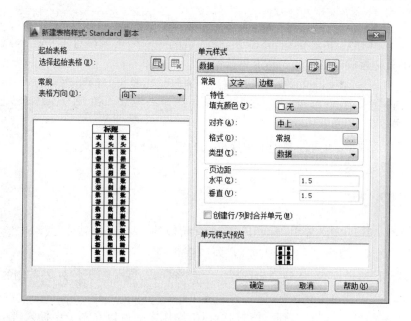

图 4-24 "新建表格样式"对话框

（4）在"表格方向"下拉列表中，选择"向下"或"向上"。"向上"创建由下而上读取的表格；标题行和列标题行都在表格的底部。

（5）在"单元样式"下拉列表中，选择要应用到表格的单元样式，或通过单击该下拉列表右侧的按钮，创建一个新单元样式。单击  按钮，出现如图 4-25 所示的"管理单元样式"对话框。

在"常规"选项卡中，可以选择或清除当前单元样式的以下选项：

●填充颜色:指定填充颜色。选择"无"或选择一种背景色,或者单击"选择颜色"以显示"选择颜色"对话框。

●对齐:为单元内容指定一种对齐方式。

●格式:设置表格中各行的数据类型和格式。单击"…"按钮可以显示"表格单元格式"对话框,如图4-26所示,从中可以进一步定义格式选项。

图4-25 "管理单元样式"对话框

图4-26 "表格单元格式"对话框

●类型:将单元样式指定为标签或数据,在包含起始表格的表格样式中插入默认文字时使用。也用于在工具选项板上创建表格工具的情况。

●页边距:设置单元中的文字或块与左右、上下单元边界之间的距离。

在"文字"选项卡中,可以选择或清除当前单元样式的以下选项:文字样式、文字高度、文字颜色、文字角度。

使用"边框"选项卡,可以控制当前单元样式的表格网格线的外观。

(6)单击"确定"按钮即可。

4.9.2 插入表格

插入表格的步骤:单击"常用"标签的"注释"面板的"表格"按钮▦或单击绘图工具栏的▦按钮,出现如图4-27所示的"插入表格"对话框。

在"插入表格"对话框中,从列表中选择一个表格样式,或单击下拉列表右侧的按钮创建一个新的表格样式。

单击"从空表格开始"单选按钮,通过执行以下操作之一可以在图形中插入表格:

(1)指定表格的插入点。

(2)指定表格的窗口。

(3)设置列数和列宽。

(4)如果使用窗口插入方法,可以选择列数或列宽,但是不能同时选择两者。

(5)设置行数和行高。

(6)如果使用窗口插入方法,行数由用户指定的窗口尺寸和行高决定。

(7)单击"确定"按钮。

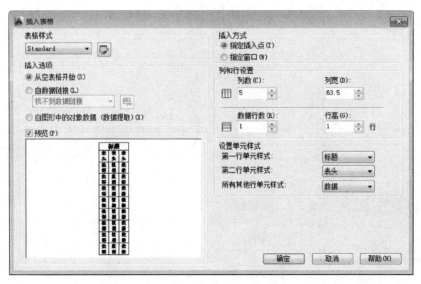

图 4-27 "插入表格"对话框

4.10 实 训

4.10.1 平面图形作图

绘制如图 4-28 所示的平面图形,作图步骤如下:

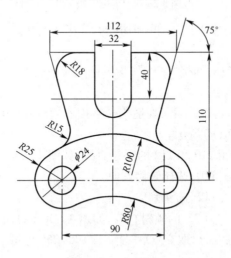

图 4-28 平面图形

(1)设置图层。单击图层工具栏的"图层特性管理器"按钮。建立图层 1 为粗实线,图层 2 为细实线,图层 3 为点划线,图层 4 为虚线,图层 5 为尺寸标注,图层 6 为剖面线,保存图名以便调用。

(2)用直线命令绘制基准线(中心线),如图 4-29(a)所示。拾取直线(正交)绘制水平和垂直线。

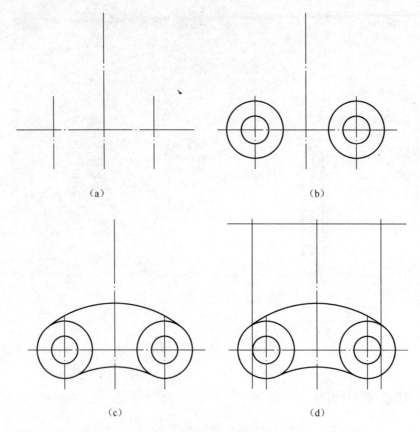

（a）   （b）

（c）   （d）

图 4-29   作图步骤（一）

（3）用偏移命令绘制两个圆的中心线，相距 90，如图 4-29（a）所示。

（4）绘制圆和圆弧。

① 绘制圆:选择圆心、半径，捕捉"交点"，拾取圆心位置（交点），画直径 24 和半径 25 的同心圆，如图 4-29（b）所示。

② 绘制圆弧:选择切点、切点、半径，在适当位置拾取切点，画半径 100 和半径 80 的圆。用修剪命令修剪后，如图 4-29（c）所示。

（5）用偏移命令绘制相距 110 和 112 的平行直线，如图 4-29（d）所示。

① 拾取偏移命令后，输入 110，选择偏移方向。

② 拾取偏移命令后，输入 112，选择偏移方向。

（6）用直线命令绘制角度为 75°的倾斜直线，如图 4-30（a）所示。

绘制倾斜线:拾取直线命令，拾取交点后，输入@100<255 即可。

（7）绘制圆弧并修剪。

① 绘制圆弧:选择切点、切点、半径，在适当位置拾取切点，画半径 18 和半径 15 的圆弧，如图 4-30（b）所示。

② 用修剪命令修剪多余的线段。

（8）绘制相距为 32 的两条线段和圆弧，如图 4-30（c）所示。

① 绘制平行线:拾取偏移命令，输入 40，拾取直线后，进行偏移；拾取偏移命令，输入 16，拾取直线后，进行偏移。

60

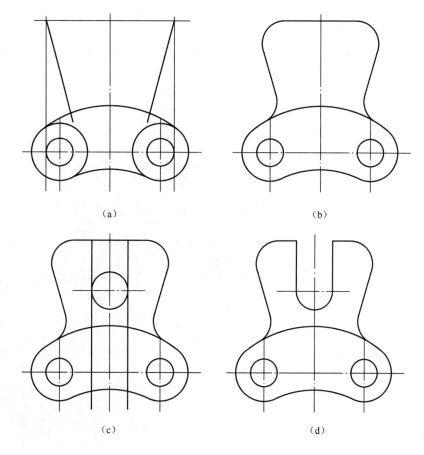

（a）   （b）

（c）   （d）

图 4－30　作图步骤(二)

② 绘制圆:选择圆心、半径,捕捉"交点",拾取圆心位置(交点),画半径 16 的圆。

③ 用修剪命令修剪多余的线段,如图 4－30 (d)所示。

（9）标注尺寸,完成全图,如图 4－28 所示。

4.10.2　绘制剖视图

绘制如图 4－31 所示的图形,并将主视图改画为全剖视图。作图步骤如下:

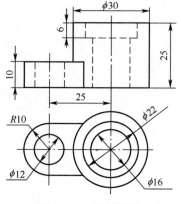

图 4－31　绘制图形

（1）设置图纸幅面（打开前面已保存的图幅）。

（2）用直线和偏移命令绘制基准线（中心线），如图4-32（a）所示。

（3）用圆命令绘制俯视图的各圆和圆弧，用直线（正交）或偏移命令绘制平行线，用修剪命令剪去多余的线，如图4-32（b）所示。

（4）用直线（正交）或偏移命令绘制主视图，用修剪命令剪去多余的线，如图4-32（b）所示。

（5）用图案填充命令画剖面线，如图4-32（c）所示。

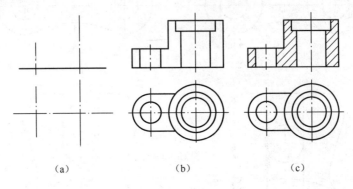

（a）　　　　　　　　（b）　　　　　　　　（c）

图4-32　绘制步骤

第5章 编 辑 命 令

图形编辑是指对已有图形进行修改、移动、复制和删除等操作。

在实际绘图过程中需要经常对某些实体做这方面的操作，而且与绘图命令同时使用，保证作图准确，减少重复的绘图操作，从而提高设计绘图的效率。

5.1 图形编辑的选择方式

在编辑实体时，都是针对图形中的某一输入项，这就意味着如何选择编辑实体的问题，AutoCAD 图形系统中有两种选择方式。

5.1.1 对象选取方法

在对图形进行编辑之前，首先要选择编辑目标，在目标的选择上，当系统变量 PICKFIRST 设置为 1 时，用户可在命令提示下用光标选择目标，然后进行编辑。当系统变量 PICKFIRST 设置为 0 时，先选择编辑命令，而后选择目标方式。

AutoCAD 为用户提供了 16 种目标选择方法。现介绍几种常用的方法：

（1）直接选取（点选）：用光标点去拾取目标。

选中目标后，目标变虚，即证明目标已被选中。

（2）窗口方式（Window）：可以选定一个矩形区域中所包含的对象。

在选择目标提示下输入 W，然后输入窗口第一点、第二点确定窗口大小，窗口内的实体都是选择的目标。

（3）交叉窗口方式（Crossing）：与窗口方式类似，在选择目标提示下输入 C，与窗口边界相交和窗口内的实体都是选择的目标。

（4）全部方式（All）：选择图中所有实体，在选择目标提示下输入 All。

（5）移去方式（Remove）：可以把选中的目标移出，使之恢复原态。

（6）加入方式（Add）：在移去模式下，键入 A 则返回到选择目标方式，把选中实体加入。

5.1.2 对话框确定选择目标

在"选项"对话框的"选择集"选项卡中打开或关闭一种或多种对象选择模式。

在下拉菜单"工具"中拾取"选项"按钮，出现"选项"对话框。

在如图 5-1 所示的"显示"选项卡中可选择多种模式并可设置拾取框的大小。

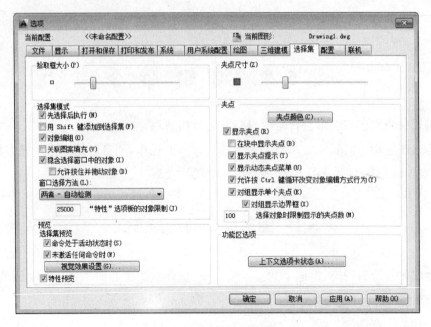

图 5-1 "选项"对话框

5.2 图形编辑命令

绘图和编辑命令是 AutoCAD 绘图系统的两大重要部分,在使用过程只有灵活运用,才能节省大量的时间。在第 2 章已经介绍了部分编辑命令,接下来介绍其余的编辑命令。

5.2.1 旋转(Rotate)命令

旋转(Rotate)命令通过设置的基准点旋转图形,如图 5-2 所示。

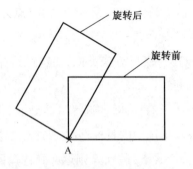

图 5-2 图形旋转

命令操作方法:在修改工具栏拾取 ⟳ 按钮或在下拉菜单"修改"中拾取"旋转"命令。

命令行提示:

命令:_rotate

选择对象:找到 1 个

选择对象:

指定基点:如 A

指定旋转角度或[参照(R)]:60

指令说明：

（1）如果在"指定旋转角度或[参照(R)]:"，提示中直接输入角度值，则图形绕基准点旋转，角度大于0时逆时针旋转，角度小于0时顺时针旋转。

（2）在"指定旋转角度或[参照(R)]:"提示中键入R，系统进一步提示：

指定参考角<0>:参考角 <回车>

指定新角度：

5.2.2　镜像(Mirror)命令

镜像(Mirror)命令将图形进行镜像变换，可以保留和删除原图形，如图5-3所示。

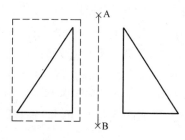

图5-3　图形镜像

命令操作方法：在修改工具栏中拾取🔺按钮或在下拉菜单"修改"中拾取"镜像"命令。

命令行提示：

选择对象:指定对角点:找到3个

选择对象:

指定镜像线的第一点:拾取A点

指定镜像线的第二点:拾取B点

是否删除源对象? [是(Y)/否(N)]<N>: 如图5.3所示

说明：当选择目标包括文本及属性实体时，镜射后使之反向书写，对此可通过系统变量MIRText的设置解决，该变量为0时，文本不作反向倒置(MIRText对插入块内的文本和固定属性不起作用)。

5.2.3　比例(Scale)命令

比例(Scale)命令按给定的值放大或缩小选定的对象。

放大如图5-4所示的图形，操作方法如下：在修改工具栏中拾取🔲按钮或在下拉菜单"修改"中拾取"比例"命令。命令行提示：

命令:_scale

选择对象:指定对角点:找到6个

选择对象:

指定基点:

指定比例因子或[参照(R)]:2<回车>

说明：如果在"指定比例因子或[参照(R)]:"提示后输入R，则输入参考长度值，而不是比例因子。

5.2.4 阵列(Array)命令

阵列(Array)命令将选定的图形拷贝成矩形阵列和环形阵列。

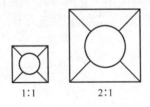

1:1   2:1

图 5-4 比例

命令操作方法:在修改工具栏中拾取 按钮或在下拉菜单"修改"中拾取"阵列"命令,出现如图 5-5 所示的对话框。在此对话框中选择阵列的类型:矩形阵列和环形阵列。

(1)矩形阵列如图 5-5(a)所示。选择矩形阵列后,设定行数、列数、行间距和列间距,然后单击"选择对象"按钮,拾取阵列对象,单击"确定"按钮即可。

(2)环形阵列如图 5-5(b)所示。在选择环形阵列后,选择阵列中心点,设定阵列个数、填充角度,然后单击"选择对象"按钮,拾取阵列对象,单击"确定"按钮即可。

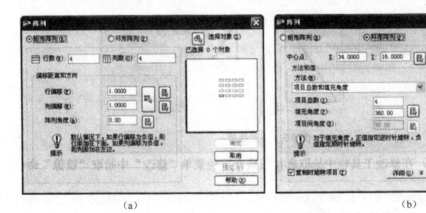

(a)   (b)

图 5-5 "阵列"对话框

1. 环形阵列

在修改工具栏中拾取 按钮或在下拉菜单"修改"中拾取"阵列"命令,在如图 5-5 所示的对话框中选择"环形阵列",在"方法和值"选项组中,选择项目总数和填充角度后,"项目总数"输入 8,"填充角度"输入 360,"指定阵列中心点"指定环形阵列中心点位置,单击"选择对象"按钮,拾取阵列对象,选择要阵列的圆。单击"预览"或"确定"按钮即可,阵列结果如图 5-6 所示。

2. 矩形阵列

在修改工具栏中拾取 按钮或在下拉菜单"修改"中拾取"阵列"命令,在如图 5-5 所示的对话框中选择"矩形阵列",输入阵列的行数和列数。

在"偏移距离和方向"选项组中,选择行间距和列间距,"行偏移"输入 60,"列偏移"输入 60,"阵列角度"输入 0。单击"选择对象"按钮,拾取阵列对象,选择要阵列的圆。单击"预览"或"确定"按钮即可,阵列结果如图 5-6 所示。

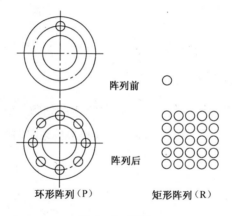

图 5-6 阵列

5.2.5 拉伸(Stretch)命令

拉伸(Stretch)命令将图形的一部分进行拉伸、移动、变形,其余不动。

命令操作方法:在修改工具栏中拾取 按钮或在下拉菜单"修改"中拾取"拉伸"命令。

命令行提示:

命令:stretch

以交叉窗口或交叉多边形选择要拉伸的对象…

选择对象:指定对角点:找到 5 个

选择对象:

指定基点或位移:

指定位移的第二点: 如图 5-7 所示。

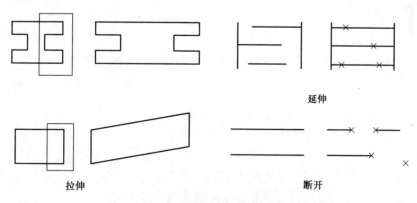

图 5-7 图形拉伸、打断图例

5.2.6 延伸(Extend)命令

延伸(Extend)命令将延长选定目标到达指定边界。

命令操作方法:在修改工具栏中拾取 按钮或在下拉菜单"修改"中拾取"延伸"命令。

命令:_extend

选择边界的边…

选择对象:找到 1 个

选择对象:找到1个,总计2个

选择对象:

选择要延伸的对象或[投影(P)/边(E)/放弃(U)]:如图5-7所示

5.2.7 断开(Break)命令

断开(Break)命令可以将直线、圆、圆弧和多段线作部分删除或将它们断开成为两个实体。

命令操作方法:在修改工具栏中拾取 ⬜ 按钮或在下拉菜单"修改"中拾取"断开"。

命令行提示:

选择对象:

指定第二个打断点或[第一点(F)]:

根据提示有如下操作:

(1) 选择第二点,则从目标点到第二点之间的线段被删除。

(2) 键入F,重选断开的第一点,再选择第二点,实现线段删除,如图5-7所示。

5.2.8 圆角(Fillet)命令

圆角(Fillet)命令是用指定半径的圆弧连接两直线或圆弧,如图5-8所示。

命令操作方法:在修改工具栏中拾取 ⬜ 按钮或在下拉菜单"修改"中拾取"圆角"命令。

(1) 设定倒圆角的半径。

命令:_Fillet

当前设置:模式=修剪,半径=0.0000

选择第一个对象或[放弃(U)/多段线(P)/半径(R)/修剪(T)/多个(M)]:r

指定圆角半径<0.0000>:输入倒圆角半径,如10

(2) 倒圆角,如图5-8所示。

命令:_Fillet

当前设置:模式=修剪,半径=10.0000

选择第一个对象或[放弃(U)/多段线(P)/半径(R)/修剪(T)/多个(M)]:

选择第二个对象:

命令:fllet

当前设置:模式=修剪,半径=10.0000

选择第一个对象或[多段线(P)/半径(R)/修剪(T)]:p

选择二维多段线:

说明:①当设定半径R=0时,可使两线相交。②当设定半径太大无法连接时,出现错误信息提示。③当选用多段线倒圆角时,图形必须封闭才能全部倒圆角。

5.2.9 倒角(Chamfer)命令

倒角(Chamfer)命令是用指定的截距对两直线进行倒角,如图5-8所示。

命令操作方法:在修改工具栏拾取 ⬜ 按钮或在下拉菜单"修改"中拾取"倒角"命令。

(1) 设定倒角的截距。

命令:_chamfer

选择第一条直线或[多段线(P)/距离(D)/角度(A)/修剪(T)/方法(M)]:d

指定第一个倒角距离<10.0000>:

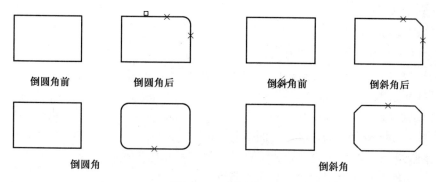

图 5-8　图形倒角

指定第二个倒角距离<10.0000>:

（2）倒斜角。

命令:_chamfer

("修剪"模式)当前倒角距离 1 = 10.0000,距离 2 =10.0000

选择第一条直线或[多段线(P)/距离(D)/角度(A)/修剪(T)/方法(M)]:

选择第二条直线:

命令:_CHAMFER

("修剪"模式)当前倒角距离 1 = 10.0000,距离 2 =10.0000

选择第一条直线或[多段线(P)/距离(D)/角度(A)/修剪(T)/方法(M)]:p

选择二维多段线:

5.2.10　打散(Explode)命令

打散(Explode)命令把复杂的实体(插入的块、多段线、尺寸标注)分解成简单的单元体,以便于编辑。

命令操作方法:在修改工具栏或下拉菜单"修改"中拾取"打散"命令。

命令行提示:

命令:_explode

选择对象:找到 1 个

选择对象:

5.2.11　多段线编辑(Pedit)命令

多段线编辑(Pedit)命令用来编辑多段线,根据操作不同,可以完成多种编辑工作。

命令操作方法:

下拉菜单:修改→对象→多段线

工具栏:修改Ⅱ→多段线

在下拉菜单"修改"中拾取"多段线"命令。

命令行提示:

命令:_pedit

选择多段线:选择多段线目标

所选对象不是多段线是否将其转换为多段线? <Y>回车

输入选项[闭合(C)/合并(J)/宽度(W)/编辑顶点(E)/拟合(F)/样条曲线(S)/非曲线化(D)/

线型生成(L)/放弃(U)]:j

各选项意义如下：

- 闭合(C):使多段线封闭或开启。
- 合并(J):用于多段线连接,两条线必须首尾相交。
- 宽度(W):改变多段线的线宽。
- 编辑顶点(E):编辑多段线顶点。
- 拟合(F):将多段线拟合成光滑曲线(过顶点)。
- 样条曲线(S):将多段线拟合成三次 B 样条曲线(不过顶点)。
- 非曲线化(D):将光滑曲线还原成多段线。
- 线型生成(L):设置非连续线的线型是否要配合线长显示。
- 放弃(U):取消上次动作。

绘制如图 5-9 所示的图形,用多段线编辑命令进行编辑,输入各选项观察线段的变化。

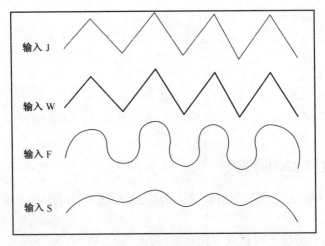

图 5-9　多段线图例

在 AutoCAD 2014 中提供了丰富的图形编辑与修改功能,这些功能提高了绘图效率与质量。

用 AutoCAD 2014 进行对象的编辑与修改,可以采用四种方法之一进行操作:

(1) 通过输入命令实现编辑与修改(即在命令提示行输入响应的命令)。

(2) 通过下拉菜单实现编辑与修改("修改"菜单)。

(3) 利用工具栏实现编辑与修改(工具栏"修改"和"修改Ⅱ")。

(4) 利用屏幕菜单实现编辑与修改(屏幕菜单中"修改"和"修改Ⅱ")。

5.2.12　文字编辑(Ddedit)命令

命令:Ddedit

下拉菜单:修改→对象→文字

功能:修改文字。

操作格式:

命令:Ddedit

<选择注释对象>/放弃(U):(选取打算编辑的文字)

如果选取的文字是使用 Text 或 Dtext 命令标注的,则会弹出如图 5-10 所示的工具栏,可以

70

对所选取的文字进行修改。

图 5-10　编辑文字

5.2.13　多线编辑(Mledit)命令

命令：Mledit

下拉菜单：修改→对象→多线

工具栏：修改Ⅱ→多线

功能：修改由 Mline 命令绘出的多线。

操作：拾取"多线编辑"命令，系统将弹出"多线编辑工具"对话框，如图 5-11 所示。

图 5-11　"多线编辑工具"对话框

在这个对话框中，各个工具按钮形象地说明了 Mledit 所具有的功能，选择需要的接头形式，单击"确定"按钮，系统提示：

选择第一条多线：(拾取第一条多线)

选择第二条多线：(拾取第二条多线)

……

当全部修改完成后回车，编辑命令结束。

需要注意：如果选择的修改形式与原结构形式差距很大，系统则无法执行。

在编辑多线时应特别注意，Mledit 命令并不真正切断多线，只是禁止各个多线段的显示，这就使得用户可重显或修复切断部分。

由图 5-11 可以看出，Mledit 提供了 12 种工具，可以将它们分为四类，即十字形、T 形、直角以及切断工具。

71

三个十字形工具用于消除各种相交线,图5-12显示了运用这些工具后的各种效果。

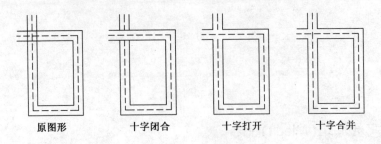

图5-12 多线编辑(一)

一旦选择十字形中的工具,AutoCAD提示用户选取两条多线,一般总是切断用户所选的第一条多线,并根据所选工具切断第二条多线。

对十字合并工具(Merged Cross),AutoCAD生成配对元素的直角。若有不配对元素,它将不被切断。

T形工具也用于消除交线,其编辑效果如图5-13所示。

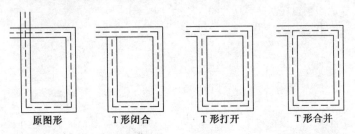

图5-13 多线编辑(二)

直角工具同样消除相交线,它还可以消除多线一侧的延长线,从而形成直角。用户选用此工具时,AutoCAD提示用户选取两条多线,用户只需在想保留的多线某部分上拾取点,AutoCAD就会将多线剪裁或延长到它们的相交点。其效果如图5-14所示。

添加顶点工具(Add Vertex)可以为多线增加若干顶点,以便于处理(如简单的伸展)。删除顶点工具则从有三个或更多顶点的多线上删除顶点。若当前选取的多线只有两个顶点,则该工具无效。图5-14显示了添加顶点、删除顶点的效果。

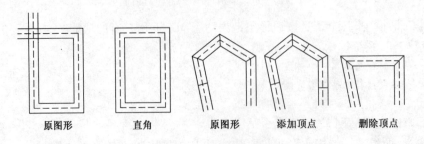

图5-14 多线编辑(三)

切断工具用于切断多线。单个剪切工具(Cut Single)用于切断多线中一条,只需简单地拾取要切断的多线某一元素(某一条)上的两点,则两点中的连线即被删去(实际上是不显示)。同理,全部剪切工具(Cut All)用于切断整条多线。其效果参见图5-15。

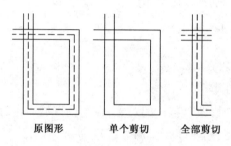

原图形　　　单个剪切　　　全部剪切

图 5－15　多线编辑(四)

5.2.14　图案填充编辑

功能:修改已填充的图案。

命令:Hatchedit

下拉菜单:修改→对象→图案填充

工具栏:修改Ⅱ→图案填充 [图标]

操作:拾取图案填充编辑按钮 [图标],或输入命令 Hatchedit。

在提示"选择填充对象"时,点取欲修改的填充图案,弹出"图案填充编辑"对话框,如图 5－16所示。重新设定图案即可完成图案填充修改的操作。

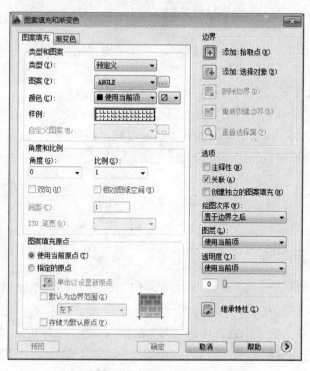

图 5－16　"图案填充编辑"对话框

5.2.15　对象特性

编辑图形,就需要对其属性进行修改,在 AutoCAD 中编辑图形一般通过两种途径:①使用

AutoCAD 提供的复制、移动等基本或高级编辑命令;②直接编辑图形实体的属性。两种途径各有利弊,本节主要介绍后者。

命令:properties

下拉菜单:修改→对象特性

工具栏:标准→对象特性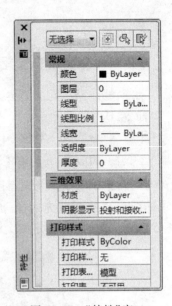

快捷菜单:选择要查看或修改其特性的对象,在绘图区域右击,然后选择"特性"命令。

功能:AutoCAD 显示"特性"窗口,如图 5-17 所示。"特性"窗口是查看和修改 AutoCAD 对象特性的主要方式。可以查看或修改任何基于 AutoCAD 应用程序编程接口(APD 标准的第三方应用程序对象)。

"特性"窗口较为简单,主要区域是一个列表框,下面分别加以介绍。

(1)"常规"下拉列表框。该下拉列表框位于对话框顶部,其中列出了选取目标实体的类别。当选取实体的单一类别时,该下拉列表框中显示出该实体的图形类别(如圆、矩形等)。

若一次选取两个以上实体,则该下拉列表框内将显示"全部(x)",其中的 x 代表选取实体的总数。此时如打开此下拉列表框,将会看到 AutoCAD 已将图形实体自动分类,并归纳出每种实体的数目。

(2)"快速选择"按钮:快速过滤功能按钮,单击该按钮,将打开"快速选择"对话框。

图 5-17 "特性"窗口

(3)"按字母"选项卡:该选项卡内的核心内容是属性列表框,该列表框依照英文字母顺序列出了被选图形实体的全部属性。

(4)"按分类"选项卡:该选项卡内也是属性列表框,与"按字母"选项卡所不同的只是排列顺序与分类方法,它是以属性所属范畴归类排序的。

5.3 实　　训

5.3.1 绘制平面图形

例5.1 以图 5-18 所示的平面图形为例,说明平面图形的绘制方法和步骤。

1. 平面图形的绘制方法

(1)分析。平面图形通常由各种不同线段(包括直线段、圆弧和圆)组成。要先对平面图形的线段进行分析,弄清楚哪些是可以直接画出的已知线段;哪些是必须根据与相邻线段有连接关系才能画出来的中间线段;最后求出连接圆弧的切点和圆心确定连接线段。如图 5-18 所示,半径为 $R18$、$R67$ 和直径为 $\phi90$、$\phi45$ 的尺寸为已知圆弧,半径为 $R18$、$R9$ 的圆弧为中间圆弧,半径为 $R20$ 的圆弧为连接圆弧。

(2)方法。画图时,应先画已知线段,再画中间线段,最后画连接线段。

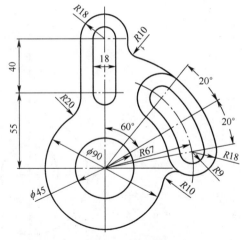

图 5-18　平面图形

2. 平面图形的绘制步骤

绘制如图 5-18 所示的平面图形,作图步骤如下:

(1)确定图幅:A4 竖放,绘制图框和标题栏并保存。

(2)用直线命令绘制基准线(中心线),如图 5-19(a)所示。

① 改变图层:将属性工具栏中的 0 层改为中心线层;

② 绘制直线:拾取直线命令,按下"(正交)",绘制水平和垂直线;

③ 拾取偏移命令,绘制相距(55,40)的中心线。

(3)用圆命令绘制圆、圆弧,如图 5-19(b)所示。

① 绘制圆:选择圆心、半径,捕捉"交点",拾取圆心位置(交点),画 φ45、φ90 同心圆和 R18、R67 的圆。

② 绘制角度为 20 的直线,用极坐标:@ 90<10、@ 90<30、@ 90<50。

③ 绘制圆弧:选择切点、切点、半径或圆角命令,绘制 R19 和 R9、R10、R20 的圆弧,如图 5-19(c)所示。

(4)用修剪命令剪切多余的线段,如图 5-19(c)所示。

(5)尺寸标注。在"标注"工具栏中单击"线性标注"、"圆标注"和"圆弧标注",按系统提示分别拾取标注元素,如图 5-18 所示。

例 5.2　绘制如图 5-20 所示的平面图形。

作图步骤如下:

(1)确定图幅:A4 竖放,绘制图框和标题栏并保存。

(2)用直线命令绘制基准线(中心线),如图 5-21(a)所示。

① 改变图层:将属性工具栏中的 0 层改为中心线层;

② 绘制直线:拾取直线并按下"(正交)",绘制水平和垂直线;

③ 拾取偏移命令绘制相距(35,55)的中心线。

(3)绘制椭圆和圆,将属性工具栏中的中心线层改为粗线层。

① 绘制椭圆:拾取椭圆命令,选择中心,输入基准点(交点),长半轴为 55,短半轴为 30。将长半轴改为 70,短半轴改为 45,输入基准点(交点),如图 5-21(b)所示。

② 拾取圆命令,捕捉圆心位置(交点),画半径为 8、15 的圆,如图 5-21(b)所示。也可以

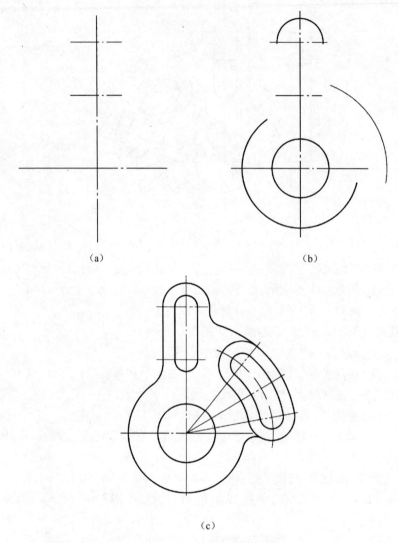

（a）　　　　　　　　　　　　　（b）

（c）

图 5 - 19　平面图形作图步骤

用偏移命令，输入偏移距离为 15。

（4）用阵列命令绘制圆，如图 5 - 21（c）所示。在修改工具栏中拾取▦或在下拉菜单"修改"中拾取"阵列"命令，在"阵列"对话框中选择"矩形阵列"，输入行数 2，行间距 70，列数 2，列间距 110，选择对象拾取两个同心圆，单击"确定"按钮即可，如图 5 - 21（c）所示。

注意：此项也可以用镜像命令进行操作。

（5）用圆角命令 R10 圆弧。在修改工具栏中拾取▭按钮或在下拉菜单"修改"中拾取"圆角"。设定圆角半径为 10，再设定为不修剪，然后拾取要倒圆角的线段，用修剪命令剪去多余的线段，如图 5 - 21（d）所示。

（6）用直线命令绘制切线。拾取"直线"命令，然后在辅助工具栏中拾取"切点"，再拾取第二个"切点"即可，如图 5 - 21（d）所示。

（7）尺寸标注。在"标注"工具栏中单击"线性标注"、"圆标注"和"圆弧标注"，按系统提示分别拾取标注元素，如图 5 - 20 所示。

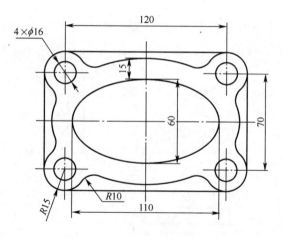

图 5-20　平面图形

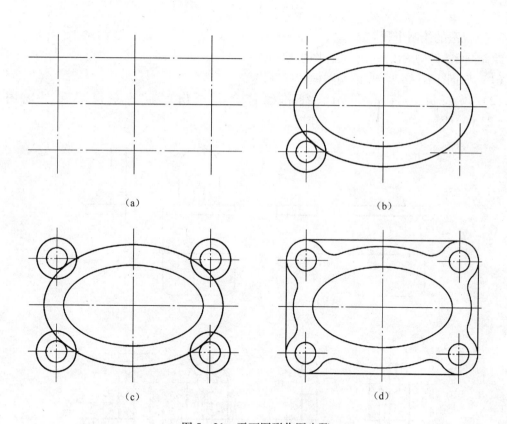

（a）　　　　　　　　　　　　　（b）

（c）　　　　　　　　　　　　　（d）

图 5-21　平面图形作图步骤

5.3.2　三视图的绘制方法和步骤

例 5.3　以图 5-22 为例，说明三视图的绘制方法和步骤。

1. 三视图的绘制方法

（1）分析。该组合体可以分解为三个基本形体：底板、立板、肋板，如图 5-22 所示。底板前面挖切了两个圆角及两个圆柱孔；底板上叠放着立板与肋板，立板与底板后面平齐且上面带一直径为 20 的圆柱形孔。

（2）方法。该组合体是由三个基本体组合而成的。应利用形体分析法将组合体分解为各个基本形体，弄清各基本形体的组合形式、相对位置，以及关联表面的连接关系，最后逐个画图。

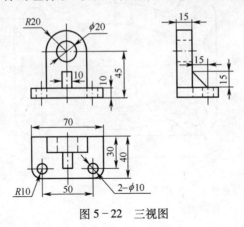

图 5 - 22　三视图

2. 三视图的绘制步骤

绘制图 5 - 22 所示的三视图，作图步骤如下：

（1）确定图幅：A4 竖放，绘制图框和标题栏。

（2）画底板的三视图：用直线和偏移命令画出底板的主视图和左视图，如图 5 - 23（a）所示。

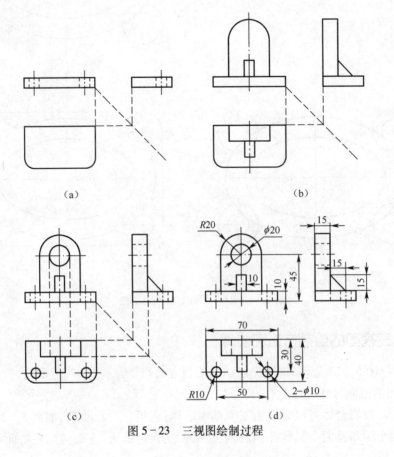

（a）

（b）

（c）

（d）

图 5 - 23　三视图绘制过程

78

（3）作 45°辅助线，然后，确定俯视图起点，如图 5-23（a）所示。

（4）利用上面的方法，画出立板及肋板的三视图，如图 5-23（b）所示。

（5）画出圆柱孔的三视图，如图 5-23（c）所示。

（6）尺寸标注，如图 5-23（d）所示。

例 5.4 将图 5-24 中的主视图改画成全剖视图。

1. 形体分析

该形体内部结构复杂且左右不对称，故主视图采用全剖表达内形。它前后对称，所以剖切面就是俯视图的对称中心线。由于剖切面通过形体的对称平面，而剖视图按投影关系配置，中间无图形隔开，可省略剖视图的标注。

主视图中的虚线分别表示如下形体：距底面高度为 8 的八边（T）形水平面（其上有一 φ10 的通孔）、22×24×33 的矩形上下通孔、半径为 6 深为 33-5 的半圆柱槽孔。这三部分均被剖切面对称地剖开，虚线变成了实线。φ14 的孔有两个，前面被剖切移走，后面的留下成为可见，故要以实线画出。

2. 绘图步骤

（1）按图 5-24 所注尺寸，抄画俯视图。画出剖视图（主视图）的定位基准线，如图 5-25 所示。

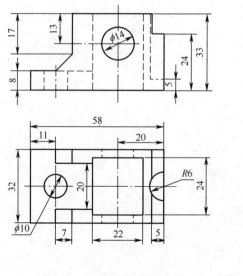

图 5-24 组合体视图图

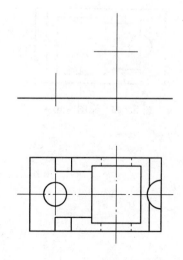

图 5-25 作图步骤 1

（2）画出主视图的外轮廓并根据分析，将原主视图中的虚线改画成粗实线，如图 5-26 所示。

（3）用粗实线画出后半个形体中留下的 φ14 孔，如图 5-27 所示。

（4）拾取剖面线命令，将剖切面与物体的接触部分填充上剖面线，如图 5-28 所示。

（5）图 5-28 中的剖面线间隔太大，可对剖面线进行编辑。选中已填充的剖面线，右击，弹出快捷菜单，选中"图案填充编辑"，弹出"图案填充编辑"对话框，如图 5-16 所示。在"角度和比例"中，把"比例"改成 0.8，单击"确定"按钮即可。最后完成的图形如图 5-29 所示。

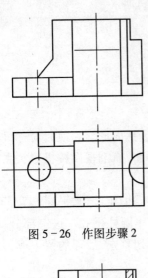

图 5 - 26　作图步骤 2

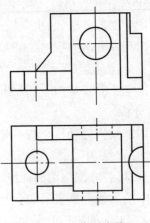

图 5 - 27　作图步骤 3

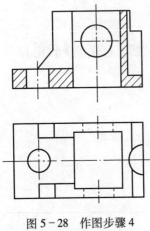

图 5 - 28　作图步骤 4

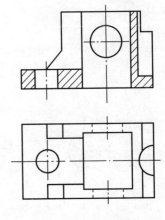

图 5 - 29　作图步骤 5

第6章　尺寸标注

在工程制图中,进行尺寸标注是必不可少的一项工作。因为图形只表示零部件的形状和位置关系,而零件和大小及各部分之间的相互位置是要靠尺寸确定的。因此,尺寸是制造、安装及检验的重要依据。AutoCAD 为此提供了一套完整、快速的尺寸标注方法和命令。本章将介绍尺寸标注命令的使用方法。

6.1　尺寸标注的基本方法

6.1.1　尺寸标注的组成及类型

1. 尺寸的组成

一个完整的尺寸由尺寸线(Dimension line)、尺寸界线(Extension line)、尺寸箭头(Arrows)及尺寸文本组成。尺寸文本既包含基本尺寸,也包含尺寸公差(Tolerances),标注时根据要求而定。

2. 尺寸标注的几种类型

AutoCAD 系统提供了以下四种基本类型的尺寸标注方法,每种尺寸标注的命令可用前三个字符输入。

(1) 长度型(Linear),如图 6 - 1 (a)所示。

① 水平(Horizontal)、垂直(Vertical)标注方式;

② 对齐标注方式(Aligned);

③ 基准线标注方式(Baseline);

④ 连续标注方式(Continue)。

(2) 角度型标注方式(Angular),如图 6 - 1 (b)所示。

(3) 半径、直径型标注方式,如图 6 - 1 (b)所示。

(4) 指引线标注方式(Leader),如图 6 - 1 (b)所示。

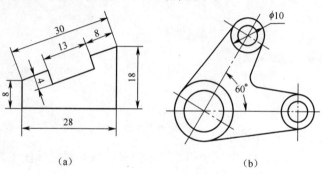

(a)　　　　　　　　　　　(b)

图 6 - 1　尺寸标注的形式

6.1.2 尺寸标注(Dim)命令

在 AutoCAD 中,有多种方法进入到尺寸标注状态中。在 Command 提示符键入 Dim,或从下拉菜单或尺寸标注工具栏中拾取。

1. 线性尺寸标注命令

(1) 标注水平、垂直尺寸。

功能:标注水平、垂直的长度型尺寸。

指令操作:在下拉菜单"标注"下拾取"线性"命令,或在标注工具栏拾取。

命令:_dimlinear 指定第一条尺寸界线起点或<选择对象>: (A 点,如图 6-2 (a) 所示)

指定第二条尺寸界线起点:(B 点)

指定尺寸线位置或[多行文字(M)/文字(T)/角度(A)/水平(H)/垂直(V)/旋转(R)]:(C 点)

命令:dimlinear(第二种标注方法,如图 6-2 (a) 所示)

指定第一条尺寸界线起点或<选择对象>: 回车

选择标注对象: 选择线、圆弧或圆(1 点)

指定尺寸线位置或[多行文字(M)/文字(T)/角度(A)/水平(H)/垂直(V)/旋转(R)]:(2 点)

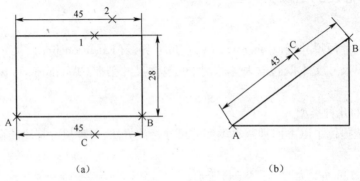

图 6-2 线性标注

(2) 倾斜标注方式(Aligned)命令。

功能:标注倾斜的长度型尺寸。

指令操作:在下拉菜单"标注(N)"下拾取"对齐(G)"命令或在标注工具栏拾取。

命令:_dimaligned(第一种标注方法,如图 6-2 (b) 所示)

指定第一条尺寸界线起点或<选择对象>:(A 点)

指定第二条尺寸界线起点: (B 点)

指定尺寸线位置或[多行文字(M)/文字(T)/角度(A)]:(C 点)

命令:_dimaligned

指定第一条尺寸界线起点或<选择对象>:回车

选择标注对象:(选择线、圆弧或圆)

指定尺寸线位置或[多行文字(M)/文字(T)/角度(A)]:

标注文字=86

(3) 基准线标注方式(Baseline)命令。

功能:以基准线为起点标注尺寸。

指令操作:在下拉菜单"标注(N)"下拾取"基准(B)"或在尺寸标注工具栏拾取。

命令:_dimbaseline(如图 6-3 所示)

指定第二条尺寸界线起点或[放弃(U)/选择(S)]<选择>:

指定第二条尺寸界线起点或[放弃(U)/选择(S)]<选择>:

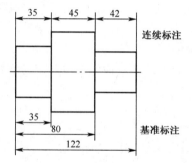

图6-3 基准和连续标注

说明:基准线标注命令不能单独应用,在使用前必须用过线性或对齐命令,才能进行基准标注。

(4)连续标注方式(Continue)命令。

功能:采用连续的链式标注尺寸,如图6-3所示。

指令操作:下拉菜单"标注(N)"下拾取"连续(C)"或在尺寸标注工具栏拾取。

命令:_dimcontinue

指定第二条尺寸界线起点或[放弃(U)/选择(S)]<选择>:

指定第二条尺寸界线起点或[放弃(U)/选择(S)]<选择>:

说明:连续标注命令不能单独应用,在使用前必须用过线性或对齐命令,才能进行连续标注。

2.角度型标注方式(Angular)命令

功能:标注两条线之间的夹角。

指令操作:在下拉菜单"标注(N)"下拾取"角度(A)"或在尺寸标注工具栏拾取。

命令:_dimangular

选择圆弧、圆、直线或<指定顶点>:(如选取一条直线A)

选择第二条直线:(选取第二条直线B)

指定标注弧线位置或[多行文字(M)/文字(T)/角度(A)]:选择尺寸圆弧线位置(C点)

标注文字=55(如图6-4所示)

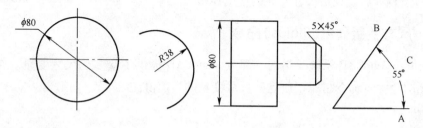

图6-4 直径、半径、角度标注

3.半径、直径型标注方式

(1)半径标注方式(Radius)命令。

功能:标注圆或圆弧的半径。

指令操作:在下拉菜单"标注(N)"下拾取"半径(R)"或在尺寸标注工具栏拾取。

命令:_dimradius

选择圆弧或圆:

标注文字=38

指定尺寸线位置或[多行文字(M)/文字(T)/角度(A)]:(如图6-4所示)

（2）直径标注方式（Diameter）命令。

功能：标注圆或圆弧的直径。

指令操作：在下拉菜单"标注（N）"下拾取"直径（D）"或在尺寸标注工具栏拾取。

命令:_dimradius

选择圆弧或圆：

标注文字=80

指定尺寸线位置或[多行文字(M)/文字(T)/角度(A)]:

4. 指引线标注方式（Leader）。

功能：单箭头标注指向物体。

指令操作：下拉菜单"标注（N）"下拾取"直径（D）"或在尺寸标注工具栏拾取。

命令:MLEADER

指定引线箭头的位置或[引线基线优先(L)/内容优先(C)/选项(O)]<选项>:

指定引线基线的位置：

在需要的位置单击后，出现如图6-5所示"文字格式"对话框，在对话框中设置文字格式，然后输入文字，单击"确定"即可。

图6-5　文字格式

6.2　尺　寸　变　量

尺寸变量是控制尺寸标注的参量，它的设置直接影响尺寸标注的方式。通过对尺寸变量的设置，可以对确定组成尺寸的尺寸线、尺寸界线、尺寸文本以及箭头的样式、大小和它们之间的相对位置等进行修改，以满足尺寸标注的使用要求。

6.2.1　尺寸变量显示（Status）命令

尺寸变量是 AutoCAD 系统变量的一部分，AutoCAD 提供了众多的尺寸变量。在 Dim 命令的状态下，利用 Status 命令可以了解这些尺寸变量的当前值。

命令：Dim

dim：Status

回车后屏幕显示尺寸变量的信息。

6.2.2　尺寸变量的改变

在标注尺寸时，根据要标注尺寸的类型和方式的不同，有时需要对尺寸变量的设置进行修改。改变某一尺寸变量的值时，有如下两种方法：

（1）在"Command："或"DIM："状态下，输入尺寸变量名，然后根据提示操作即可。例如，当

希望把箭头的值改为 4 时,可按下面方式操作:

```
Command:DIMASZ
New value for DIMAS2<2.50>:4
```

（2）利用标注样式管理器设置尺寸标注形式。

AutoCAD 还提供了利用标注样式管理器设置尺寸标注方式的功能,如图 6-6 所示。

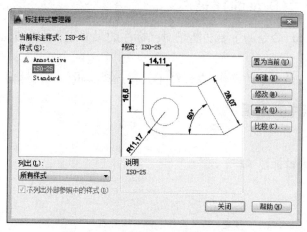

图 6-6　"标注样式管理器"对话框

在 AutoCAD 中,可在命令行中键入 DimStyle 或 DDIM 来打开"标注样式管理器"对话框。也可以从下拉菜单"格式（O）"下或"标注"下拾取"标注样式（D）"或在标注工具栏中单击"标注样式"图标。利用该标注样式管理器,用户可以形象直观地设置尺寸变量,建立尺寸标注样式。

（3）形位公差的标注。形位公差将用一个特征控制框并根据标注形位公差的要求进行设置。

标注形位公差的操作:在下拉菜单"标注"下拾取"公差"选项或从标注工具栏点取"公差"图标,出现"形位公差"对话框,如图 6-7 所示。单击符号栏黑框,显示形位公差特征符号对话框,如图 6-8 所示,在此框内选取所需符号。

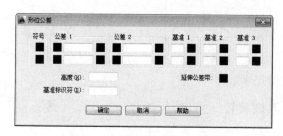

图 6-7　"形位公差"对话框

图 6-8　"特征符号"对话框

6.3　尺寸的标注编辑

对图形中已标注好的尺寸,也可以进行编辑。尺寸标注的编辑命令是用来编辑或管理有关尺寸标注方式及其尺寸变量的命令。

在 AotuCAD 中,可以用特性管理器和相应的编辑命令对尺寸进行编辑。

6.3.1 用特性管理器修改尺寸特性

利用特性管理器可以非常方便地管理、编辑尺寸的各组成要素。在特性管理器中可以进行编辑的特性有常规特性、尺寸线及箭头、标注文字、各组成要素的位置、公差等。

6.3.2 编辑尺寸(Dimedit)命令

编辑尺寸(Dimedit)命令的主要功能是对已标注的尺寸进行文字更新、文字旋转和调整尺寸界线的倾斜角。

编辑尺寸(Dimedit)命令的操作:在标注工具栏选择编辑标注图标即可。

6.3.3 尺寸标注的编辑

命令:Dimedit

工具栏:标注→编辑标注 **A**

操作格式:

命令:dimedit

输入标注编辑类型[默认(H)/新建(N)/旋转(R)/倾斜(O)]<默认>:

各选项含义如下:

(1)默认:按默认位置、方向放置尺寸文字。执行该选项,提示:

选择对象:(在此提示下选择尺寸对象即可)

(2)新建:修改指定尺寸对象的尺寸文字。执行该选项,弹出"多行文字编辑器"对话框,可在该对话框中输入新尺寸值,输入后单击对话框中的"确定"按钮,提示:

选择标注:(在此提示下选择尺寸对象即可)

(3)旋转:将尺寸文字按指定的角度旋转(如图6-9所示)。执行该选项,提示:

输入文字角度:(输入角度值)

选择对象:(选择尺寸对象)

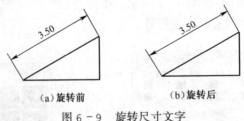

(a)旋转前   (b)旋转后

图6-9　旋转尺寸文字

(4)倾斜:修改长度型尺寸标注,使尺寸界线旋转一角度,与标注线不垂直(见图6-10)。执行该选项,提示:

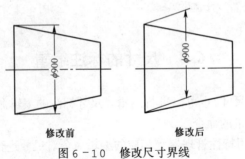

修改前   修改后

图6-10　修改尺寸界线

输入文字角度:(输入新角度)

选择对象:(选择尺寸对象,之后可继续选择尺寸对象)

6.3.4 修改尺寸文本的位置

修改尺寸文本(Dimtedit)命令主要用于改变尺寸文本沿尺寸线的位置和角度。该命令的操作:

命令:Dimtedit

下拉菜单:标注→对齐文字

工具栏:标注→编辑标注文字 A

操作格式:

命令:Dimtedit

选择标注:(选择尺寸对象)

指定标注文字的新位置或[左(L)/右(R)/中心(C)/默认(H)/角度(A)]:

各选项含义如下:

(1)左、右:这两个选项仅对长度型、半径型、直径型尺寸标注起作用。它们分别决定尺寸文字是沿标注线左对齐还是右对齐。

(2)默认:按默认位置、方向放置尺寸文字。

(3)角度:使尺寸文字旋转一角度。执行该选项,AutoCAD 提示:

输入文字角度:(输入角度值即可)

6.3.5 更新尺寸标注(Update)命令

更新尺寸标注(Update)命令可使已有的尺寸标注与当前尺寸标注一致。

更新尺寸标注(Update)命令的操作:在标注工具栏选择"标注更新"或在下拉菜单"标注"下选择"更新标注(U)"。这样,所选的尺寸标注对象将按当前的尺寸标注样式来更新。

命令:DIM

下拉菜单:标注→更新

工具栏:标注→更新

功能:用户可以使某个已标注的尺寸按当前尺寸标注样式所定义的形式进行更新。AutoCAD 提供"标注"→"更新"命令来实现这一功能。

操作格式:

选择对象:(选择要更新的尺寸标注)

选择对象:(继续选择尺寸标注或按回车键结束操作,回到"标注"提示符下)

在"标注"提示符后,输入"E"并回车,返回到"命令"提示符状态。

通过上述操作,AutoCAD 将自动把所选择的尺寸标注更新为当前尺寸标注样式所设置的形式。

6.4 实 训

绘制如图 6-11 所示的零件图。

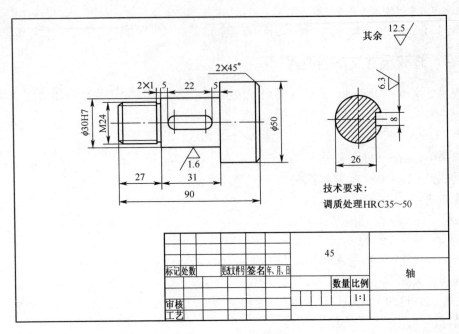

技术要求:
调质处理HRC35~50

				45			
							轴
标记	处数	更改文件号	签名 年、月、日		数量	比例	
审核						1:1	
工艺							

图 6-11　轴的零件图

1. 零件分析

该零件表达采用了一个轴线水平放置的主视图和一个剖面图。主视图由同轴圆柱体组成，两端有倒角，左端带有螺纹，中间有键槽，还有表面粗糙度要求和文字标注。

2. 设定图纸、布置视图

图幅 A4，比例 1:1，横放，填写好标题栏。

3. 绘图步骤

（1）绘制视图。将当前层设置为中心线层，用直线命令绘制各轴段，用倒角命令画两端倒角；用圆和直线命令画键槽；编辑、修改、画剖面线，完成绘图。

（2）标注尺寸。将当前层设置为尺寸线层，注出 27、90、31、5、2×1、M24 等尺寸；拾取"标注"菜单下的"公差"命令，弹出"形位公差"对话框，标注同轴度，标注出 ϕ30H7。

（3）填写技术要求：用"多行文字标注"命令在标题栏的上方写出技术要求。

第7章 图形的显示与图层

7.1 图形显示

在使用 AutoCAD 绘图时,一个重要的方面是控制图形窗口的显示。AutoCAD 提供了多种显示命令来改变视图,可以从不同角度观看图形,从而使用户在绘图和读图时更方便。

AutoCAD 提供了一组查询命令,利用这些命令可以了解系统的运行状态、查询图形对象的数据信息等,是计算机辅助设计的重要工具。

7.1.1 图形缩放(Zoom)命令

缩放命令如同摄像机的变焦镜头。它可以增大或减小视图区域,使图形放大或缩小,但对象的真实尺寸保持不变。

1. 缩放命令的使用方法

(1)从缩放工具栏中拾取各项,如图7-1所示。

(2)从下拉菜单"视图"下拾取"缩放"后,再选取各选项。

(3)从标准工具条中拾取常用的四项命令。

图7-1 缩放工具栏

2. 各选项的意义

(1)窗口:把矩形窗口范围内的图形放大到整个屏幕。

(2)实时缩放:选取该项,屏幕光标就变为放大镜符号。按住鼠标左键向上移动放大图形,向下移动缩小图形。

(3)动态缩放:该选项提供了一种转换到另一个图形的简便、快捷的方法,使用它可以看到整个图形,然后确定新视图的位置和大小。

(5)前一视图:选取该项可使屏幕显示上一次的视图。

(6)全部视图:选取该项可以使绘制的图形在屏幕上全部显示,看到整个图形。

7.1.2 平移(Pan)命令

平移命令可以观看当前视图中图形的不同部分,而不改变缩放比例。该命令有两种模式:实时模式和定点模式,一般用实时模式。

平移命令的操作:在标准工具栏拾取平移按钮,即进入实时平移状态,光标变成一只小手。按住鼠标左键向任何方向移动,窗口内的图形就可按光标移动的方向移动。

7.1.3 重画(Redraw)与重生(Regen)命令

(1)重画(Redraw)命令。重画(Redraw)命令用于重画屏幕上的图像。当所看到的图形不完整时,可以使用此命令。在下拉菜单"视图"下拾取"重画"命令或按下两次 F7 键即可。

(2) 重生成(Regen)命令。重生成(Regen)命令用于新生成屏幕上图形的数据。

7.1.4　图形信息的查询

AutoCAD 提供了一组查询命令,利用这些命令可以了解当前运行状态、查询图形对象的数据信息、计算距离和面积等。使用时在下拉菜单"工具"下选取"查询",再拾取各项即可。

7.2　图层、线型和颜色命令

本节着重介绍在绘图过程中如何设置、建立和使用图层,并且给每个图层赋线型及颜色。

7.2.1　图层

图层是开展结构化设计的不可缺少的软件环境。众所周知,一幅机械工程图纸包含各种各样的信息,有确定图形形状的几何信息,也有表示线型、颜色等属性的非几何信息,还有各种尺寸和符号。这么多的内容集中在一张图纸上,必然给设计绘图工作造成很大的负担。如果能把相关的信息集中在一起,或把某个零件、组件集中在一起单独绘制或编辑,当需要时又能够组合或单独提取,将使绘图设计工作进一步简化。

图层可以看作是一张张透明的薄片,图形和各种信息就绘制与存放在这些透明薄片上,但每一个图层必须有唯一的层名。不同的层上可以设置不同的线型和颜色和线宽,所有的图层由系统统一定位,且坐标系相同,因此在不同图层上绘制的图形不会发生位置上的混乱,图 7-2 形象地说明了图层的概念。

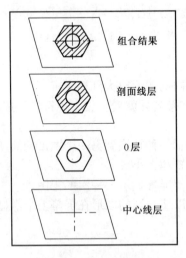

图 7-2　图层的概念

图层是有状态的,而且状态可以改变。图层的状态包括层名、颜色、线型、打开或关闭以及是否为当前层。每一个图层都对应一组实现确定好的层名、颜色、线型和打开与否的状态。根据作图需要可以随时将某一图层设置为当前层,初始层的层名为 0,颜色为白色,线型为连续线。当前层状态始终为打开状态,既不能关闭当前层,也不能删除当前层。绘图时各种实体可以放在一个图层上,也可以放在多个图层上,并给每个图层设置不同的颜色和线型。这样便于对所有实体的可见性、颜色、线型和线宽进行全面控制。

7.2.1.1 图层在使用过程中的特性

（1）图层名　每个图层都有一个名字，其中0层是AutoCAD自动定义的，其余由用户自己定义，不超过31个字符。

（2）在一幅图中使用的层数不限，每层容纳的实体数量不受限制。

（3）在绘制图形时，只有当前层起作用，也就是绘制图形时均画在当前层上。

（4）同一图层上的实体处于同一状态，如可见或不可见。

7.2.1.2 图层的设置和使用

在AutoCAD中，可以用"图层特性管理器"对话框方便地设置和控制图层。利用对话框可以直接设置及改变图层的参数和状态。即设置层的颜色、线型、可见性、建立新层、设置当前层、冻结或解冻图层、锁定或解锁图层以及列出所有存在的层名等操作。

从下拉菜单"格式"下拾取"图层"或在特性工具栏单击图层图标，出现如图7-3所示的对话框。

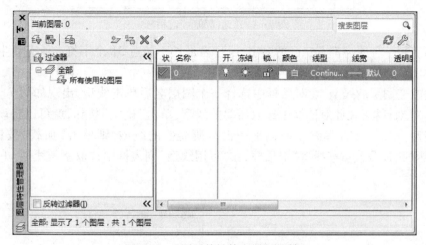

图7-3 "图层特性管理器"对话框

（1）建立新图层。在"图层特性管理器"对话框中单击"新建"按钮，建立一个名为Layerl的新图层，也可以将此名称重命名。

（2）设置当前层。在对话框中选择一个图层名，然后单击"当前"按钮，就可以将该层设置为当前层。在绘图过程中改变当前层。最好从特性工具栏的层名列表框中选取。

（3）设定图层颜色。图层中的每一层都有一个颜色号，该编号是1~255之间的一个整数。为了便于在不同计算机系统之间交换图形，在1~255中常使用前七个标准色，它们是：

1	Red	红色	2	Yellow	黄色
3	Green	绿色	4	Cyan	青色
5	Blue	蓝色	6	Magenta	洋红色
7	white	白色			

如果要改变图层的颜色，在对话框中选择一个图层名后单击颜色，出现如图7-4所示的"选择颜色"对话框，在此对话框中选取需要的颜色，单击"确定"按钮，就可以将该层设置为所需要的颜色。

（4）设定图层的线型。每一个图层可以设置一个具体的线型，不同图层的线型可以相同，

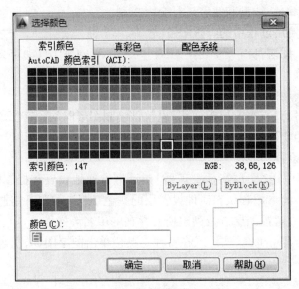

图7-4 "选择颜色"对话框

也可以不同。每一种线型都有自己的名字,线型名最长不超过 31 个字符。所有新生成的层上的线型都按默认方式定为 Continuous。

如果要改变图层的线型,在对话框中选择一个图层名后单击线型,出现如图 7-5 所示的"线型管理器"对话框,在此对话框中选取需要的线型,单击"确定"按钮,就可以将该层设置为所需要的线型。如果在选择线型对话框中没有所需要的线型,则单击"加载"按钮,出现如图 7-6 所示的"加载或重载线型"对话框,在"可用线型"列表框中选取所需线型,单击"确定"按钮即可。

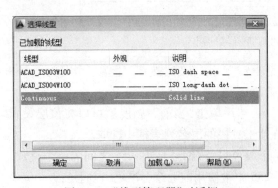

图7-5 "线型管理器"对话框

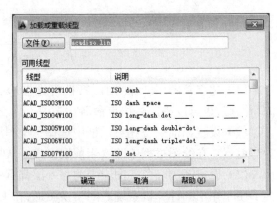

图7-6 "加载或重载线型"对话框

（5）图层线宽的设置。图层线宽是 AutoCAD 新增的特性,通过线宽特性,可以使绘制出的图形更直观。图层线宽的设置是在对话框中选择一个图层名,然后单击"线宽"按钮,出现如图 7-7 所示的"线宽设置"对话框,在此对话框中选取所需线宽后,单击"确定"按钮,就可以将该层设置为所需线宽。

7.2.1.3 图层状态管理器的使用

利用图层状态管理器可以创建或编辑图层状态。

单击下拉菜单"格式→图层状态管理器"或单击特性工具栏的"图层"图标 ，弹出如

图 7-8 所示的"图层状态管理器"对话框。

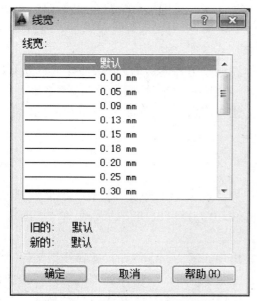

图 7-7 "线宽设置"对话框

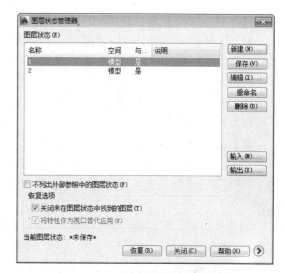

图 7-8 "图层状态管理器"对话框

在"图层状态管理器"对话框中列出已保存在图形中的命名图层状态、保存它们的空间(模型空间、布局或外部参照)、图层列表是否与图形中的图层列表相同以及可选说明。

（1）新建：显示"要保存的新图层状态"对话框，从中可以提供新命名图层状态的名称和说明。

（2）保存：保存选定的命名图层状态。

（3）编辑：显示"编辑图层状态"对话框，从中可以修改选定的命名图层状态。

（4）重命名：允许在位编辑图层状态名。

（5）删除：删除选定的命名图层状态。

（6）输入：显示标准文件选择对话框，从中可以将之前输出的图层状态（LAS）文件加载到当前图形。

（7）输出：显示标准文件选择对话框，从中可以将选定的命名图层状态保存到图层状态（LAS）文件中。

（8）恢复：将图形中所有图层的状态和特性设置恢复为之前保存的设置。仅恢复使用复选框指定的图层状态和特性设置。

7.2.2 线型(Linetype)命令

线型(Linetype)命令列出、加载及设置当前图形允许使用的线型。

7.2.2.1 线型定义

线型是由虚线、点和空格组成的重复图案，显示为直线或曲线。可以通过图层将线型指定给对象，也可以不依赖图层而明确指定线型。除选择线型外，还可以将线型比例设定为控制虚线和空格的大小，也可以创建自己的自定义线型。

在一个或多个扩展名为 .lin 的线型定义文件中定义了线型。

线型名及其定义确定了特定的点划线序列、划线和空格的相对长度以及所包含的任何文字或形的特征。可以使用 AutoCAD 提供的任意标准线型,也可以创建自己的线型。

一个 Lin 文件可以包含许多简单线型和复杂线型的定义。可以将新线型添加到现有 Lin 文件中,也可以创建自己的 Lin 文件。要创建或修改线型定义,使用文本编辑器或字处理器编辑 Lin 文件,或者在命令提示下使用 LINETYPE 命令编辑 Lin 文件。

创建线型后,必须先加载该线型,然后才能使用它。AutoCAD 中包含的 Lin 文件为 acad.lin(英制)和 acadiso.lin(公制)。具体选择哪个线型文件取决于使用英制测量系统还是公制测量系统。

线型命令的使用:在下拉菜单"格式"下拾取"线型(N)"命令,出现如图 7 - 5 所示的"线型管理器"对话框,在此对话框中可以加载和设置线型。

7.2.2.2　加载线型

在每次开始绘图时加载所需线型,以便随时使用。

加载线型的步骤:在图 7 - 5 所示的"线型管理器"对话框中,单击"加载"按钮,出现如图 7 - 6 所示的"加载或重载线型"对话框,在此对话框中选择可以加载的线型,单击"确定"按钮。

如果没有列出所需的线型,请单击"文件"按钮,出现如图 7 - 9 所示的"选择线型文件"对话框。在"选择线型文件"对话框中选择一个要列出其线型的 Lin 文件,然后单击"打开"按钮,之后打开的对话框显示了存储在选定 Lin 文件中的线型定义,选择线型,单击"确定"按钮。

图 7 - 9　"选择线型文件"对话框

7.2.2.3　设置当前线型和更改对象的线型

1. 设置当前线型

在绘图时所有对象都是使用当前线型,也可以使用"线型"控件设定当前的线型。如果将当前线型设定为 ByLayer,将使用指定给当前图层的线型来创建对象。如果将当前线型设定为 ByBlock,则将对象编组到块中之前,将使用 Continuous 线型来创建对象。将块插入到图形中时,此类对象将采用当前线型设置。如果不希望当前线型成为指定给当前图层的线型,则可以明确指定其他线型。

如果要为随后创建的所有对象设置特定的线型,可将"特性"工具栏上的当前线型设置从"随层"改为特定的线型。

94

2. 更改对象的线型

更改对象的线型有三个选择：

（1）将对象重新指定给具有不同线型的其他图层。如果将对象的线型设置为"随层"，并将该对象重新指定给了其他图层，则该对象将采用新图层的线型。

（2）修改指定给该对象所在图层的线型。如果对象的线型设置为"随层"，则该对象将采用其图层的线型。如果更改了指定给图层的线型，则该图层上被指定为"随层"线型的所有对象都将自动更新。

（3）为对象指定一种线型以替代图层的线型。可以明确指定每个对象的线型。如果要使用其他线型来替代对象的由图层决定的线型，请将现有对象线型从"随层"改为特定的线型，例如 Dashed。

7.2.2.4　线型比例

通过全局更改或分别更改每个对象的线型比例因子，可以以不同的比例使用同一种线型。

默认情况下，全局线型和独立线型的比例均设定为 1.0。比例越小，每个绘图单位中生成的重复图案数越多。例如，设定为 0.5 时，每个图形单位在线型定义中显示两个重复图案。不能显示一个完整线型图案的短直线段显示为连续线段。对于太短甚至不能显示一条虚线的直线，可以使用更小的线型比例。

要改变线型比例因子，可在如图 7-10 所示的"线型管理器"对话框中，将显示的"全局比例因子"和"当前对象缩放比例"进行更改即可。

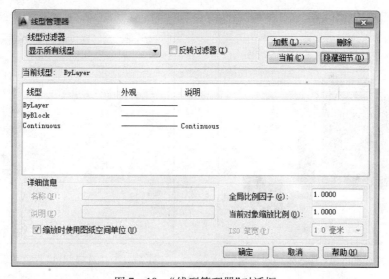

图 7-10　"线型管理器"对话框

7.2.3　颜色(Color)命令

该命令用以设置新对象的颜色。可以从 255 种 AutoCAD 颜色索引(ACI)颜色、真彩色和配色系统颜色中选择颜色。

单击下拉菜单"格式"→"颜色"，出现如图 7-4 所示的"选择颜色"对话框。在此对话框中进行颜色的设置。

7.2.3.1　当前颜色的设置

可以使用颜色直观地标识对象。既可以随图层指定对象的颜色，也可以不依赖图层明确指定对象的颜色。

随图层指定颜色可以轻松地识别图形中的每个图层。明确指定颜色会使同一图层的对象之间产生差别。可以利用颜色作为相关打印指示线宽的方法。

在图 7-4 所示的"选择颜色"对话框中,可以使用多种调色板。

1. AutoCAD 颜色索引(ACI)

ACI 颜色是 AutoCAD 中使用的标准颜色。每种颜色均通过 ACI 编号(1~255 之间的整数)标识。标准颜色名称仅用于颜色 1~7。颜色指定如下:1 红、2 黄、3 绿、4 青、5 蓝、6 洋红、7 白/黑。

2. 真彩色

在图 7-4 所示的"选择颜色"对话框中,单击"真彩色"按钮,出现如图 7-11 所示的"选择颜色(真彩色)"对话框,在此对话框中进行颜色的设置。

真彩色使用 24 位颜色定义显示 1600 多万种颜色。指定真彩色时,可以使用 RGB 或 HSL 颜色模式。通过 RGB 颜色模式,可以指定颜色的红、绿、蓝组合;通过 HSL 颜色模式,可以指定颜色的色调、饱和度和亮度要素。

3. 配色系统

选择配色系统后,"配色系统"选项卡将显示选定配色系统的名称。

在图 7-4 所示的"选择颜色"对话框中,单击"配色系统"选项卡,出现如图 7-12 所示的"选择颜色(配色系统)"对话框,在此对话框中指定用于选择颜色的配色系统。

图 7-11　"选择颜色(真色彩)"对话框

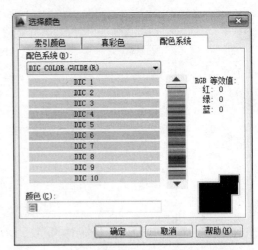

图 7-12　"选择颜色(配色系统)"对话框

列表中包括在"配色系统位置"找到的所有配色系统,显示选定配色系统的页以及每页上的颜色和颜色名称。程序支持每页最多包含 10 种颜色的配色系统。如果配色系统没有分页,程序将按每页 7 种颜色的方式将颜色分页。要查看配色系统页,请在颜色滑块上选择一个区域或用上下箭头进行浏览。

通过使用"选项"对话框中的"文件"选项卡,可以在系统中安装配色系统。加载配色系统后,可以从配色系统中选择颜色,并将其应用到图形中的对象。

7.2.3.2　修改对象的颜色

通过将对象重新指定到其他图层、修改对象所在图层的颜色或者为对象明确指定颜色,可以修改对象的颜色。

可以使用以下几种选择修改对象的颜色：

（1）将对象重新指定给具有不同颜色的其他图层。如果将对象的颜色设置为"随层"，并将该对象重新指定给其他图层，则该对象将采用新图层的颜色。

（2）选择对象所在层的颜色，可以改变对象的颜色。

（3）给对象指定一种颜色以替代图层的颜色。

如果要为随后创建的所有对象设置特定的颜色，请将"特性"工具栏上的当前颜色设置从"随层"改为特定的颜色。

7.3　实　　训

7.3.1　图层、线型、颜色综合应用

在前面几节对图层、线型和颜色进行了全面的介绍，但是，由于图层、线型和颜色的操作在几个不同的位置都可以进行，彼此之间又有一定的联系，而各自的侧重点又有所不同，为了便于正确操作，对图层、线型和颜色的控制分以下三类进行。

7.3.1.1　系统设置

系统设置主要包括"格式"菜单中的"图层"、"线型"和"颜色"选项。

"线型"的主要功能是设计新的线型，并将操作结果保存到文件中。

"颜色"的主要功能是改变系统的颜色状态，将已画出的图线、此后所有图层中的图线均变为用户选定的颜色。

"图层管理器"和图层工具主要用来改变图层的属性和状态。单击"图层管理器"图标，可弹出"图层管理器"对话框，这是实现对层控制的主要途径，它可以对图层进行全面的操作，即可以创建图层、图层改名、设置当前层以及打开图层、关闭图层、改变线型、改变颜色等。例如，可以为某个图层设置线型、颜色等，但不能改变系统状态。

7.3.1.2　图形编辑

在绘图区选中要编辑的对象，出现对话框，在此可以改变线型、颜色、图层选项，以及右键操作功能中的"特性"选项。

此类操作的主要特点是面向图形元素的操作，也就是说只有被选中的图形元素才会发生改变，它们不会改变系统状态，也不会改变图层属性，它们的使用范围最窄，但另一方面，它们使用起来非常灵活方便，可以根据需要对任一图层上的图形元素进行修改。

7.3.1.3　属性工具栏

在属性工具栏中包含图层、颜色、线型设置三个按钮和当前层选择、线型选择两个下拉列表框。

常用操作如下：

（1）单击"图层"按钮，弹出"图层特性管理器控制"对话框，它的作用与"系统设置"菜单中的层控制选项的作用一样。

（2）"当前层下拉列表框"中的选择：当前层下拉列表框中列出了当前图形文件中的所有图层，使用时可从中选择一个作为当前层。用该方法改变当前层方便、快捷。

（3）设置颜色：单击"颜色"按钮，可弹出"选择颜色"对话框，它的作用和功能与"设置"菜单中的颜色选项的作用一样。用该方法改变当前颜色方便、快捷。

（4）线型设置：在属性工具栏中的"线型选择"下拉列表框中，列出了当前图形文件中的所有线型，需要时可从中选择一个线型。用该方法选择线型方便、快捷。

上述这三类控制方式，它们又是相互联系、相辅相成的，在使用中如能熟练掌握、灵活运用，将大大提高绘图效率和质量。

7.3.2　房屋平面图的绘制方法和步骤

设计住宅的"首层平面图"，如图7-13所示。具体绘图步骤如下：

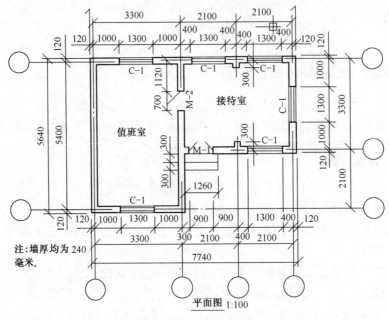

图7-13　房屋平面图

1. 设置图幅及比例

图幅A3，比例1:100，插入图框及标题栏。

2. 画墙线

（1）设置墙线。由图7-13可知，墙厚为240，轴线对中，内、外墙线与轴线对称分布。

单击菜单"格式"下的"多线样式"，弹出如图7-14所示的"多线样式"对话框。单击"新建"按钮，在"新建新多线样式：墙线"对话框中，选择第一条线，将偏移改为120，选择第二条线，将偏移改为-120，再单击"添加"按钮，设置偏移为0，单击"线型"按钮，在"线型"对框中选择中心线，单击"确定"按钮即可。

（2）拾取"多线"命令绘制墙线和门窗。

① 画出外墙，如图7-15所示。

② 画出内墙，如图7-16所示。

③ 编辑墙线，如图7-17所示。

④ 绘制"门"，如图7-18所示。

⑤ 绘制"窗"，如图7-19所示。

3. 标注尺寸

选择"尺寸标注"的"建筑标注设置"，然后对各个部分进行标注。

图7-14 "多线样式"对话框

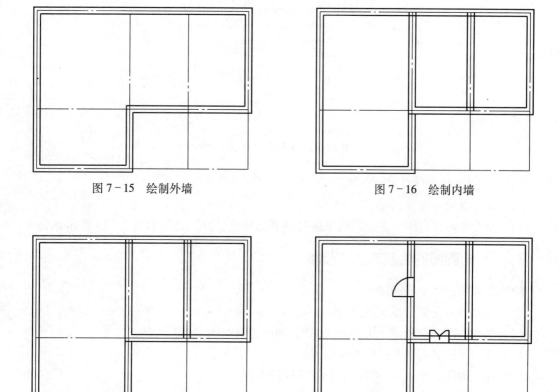

图7-15 绘制外墙

图7-16 绘制内墙

图7-17 编辑墙线

图7-18 插入门

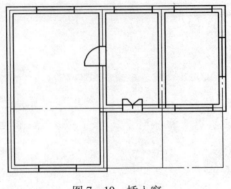

图 7 - 19 插入窗

（1）标注平行轴网，如图 7 - 20 所示。

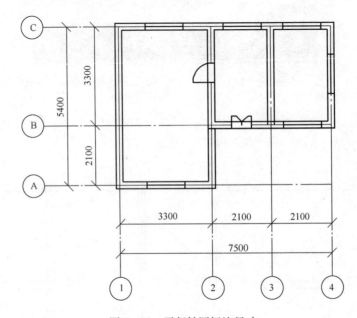

图 7 - 20 平行轴网标注尺寸

（2）门窗标注，如图 7 - 20 所示。

（3）墙体总尺寸标注，如图 7 - 13 所示。

（4）修改全图。对图中多余的线条进行必要的修改，完成全图，如图 7 - 13 所示。

7.3.3 断面图的绘制方法和步骤

绘制断面图的一般步骤：

（1）画图前首先要分析、看懂形体。

（2）根据视图数量和尺寸大小布置图面，画出各视图的定位基准线。

（3）逐一画出各视图并进行编辑修改。

（4）标注剖切符号，绘制剖面线，标注断面图名称。

（5）检查、修改、存盘。

已知组合体的平面图和正立面图，试作 I - I 断面图，如图 7 - 21 所示。

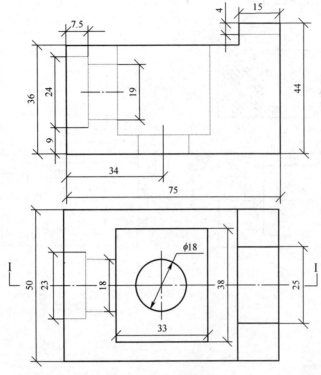

图 7-21　绘制断面图

1. 形体分析

该形体左右不对称,故正立面图采用全剖表达内形。

2. 绘图步骤

(1) 按图 7-19 抄画平面图,并绘制立面图外轮廓线,如图 7-22 (a) 所示。

(2) 将原立面图中的虚线改画成粗实线,如图 7-22 (b) 所示。

(3) 将剖切面与物体的接触部分填充剖面线,如图 7-23 (a) 所示。

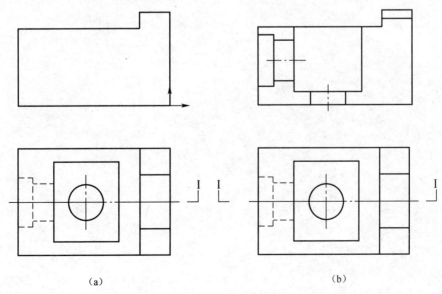

(a)　　　　　　　　　　　　　　　(b)

图 7-22　剖面图绘制

（4）在平面图上标注两个剖切位置Ⅰ-Ⅰ和尺寸,如图7-23（b）所示。

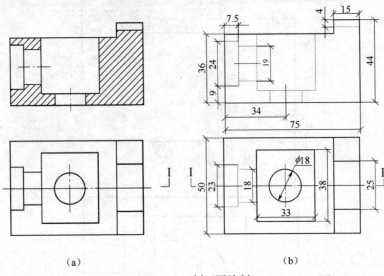

（a）   （b）

图7-23　剖面图绘制

第8章 块与外部参照

块是以特定的名称存储起来，以便在 AutoCAD 图形中重复使用的一个实体或一组实体。块可以根据作图需要插入到图中任意指定的位置，且在插入时，可以指定不同的比例因子和旋转角度，使用块可以加快绘图速度和少占用磁盘空间等。块还可以带入文字信息，称为属性（Attribute）。这些信息可在插入块时带入或者重新输入，可以设置它的可见性，还能从图形中提取这些文字信息，传送给外部数据库进行管理。

8.1 块的生成和使用

在利用 AutoCAD 开发专业软件（如在机械、建筑、道路、电子等方面）时，可将一些经常使用的常用件、标准件及符号作成图块，使之成为一个图库，在绘图时可以随时调用，这样会减少重复性工作，提高绘图效率。

可以使用 Block 命令定义块；利用 Insert 命令在图形中引用块；Wblock 命令则可以将块作为一个单独的文件存储在磁盘上。

8.1.1 块的定义

块是一个或多个对象形成的对象集合。这个对象集合也可看成是一个单一的对象（被称为块）。可以对块进行插入、比例缩放和旋转等操作。有时需要修改块，可以先将块分解为组成块的独立对象，修改这些对象后，再把这些对象重新定义成块。AutoCAD 会自动根据块修改后的定义，更新该块的所有引用。

图块的建立：在下拉菜单"绘图"下拾取"块（K）"后，再选取"创建"，出现如图 8 - 1 所示的"块定义"对话框，在此对话框中输入定义的块名、图块的基准点，选取对象即可。

使用块时必须确定块名、块的组成对象和在插入块时要使用的插入基点。块名称及块的定义保存在当前图形中。

在"块定义"对话框的"基点"选项组提示输入基点。可以输入基点的坐标，也可以在屏幕上直接拾取。在插入一个块时，AutoCAD 需要指定"块"在图形中的"插入点"，这样被插入的块将以"基点"为基准，放在图形中指定的插入点位置。

在"对象"选项组，AutoCAD 提示用户选择组成块的对象。"选择对象"按钮供选择组成块的对象。选择对象时，系统将临时关闭"块定义"对话框，完成后系统将重新显示该对话框。

"保留"创建块以后，将选定的对象保留在图形中。

"转换为块"创建块以后，将选定对象转换成图形中的一个块引用。

"删除"创建块以后，从图形中删除选定的对象。

选好对象并单击"确定"按钮后，系统便把选好的对象转换成一个块。

图 8 - 2 是一个机械图中常用到的螺栓、螺母及垫圈图，要想在不同的图形文件中使用该

图 8-1 "块定义"对话框

图,可以使用两种方法:一种就是使用现在介绍的块方法,即将每个图形定义为一个块,然后将其保存为一个文件,以后其他图形文件便可以调用它。另一种方法是使用本章后面要介绍的外部参照方法。下面运用块命令将每个图形定义为一个块。

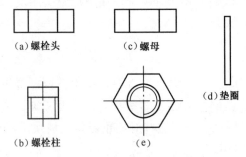

图 8-2   螺栓、螺母及垫圈图

在绘图工具栏拾取"块"按钮![]或单击下拉菜单:"绘图"→"块"→"创建",系统出现如图 8-1 所示的"块定义"对话框,在"块名"中输入 LST(定义块螺栓头)。单击"拾取点"按钮,指定插入点(一般将基点选择在块的中心、左下角或其他有特征的位置上),选择"转换为块"框图,单击"选择对象"按钮,选择对象:可用窗选拾取图形,单击右键结束对象选择,回到"块定义"对话框,单击"确定"按钮,关闭"块定义"对话框。

用同样的操作步骤,定义螺栓、螺母及垫圈的图形块。

8.1.2   块的使用

生成块的目的,是为了在图形中使用块。当需要在图形中加入一个块时,使用插入块(Insert)命令插入。无论块的复杂程度如何,AutoCAD 均将该块作为一个对象。如果需要编辑一个块中的对象,必须首先分解这个块。

8.1.2.1   插入图块

插入图块命令可将定义好的图块插入到当前图形文件中。

单击绘图工具栏的 按钮或选择下拉菜单"插入"→"块",打开如图 8-3 所示的"插入"对话框。可利用该对话框确定插入图形文件中的块名或图形文件名,也可使用该对话框确定插入点、比例因子和旋转角。

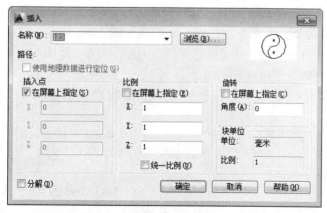

图 8-3 "插入"对话框

下面介绍"插入"对话框中几个部分的意义。

(1) 名称:指定要插入块的名称,或指定要作为块的图形文件名。

(2) 插入点:该选项组用于决定插入点的位置。有两种方法:在屏幕上使用鼠标指定插入点或直接输入插入点坐标。

(3) 缩放比例:该选项组决定块在 X、Y、Z 三个方向上的比例。也有两种方法决定缩放比例:在屏幕上使用鼠标指定或直接输入缩放比例。"统一比例"指 X、Y、和 Z 三个方向上的比例因子是相同的。

(4) 旋转:该选项组决定插入块的旋转角度。同样,也有两种方法决定块的旋转角度:在屏幕上指定块的旋转角度或直接输入块的旋转角度。

(5) 分解:决定插入块时是作为单个对象还是分成若干对象。此时,只能指定 X 比例因子。

在图形中使用块的操作步骤如下:在绘图工具栏单击 或单击下拉菜单"插入"→"块",在图 8-3 所示的对话框中单击"名称"框右边的下拉按钮,选择块的名称,将图 8-2 中的螺栓、螺母及垫圈的图块依次插入到图 8-4 的图形中,结果如图 8-5 所示。

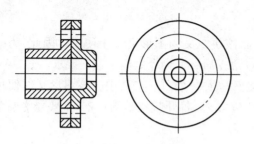

图 8-4 插入块前的图形

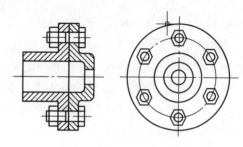

图 8-5 插入块后的图形

插入点:选中"在屏幕上指定"。

各图块的缩放比例如下:

螺栓头:X、Y 方向比例因子等于 12。

螺杆:X、Y 方向比例因子等于 12,Z 方向比例因子等于 46。

螺母:X、Y方向比例因子等于12。

垫圈:X、Y方向比例因子等于12。

8.1.2.2　使用 Minsert 命令插入多个块

Minsert(多重插入)命令可用于以矩形阵列形式插入多个图块。实际上是将阵列命令和块插入命令合二而一的命令。尽管表面上 Minsert 的效果同 Array 命令一样,但它们本质上是不同的。Array 命令产生的每一个目标都是图形文件中的单一对象,而 Minsert 产生的多个块是一个整体,用户不能单独编辑一个组成阵列的块。

下面通过一个实例来说明块的生成和使用方法,如图8-6所示。

命令:Minsert

输入块名[?]:(指定一个块名。或键入"?"列出当前图形中的所有块名)TU4

指定插入点或[比例(S) /X/Y/Z/旋转(R)/比例(PS) /PX/PY/PZ/预览旋转(PR)]:100,100　(输入一个数,或拾取一点)

输入 X 比例因子,指定对角线,或者[角点(C) /XYZ1]:(输入一个数、拾取一点或空响应)

输入 Y 比例因子,<使用 X 比例因子>:(输入一个数、拾取一点或空响应)

指定旋转角度:(输入一个数、拾取一点或空响应)

输入行数(---)<1>:3(3行)

输入列数(| | |)<1>:4(4列)

输入行间距或指定单位单元(---):100(行间距为100)

输入列间距(| | |):100(列间距为100)

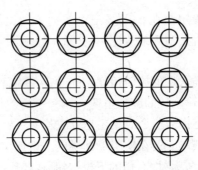

图8-6　使用 Minsert 命令插入多个块

8.1.2.3　使用 Wblock 命令存储块

使用 Block 命令定义一个块时,该块只能在存储该块定义的图形文件中使用。因此,为了能在别的图形文件中再次引用,就必须使用另外的办法,Wblock 命令能满足这一要求。

Wblock 命令可将块、对象选择集成一个完整文件写入一个图形文件中。该图形文件便可被其他图形文件调用。执行 Wblock 命令后,如图8-7所示,打开"写块"对话框,主要分为两个区:源区和目标区。

1. 源区

在该区中,用户可以指定要输出的对象或图块以及插入点。其主要选项如下:

(1)"块"单选按钮:指定要保存到文件中的图块。可从块名下拉列表框中选择一个图块名称。

(2)"整个图形"单选按钮:选择当前图形作为一个图块。

(3)对象单选按钮:指定要保存到文件中的对象。

2. 目标区

在该区中,用户可以指定输出的文件名、位置以及文件的单位。

(1)"文件名和路径"编辑框:指定块或对象要输出的文件的名称和保存的路径。

(2)窗口图标按钮:拾取此按钮,将显示如图8-8所示"浏览文件夹"对话框。

图8-7 "写块"对话框

图8-8 "浏览文件夹"对话框

(3)"插入单位"下拉列表框:指定当新文件作为块插入时的单位。

下面利用 Wblock 命令将上面定义的 CZD 块保存为 CZD. dwg 图形文件。操作步骤如下:

命令:Wblock

系统打开如图8-7所示的"写块"对话框,选择"块"选项,在"块"下拉列表框中选中 CZD 块名称,单击"确定"按钮,将 CZD 块保存为 CZD. dwg 图形文件。

8.2 块属性及其应用

属性是指从属于图块的非图形信息,它是特定的且可包含在块定义中的文字对象,并且在定义一个块时,属性必须预先定义而后被选定。下面讨论属性的生成、插入及使用方法。

8.2.1 建立块属性

块的属性可以理解为对图块对象的文字注释。在创建一个新块的时候附加关于块的属性定义。属性必须依赖于块存在才有意义,没有附加到块上的属性定义顶多算是特殊的文本。如果一个块中不含任何图形对象,只有属性定义存在也是可以的。

选择下拉菜单"绘图"→"块"→"定义属性",出现如图8-9所示"属性定义"对话框。该对话框主要包括"模式"、"属性"、"插入点"和"文字设置"等几个部分。其中"模式"区可以设置属性为不可见、固定、验证或预设;"属性"区则提供了三个文本框,在此文本框中输入属性标记、提示和默认值;"插入点"用于定义插入点坐标;"文字设置"用于定义文本的对齐、类型、高度及旋转角等。

下面举例说明块属性的定义方法:首先打开前面用 WBLOCK 存储的 CZD 图形文件,如图8-10所示。

命令:ATTDEF

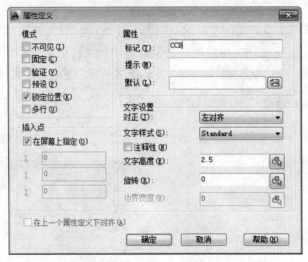

图 8-9 "属性定义"对话框

下拉菜单："绘图"→"块"→"定义属性"

（1）在"标记"框中输入"CZD"。

（2）在"提示"框中输入"粗糙度"。

（3）在"默认"框中输入"6.3"。

（4）在"插入点"区选择"拾取点"按钮。

（5）起点：单击图 8-11 中的点。

图 8-10 未带属性   图 8-11 设置属性

（6）单击"确定"按钮。

（7）完成属性定义。

（8）将完成属性定义的图形创建成图块，如图 8-11 所示。

8.2.2 插入带有属性的块

当插入带有属性的块或图形时，前面的提示与插入一个不带属性的块完全相同，只是在后面增加了属性输入提示。可在属性提示下输入属性值或接受默认值。可用系统变量 ATTDIA 控制 AutoCAD 在提示用户输入属性时，是在命令行上显示属性提示（ATTDIA 的值为 0），还是在对话框中发出属性提示（ATTDIA 的值为 1）。

下面将图 8-10 插入到图形中，ATTDIA 取其默认值 0。

操作步骤如下：

命令：Insert

在绘图工具栏单击 🖾 或单击下拉菜单"插入"→"块"，在对话框中选取各项。

（1）选择"浏览"按钮，从中选取 CZD. dwg。

（2）选择"打开"按钮。

（3）在"名称"框中选择要插入的块文件名（CZD. dwg）。

（4）指定插入点（选中"插入点"区的"在屏幕上指定"框）。

（5）选中"统一比例"。

（6）指定插入点或［比例（S）/X/Y/Z/旋转（R）/比例（PS）/PX/PY/PZ/预览旋转（PR）］。

（7）输入属性值，CZD<6.3>:3.2。

（8）在需要块插入的地方，重复以上操作即可，如图8-12所示。

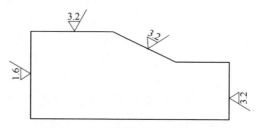

图8-12　图形中插入带属性的块

8.2.3　抽取属性数据

大部分属件用于文本的自动生成和控制，极小部分用于数据。可将提取的属性数据列表打印或在其他程序中使用这些数据，例如数据库管理系统、电子表格和字处理程序。

在 AutoCAD 2014 中，Attext 或 Ddattext 被合并为一个功能相同的命令，可使用 Attextt 和 Ddattext 两个命令之一来抽取数据，所采用的格式可以是 CDF、SDF 或 DXF。当从命令行执行 Attext 命令时，系统将打开"属性提取"对话框，如图8-13所示。

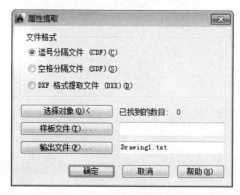

图8-13　"属性提取"对话框

下面介绍该对话框中几个部分的含义。

（1）CDF（逗号分隔文件）格式通常用于 BASIC 语言或 dBASE 的 APPEND FROM_DELIM-ITED 操作。

（2）SDF（空格分隔文件）格式通常用于 FORTRAN 语言或 dBASE 的 COPY_SDF 及 APPEND FORM. …. SDF 操作。

（3）DXF（图形交换文件）格式是 AutoCAD 全部 DXF 文件格式的子集，它被许多第三方程序使用。

属性样板文件：该项指定 CDF 和 SDF 格式的样板文件，实际上它是一个格式化说明的列表。它告知 AutoCAD 在提取数据时什么东西应放在什么地方。

提取数据文件：当有了样板文件后，就可从所有或一些属性中提取数据。请注意，不要让样板文件与用户提取文件重名，否则提取文件将覆盖样板文件。

8.3　外　部　参　照

在 AutoCAD 中将图形文件调入当前图形中有两种方法：一是"插入块"命令，将一个图形文件插入到另一个文件中。插入到当前图形中的图形变成了当前图形的一部分，一旦图形被插入，插入的图形和其原来的图形文件便不再有任何联系，被称为"嵌入"方法。二是用 XREF 命令从外部引入图形，它是将一个图形与另一个图形连接起来，这称为"链接"方法。

块与外部参照的主要区别是：一旦插入了某个块，这些块就永久地插入到了当前图形中。如果原始图形发生了改变，插入的块并不反映这种改变；而以外部参照的方式插入某个图形后，被插入图形的数据并不直接加入到当前图形中，而只是记录参照的关系。如果原始图形发生了变化，插入的外部参照将相应地改变。因此，包含外部参照的图形总是反映出每个外部参照文件最新的编辑情况。不能在当前图形中编辑一个外部参照图形。如果想编辑它们，必须编辑原始的外部图形文件。而且也不能像对块那样在当前图形文件中对外部参照图形进行分解。外部参照可以附加、覆盖、连接或更新外部参照图形。

8.3.1　外部参照

单击菜单"插入"→"外部参照"命令或"参照"工具栏中的 按钮，系统将显示如图 8-14 所示的"外部参照管理器"对话框。

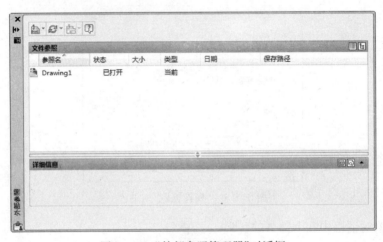

图 8-14　"外部参照管理器"对话框

外部参照管理器对话框中各选项的说明如下：

（1）"参照名"栏：外部参照文件的参照名不必和原文件相同。要改变它，可单击这一名称两次或按 F2 键，可对文件重命名。

（2）"状态"栏：显示外部参照文件的状态，可以是 Loaded、Unloaded、Unreferenced、Unresolved、Orphaned 或 Not Found。

（3）"大小"栏：显示外部参照文件的大小。

（4）"类型"栏：表明外部参照文件是采用绑定方式还是覆盖方式。

（5）"日期"栏：表明外部参照图形最后修改的时间。

（6）"保存路径"栏：显示关联的外部参照文件的保存路径。

单击"附着"下拉列表框，选择附着文件的类型，则系统显示图 8-15 所示的"选择参照文件"对话框，可通过该对话框选择要参照的文件。

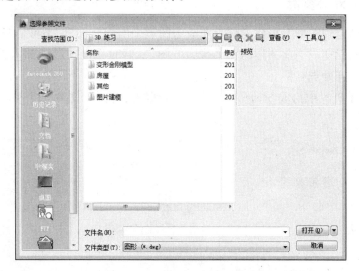

图 8-15 "选择参照文件"对话框

选定文件后，单击"打开"按钮，则系统将显示图 8-16 所示的"附着外部参照"对话框。可由该对话框选择引用类型（附加或覆盖），加入图形时的插入点、比例旋转角度以及是否包含路径。

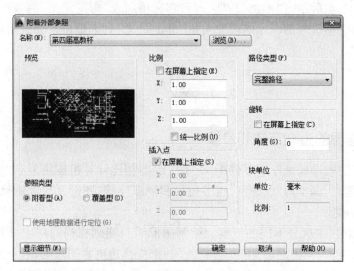

图 8-16 "附着外部参照"对话框

8.3.2 附着外部参照

要附加外部参照，可在"附着外部参照"对话框中的"参照类型"选项组中选择"附加型"选项，可利用该选项在当前图形中加入任何外部参照，然后输入插入点、比例等。

在参照工具栏中拾取"附着外部参照"按钮![icon]，打开如图8-15所示的"选择参照文件"对话框，选择一个新图形，单击"打开"按钮，出现如图8-16所示的"附着外部参照"对话框。在对话框中设置各项内容后，单击"确定"按钮即可。

8.3.3　绑定外部参照

把外部参照绑定到图形上可使外部参照成为图形中的固有部分，不再是外部参照文件。可以使该外部参照图形变成当前图形的一个普通的图块，同时也向图形中加入了从属符号，可以和其他命名对象一样处理它们。

单击"参照"工具栏中拾取"外部参照绑定"按钮![icon]，打开如图8-17所示的"外部参照绑定"对话框。

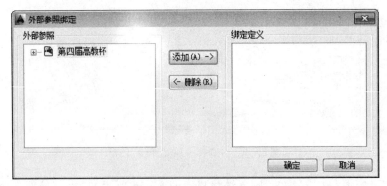

图8-17　"外部参照绑定"对话框

单击外部参照名称前的"+"号，系统将展开其中所包含的项目，如图8-17所示。指定所需连接的符号类型，然后单击"添加"按钮，即可将选项加入"绑定定义"列表框中。但是必须注意，只有前面带有手型符号的项才能被加入到"绑定定义"列表框中。如未出现这些项目，可通过单击"+"号操作。

8.4　实　　训

8.4.1　工程图的绘制方法和步骤

用计算机能快速、准确地绘制零件图，与手工绘图相比计算机能将复杂的问题简单化。例如画边框线和标题栏，画剖面线、椭圆、正多边形和圆弧连接，图形和尺寸的修改与编辑等。绘图时应注意以下问题：

（1）利用"图层"来区分不同的线型。绘制图形时只能画在当前层上，因此应根据线型及时变换当前层。还可利用图层的"打开"和"关闭"来提高速度和图形编辑。

（2）在画图和编辑过程中，应根据作图需要随时进行"缩放"、"平移"、"镜像"、"拷贝"以简化作图。

（3）注意利用"对象捕捉"保证作图的准确性。

（4）要养成及时存盘的好习惯，以防因意外原因造成所画图形丢失。

绘制零件图的一般步骤：

（1）画图前首先要分析、看懂零件图，根据视图数量和尺寸大小选择图幅和比例。

（2）设置图幅、调入已保存的图框和标题栏。

（3）根据视图数量和尺寸大小布置图面，画出各视图的定位基准线。

（4）逐一画出各视图并进行编辑修改。

（5）标注尺寸和工程符号，填写标题栏，注写文字说明。

（6）检查、修改、存盘。

例8.1 绘制如图 8-18 所示的轴类零件图。

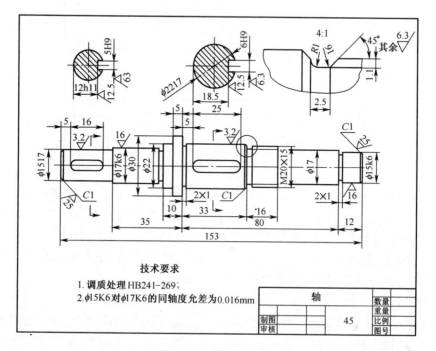

图 8-18　轴类零件图

（1）零件分析。该零件属轴套类零件，用一个轴线水平放置的主视图和移出断面图及局部放大图表达。

（2）绘图步骤。

① 设置图幅。图幅 A3、比例 1∶1、横放。

② 绘制视图。由于轴类零件多为同轴回转体，可用直线命令绘制各轴段的一半，然后用镜像命令，或用偏移命令绘制各段，如图 8-19（a）所示；用倒角命令进行倒角（C1），如图 8-19（b）所示；用圆和直线命令绘制键槽，如图 8-19（b）所示。

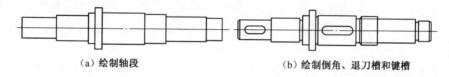

（a）绘制轴段　　　　　　　　　　　　（b）绘制倒角、退刀槽和键槽

图 8-19　绘制轴类零件步骤

③ 标注尺寸如图 8-18 所示。

④ 标注表面粗糙度。利用块命令制作带属性的粗糙度块，标注粗糙度符号。用文字标注在其左边标注出"其余"。

⑤ 填写技术要求。

例 8.2　绘制如图 8 - 20 所示的滑轮零件图。

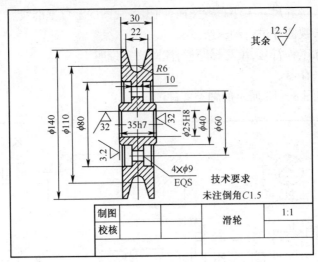

图 8 - 20　滑轮零件图

（1）零件分析。该零件属于盘盖类零件,用一个轴线水平放置的主视图来表达。轮毂左右凸出,有内外倒角;轮辐上有 φ40 和 φ80 组成的环形槽,在其上均匀分布着四个 φ9 孔;轮缘上有装绳索的沟槽。零件图有表面粗糙度和技术要求文字标注。

（2）设定图纸:图幅 A4、比例 1∶1、横放,调入已绘制的图框,填写标题栏。

（3）布置视图:只有一个视图,在合适位置放置即可。

（4）绘图步骤。

① 绘制视图。将当前层设置为中心线层,用"直线"命令绘制基准线,即滑轮的轴线和左右对称中心线。切换当前层为粗实线层,用"偏移"命令绘制上下对称的轮毂、轮辐、轮缘。用"圆"命令和"直线"命令绘制轮缘上的沟槽。用"倒角"、"圆角"和"裁剪"命令绘制、编辑轮毂及轮缘形状。编辑、修改、画剖面线,完成绘图。

② 标注尺寸。

③ 标注表面粗糙度。利用块命令制作带属性的粗糙度块,标注粗糙度符号。用文字标注在其左边标注出"其余"。

④ 填写技术要求。

例 8.3　绘制如图 8 - 21 所示的轴承座零件图。

（1）零件分析。该零件属箱壳类零件,结构复杂,用局部剖的主视图、俯视图和全剖的左视图来表达。主视图的局部剖视反映了底座上的两个安装孔带有上凸缘,φ50 的圆柱面上有外倒角,φ28H9 的孔也有内倒角。顶部有一安装油杯的 M10 螺孔。零件图有表面粗糙度和技术要求文字标注。

（2）设定图纸:图幅 A4、比例 1∶1、横放,调入已绘制的图框,填写标题栏。

（3）布置视图:共有三个视图,在合适位置放置。

（4）绘图步骤。

① 绘制视图。将当前层设置为中心线层,用"直线"命令绘制三个视图的基准线,即轴承座的底面线、左右对称中心线和前后对称中心线,绘制 28H9 孔的轴线及对称中心线。切换当前层为粗实线层,用"直线"、"偏移"命令、"圆"命令绘制三视图。切换当前层为细实线层,绘制左

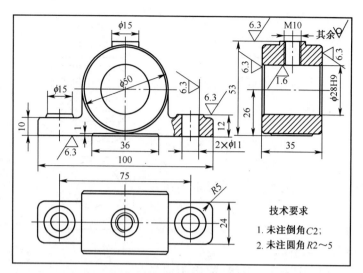

图 8－21　轴承座零件图

视图中 M10 螺孔的大径。用"倒角"和"圆角"命令以及"裁剪"命令绘制和编辑。画剖面线,完成绘图。

② 标注尺寸和表面粗糙度。

③ 填写技术要求。

8.4.2　标准件绘制方法和步骤

完成螺栓连接,如图 8－22（a）所示。

已知:螺栓 GB/T 7582—2000—M20×L,螺母 GB/T 6170—2000—M20;

垫圈 GB/T 97.1—2002—20,61＝20mm,8,＿25mm。

作图步骤如下所示:

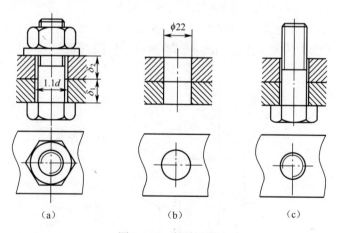

（a）　　　　　　　　（b）　　　　　　　　（c）

图 8－22　螺栓连接

（1）选择适当图幅,绘制两连接板 $\delta_1 = 20$mm, $\delta_2 = 25$mm,如图 8－22（b）所示。

（2）用比例画法绘制螺栓、螺母、垫圈,并制作图块。

（3）确定螺栓长度,插入螺栓并修剪,如图 8－22（c）所示。

（4）插入垫圈并修剪,如图 8－23（a）所示。

115

（5）插入螺母并修剪，如图 8-23（b）所示。

8.4.3　由零件图拼画装配图

根据装配示意图和所有零件草图、标准件的标记，就可以画出部件的装配图。

1. 拟定表达方案

对现有资料进行整理、分析，进一步了解部件的性能及结构特点，对部件的完整形状做到心中有数。然后，拟定部件的表达方案，选择主视图，确定表达方法和视图数量。

2. 画装配图的方法与步骤

（1）选比例，定图幅，调标题栏。

（2）合理布图，画出视图的基准线，留出明细表的位置。

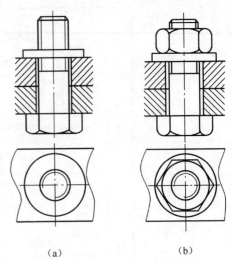

(a)　　　　　　(b)

图 8-23　螺栓连接

（3）画装配图时，通常从表达主要装配干线的视图开始画，一般从主视图开始，几个视图同时配合作图。画剖视图时以装配干线为准由内向外画，可避免画出被遮挡的不必要的图线，也可由外向内画，如先画外边主体大件。

无论采用哪种画法，都必须遵循以下原则：画完第一件后，必须找到与此相邻的件及它们的接触面，将此接触面作为画下一件时的定位面，开始画第二件，按装配关系一件接一件依次顺序画出下一件，切勿随意乱画。

（4）完成装配图。检查改错后，标注尺寸及配合代号，编注零件序号，最后填写明细表、标题栏和技术要求，校核，完成全图。

由零件图拼画装配图时，其作图方法和步骤有两种。

① 由零件图按画装配图的方法和步骤直接画装配图。

② 根据给定的零件图，使用块和并入的方法画装配图。

根据图 8-24 所给的装配示意图和图 8-25 所给零件图画装配图。

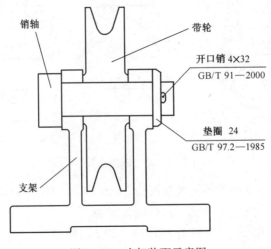

图 8-24　支架装配示意图

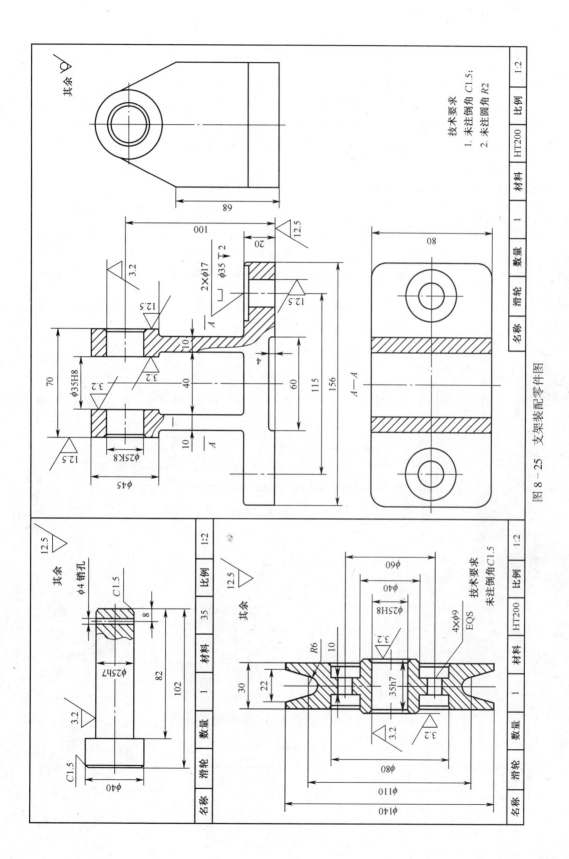

图 8-25 支架装配零件图

作图步骤如下：

（1）确定图幅，A3 横放，比例 2∶1。

（2）画作图基准线，如图 8－26 所示。

（3）画底座主视图，如图 8－27（a）所示。

（4）画销轴主视图，处理图线，如图 8－27（b）所示。

（5）画皮带轮主视图，处理图线，如图 8－28（a）所示。

（6）画垫圈、开口销主视图，处理图线，如图 8－28（b）所示。

（7）标注尺寸。

（8）标注"序号"并填写明细表。完成全图，如图 8－29 所示。

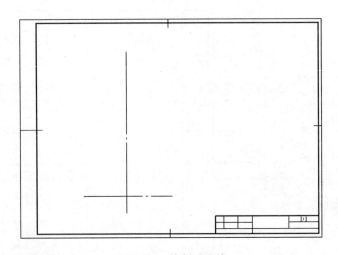

图 8－26　绘制基准线

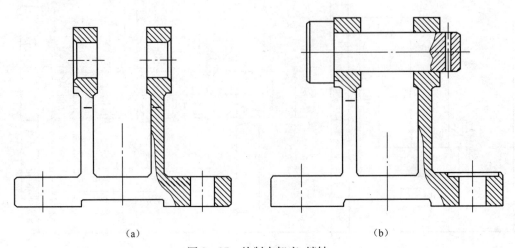

（a）　　　　　　　　　　　　　　（b）

图 8－27　绘制支架座、销轴

118

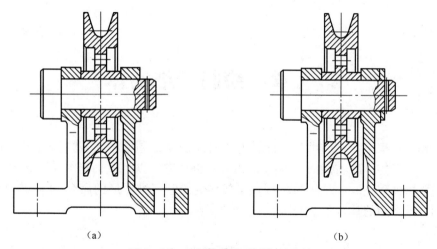

（a）　　　　　　　　　　　　　　（b）

图 8-28　绘制皮带轮、垫圈、开口销

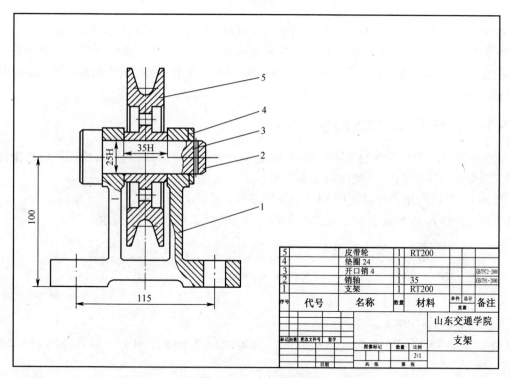

5		皮带轮	1	RT200			
4		垫圈 24	1				
3		开口销 4	1				GB/T92-2000
2		销轴	1	35			GB/T91-2000
1		支架	1	RT200			
序号	代号	名称	数量	材料	单件 重量	总计 重量	备注
标记 处数	更改文件号	签字				山东交通学院	
			图像标记	数量	比例	支架	
	日期		共 张	第 张	2:1		

图 8-29　支架装配图

第9章 绘制三维实体

在实际作图过程中,不仅应用二维图形,有时还需要绘制轴测图、透视图。AutoCAD 2014 具有较强的三维功能,可以满足工程制图的需要。例如它可以生成轴测图和透视图,并可进行表面着色与阴影处理。AutoCAD 2014 提供了较多的绘制三维图形的命令,本章将结合实例着重介绍绘制三维图形的基本命令及其方法。

9.1 坐标系的建立

AutoCAD 提供的世界坐标系(WCS 坐标系)和用户坐标系(UCS 坐标系)都是笛卡儿坐标系。在通常状态下,WCS 坐标系和 UCS 坐标系是重合的。用户可以通过改变用户坐标原点及坐标轴方向设立新的用户坐标系。因此,AutoCAD 的基本坐标系统 WCS 只有一个,而 UCS 可以定义多个。

9.1.1 用户坐标系 UCS 命令

这是一个管理坐标系统的基本工具,可以定义一个新用户坐标,允许将绘图所用的坐标系移到三维空间的任意平面,以便绘制三维图形。

在 AutoCAD 中,用户可以使用 UCS 命令以多种方式建立新的 UCS。

在命令行键入 UCS 或从 UCS 工具栏单击 UCS 图标 ，如图 9-1 所示。

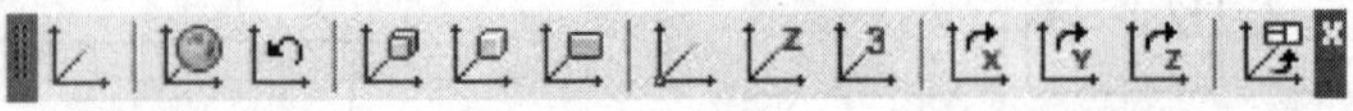

图 9-1 UCS 工具栏

命令:ucs

当前 UCS 名称:* 世界*

[新建(N)/移动(M)/E 交(G)/上一个(P)/恢复(R)/保存(S)/删除(D)/应用(A)/?/世界(W)]<世界>:

各选项含义如下:

(1)"新建(N)"选项。键入 N,提示如下

指定新 UCS 的原点或[Z 轴(ZA)/三点(3)/对象(OB)/面(F)/视图(V)/X/Y/Z]<0,0,0>:

- 指定新 UCS 的原点:改变当前用户坐标系统原点的位置,如图 9-2 所示。
- Z 轴(ZA):指定一个新原点和位于 Z 轴上的一点,将用户坐标系设置到特定方式。
- 三点(3):选择 3 点构成新坐标系 X、Y、Z。
- 对象(OB):通过指定一个对象来定义新的 UCS 坐标系。
- 面(F):将当前用户坐标系置于三维实体的一个面上。
- 视图(V):将新的用户坐标的 XY 平面设为与屏幕平行,Z 轴与其正交,原点不变。
- X/Y/Z:通过独立地分别旋转 X、Y、Z 轴生成新的 UCS。

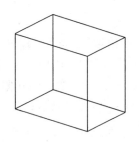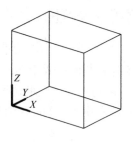

图 9 - 2 指定或移动坐标原点

（2）"移动（M）"选项。键入 M，提示如下：

指定新原点或[Z 向深度(Z)]<0,0,0>:

在 AutoCAD 2014 中，可以在"坐标功能"选项卡下进行更方便的设置。

9.1.2 管理已定义的 UCS

在 AutoCAD 2014 中，可以使用 UCSMAN 命令通过对话框的形式来管理已定义的用户坐标系，包括恢复已保存的 UCS 或正交 UCS、指定窗口中的 UCS 图标和 UCS 设置、命名和重命名当前 UCS。

操作方式：在"坐标"功能选项卡下，单击■图标，出现如图 9 - 3 所示的 UCS 对话框。在此对话框中进行命名 UCS、正交 UCS、设置的操作。

图 9 - 3 UCS 对话框

9.2 三维图形显示

由于屏幕本身是二维的，看到的三维视图是在不同视线方向上观察得到的投影视图。AutoCAD 默认视图为 *XY* 平面视图，同时提供了"视点"（Vpoint）命令允许用户设定任意视线方向，也可通过选择菜单项和工具栏选取特定的三维视图。

9.2.1 轴测视图和正交视图

在三维建模工作空间下,在"视图"功能选项卡中拾取"视图"图标 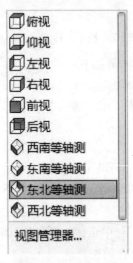,出现级联菜单,如图 9 - 4 所示,共有四个等轴图:SW Isometric(西南等轴测)、SE Isometric(东南等轴测)、NW Isometric(西北等轴测)、WE Isometric(东北等轴测)和六个正交视图 Top(俯视图)、Bottom(仰视图)、Left(左视图)、Right(右视图)、Front(前视图)、Back(后视图)供选择。

图 9 - 4 视窗工具条

9.2.2 视点(Vpoint)

功能:设置不同的视点观察物体,使平面图转化为立体图,选择视点不同可得到不同的轴测图。

操作:在"视图"下拉菜单中拾取"三维视图",出现级联菜单,再拾取"视点(V)"即可。

```
Command:Vpoint
Rotate/<View Point>:
```

(1)默认值即为当前视点。也可以输入新视点坐标 X,Y,Z。

(2)Rotate/<View Point>:R

```
Enter angle in X-Y plane from X axis <270>:输入角度
Enter angle from X-Y plane:输入角度
```

指令说明:

(1)设置视点可从下拉菜单单击"视图(View)~3D 视点—Vpoint"。

(2)Vpoint 命令只指定观测方向,而不指定观测距离。

9.2.3 动态观察(3D orbit)

在三维建模工作空间下,在"导航"功能选项卡中拾取"动态观察"图标,出现级联菜单,如图 9 - 5 所示,在菜单下可以选择三种不同的动态观察。

动态观察可以从不同的视点观察物体,选择视点不同可得到不同的轴测图,并且可以自动动态旋转。

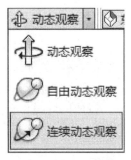

图 9-5 三维动态观察

9.3 三维图形绘制

9.3.1 等轴测图的绘制

AutoCAD 提供的等轴测图的绘制,实际上是绘制等轴测投影图,在绘制前应在下拉菜单"工具"下选择"草图设置"后,如图 9-6 所示选择相应的模式。

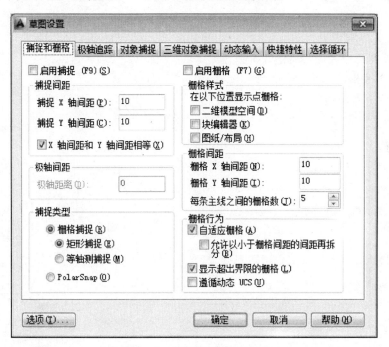

图 9-6 "草图设置"对话框

1. 设置等轴测平面(Isopiane)

命令:Isoplane

Left(左平面)/Top(上平面)/Right(右)/<Toggle>:(选定等轴测平面)

2. 等轴测圆的绘制

命令:Ellipse

Arc/Centerflsocircle/<axis endpoint l>:I (输入 I 画等轴测圆)

Center of Circle:(指定圆心位置)

<Center radius>/diameter:(输入半径或直径)

9.3.2 三维实体绘制

AutoCAD 三维建模可使用实体、曲面和网格对象创建图形。

实体、曲面和网格对象提供不同的功能,这些功能综合使用时可提供强大的三维建模工具套件。例如,可以将图元实体转换为网格,以使网格锐化和平滑处理。然后,可以将模型转换为曲面,以使用关联性和 NURBS 建模。

9.3.2.1 基本三维实体

AutoCAD 提供的绘制基本三维实体有六面体、球、圆柱体、圆锥体、三棱柱、圆环。在绘制基本实体时,可以从下拉菜单"绘制"下的"实体"中或在"实体"工具栏(图 9-7)中选取。也可以在三维基础或三维建模工作空间"常用"菜单下的"建模"功能选项卡下单击 图标,出现级联菜单,如图 9-8 所示。

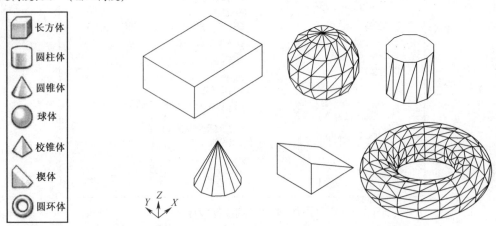

图 9-7 实体工具栏

(1)长方体(Box),如图 9-9 所示。

在实体工具条点取长方体图标 。

```
命令:_box
指定长方体的角点或[中心点(CE)]<0,0,0>:
指定角点或[立方体(C)/长度(L)]:L(输入边长)
指定长度:80 (输入长度)
指定宽度:60 (输入宽度)
指定高度:30 (输入高度)
```

长方体
圆柱体
圆锥体
球体
校锥体
楔体
圆环体

图 9-8 实体工具栏

图 9-9 实体的绘制

(2)球体(Sphere),如图 9-9 所示。

在实体工具条点取球体图标 。

```
命令:_sphere
当前线框密度:ISOLINES=4
指定球体球心<0,0,0>:
指定球体半径或[直径(D)]:30
```

124

（3）圆柱体（Cylinder），如图 9-9 所示。

在实体工具条点取圆柱体图标🛢。

命令：_cylinder

指定底面的中心点或[三点(3P)/两点(2P)/切点、切点、半径(T)/椭圆(E)]：

指定底面半径或[直径(D)]<18.78>：

指定高度或【两点(2P)/轴端点(A)]<20.8496>：

（4）圆锥体（Cone），如图 9-9 所示。

在实体工具条点取圆锥体图标。

命令：_cone

指定底面的中心点或[三点(3P)/两点(2P)/切点、切点、半径(T)/椭圆(E)]：

指定底面半径或[直径(D)]<0.3958>：

指定高度或[两点(2P)/轴端点(A)/顶面半径(T)]<1.1926>：

（5）三棱柱，即楔形（Wedge），如图 9-9 所示。

在实体工具条点取楔形图标。

命令：_wedge

指定楔体的第一个角点或[中心点(CE)]<0,0,0>：

指定角点或[立方体(C)/长度(L)]：L

指定长度：50

指定宽度：40

指定高度：3

（6）环体（Torus），如图 9-9 所示。

在实体工具条点取环体图标。

命令：_torus

指定圆环体中心<0,0,0>：（指定圆环中心位置）

指定圆环体半径或[直径(D)]：40（输入圆环半径或直径）

指定圆管半径或[直径(D)]：15（输入圆管半径或直径）

9.3.2.2　由二维生成三维实体

在立体的组合中，有的立体只靠上述六种基本立体的组合有时无法满足实际需要，AutoCAD 的实体功能内提供了拉伸和旋转功能以扩大对实体形状的要求。先定义任意形状的二维平面图形，经过拉伸和旋转而形成满足需要的实心体。

1. 拉伸（Extrude）形成实心体

运用拉伸的方法建立实体是要先画一个二维的封闭图形，但这个二维图形必须是用复合线生成，建立如图 9-10 所示的实体。

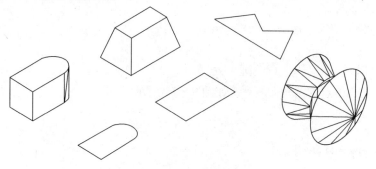

图 9-10　拉伸和旋转的实体

在实体工具条点取拉伸图标 。

命令:_extrude

选择对象:找到 1 个

指定拉伸高度或[路径(P)]:60

指定拉伸的倾斜角度<0>:

2. 旋转(Revoive)形成实心体

运用旋转的方法建立实体是要先画一个二维的封闭图形,但这个二维图形必须是用多段线生成,建立如图 9 - 10 所示的实体。

在实体点取旋转 。

命令:_revolve

选择对象:找到 1 个

指定旋转轴的起点或定义轴依照[对象(O)X 轴(X)/Y 轴(Y)]:

指定轴端点:

指定旋转角度<360>:

9.4　三维实体的编辑

在 AutoCAD 中,利用布尔运算中的联集(相加)、相减和交集,可以对基本体进行叠加、挖切等进行组合,更方便地得到所需的立体,同时可以对立体进行剖切和倒角。实体编辑工具栏如图 9 - 11 所示。

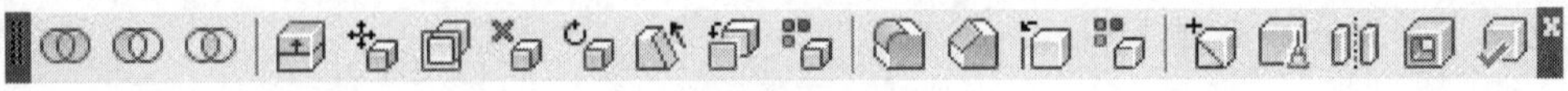

图 9 - 11　实体编辑工具栏

9.4.1　三维实体的剖切与圆滑

1. 剖切实体(Sllce)

剖切命令是用一个指定的平面将实体对象切为两半,从而生成一个新的实体。切开后的两部分可保留一部分,也可以两部分都保留。

在实体工具栏点取剖切图标 ,如图 9 - 11 所示。

命令:_slice

选择对象:找到 1 个

指定切面上的第一个点,依照[对象(O)/Z 轴(Z)/视图(V)/XY 平面(XY)/YZ 平面(YZ)/ZX 平面(ZX)]:(在此输入剖切面)

在要保留的一侧指定点或[保留两侧(B)]:b

2. 倒圆角

Fillet 命令可以对 3D 实体进行倒圆角处理。

在实体编辑工具条点取圆角图标 ,如图 9 - 11 所示。

命令:_Filletedge

半径 = 1.0000

选择边或[链(C)/半径(R)]:

选择边或[链(C)/半径(R)]:r

输入圆角半径或[表达式(E)]<1.0000>:2

选择边或[链(C)/半径(R)]:

已选定 1 个边用于圆角。选择其他要倒圆角的边。

3. 倒角

在实体编辑工具条点取倒角图标![icon],如图 9-11 所示。

命令:Chamferedge 距离 1 = 1.0000,距离 2 = 1.0000

选择一条边或[环(L)/距离(D)]:

选择属于同一个面的边或[环(L)/距离(D)]:

按 Enter 键接受倒角或[距离(D)]:

9.4.2 布尔运算

在下拉菜单"编辑(M)"下拾取"实体编辑",出现级联菜单,再拾取布尔运算各项或从实体编辑工具栏中点取,如图 9-11 所示。

例如绘制如图 9-12 所示的三维图形。

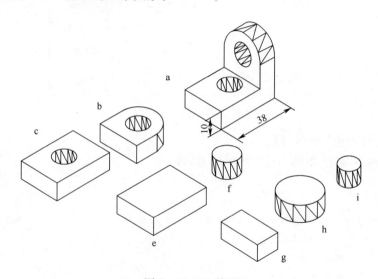

图 9-12　3D 绘图

具体作图如下:把该立体 a 分解成如图 9-12 所示的 b、c 两部分,分别绘制六面体 e、g 和圆柱体 f、h、i,用移动命令将圆柱体 f 移到六面体 e 的中心(应先在六面体 e 顶面作中心线,以便于找中心)。

在编辑实体工具栏的布尔运算中点取相减,选取物体 e 回车,选取物体 f 回车即可(即先选大的物体,再选小的物体)。

用移动命令将圆柱体 h 移到六面体 g 顶面左边棱线中间点。

在编辑实体 I 具条布尔运算中点取联集,将物体 h、g 同时选中即可完成联集的操作。

用移动命令将圆柱体 i 移到六面体 g 和圆柱体 h 组合后的圆心。

在编辑实体工具栏的布尔运算中点取相减,选取物体 e 回车,选取物体 i 回车即可。

9.4.3　三维阵列

在下拉菜单"编辑"下拾取"三维操作"下的"三维阵列"命令即可。

9.5 三维表面的绘制

9.5.1 基本形体表面绘制

AutoCAD 2014 基本形体表面用于创建下列三维形体:长方体、圆锥体、球面、网格、棱锥面、球体、圆环和楔体,如图9-13所示。创建三维形体的过程和创建三维实体的过程相似。

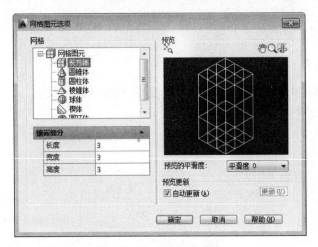

图9-13 网格图元选项

1. 绘制长方体网格(图9-14)

在主菜单"网格图元"中单击长方体图标■即可。

命令:mesh

当前平滑度设置为:0

输入选项[长方体(B)/圆锥体(C)/圆柱体(CY)/棱锥体(P)/球体
(S)/楔体(W)/圆环体(T)/设置(SE)]<长方体>:_BOX

指定第一个角点或[中心(C)]:

指定其他角点或[立方体(C)/长度(L)]:

指定高度或[两点(2P)]<5.9352>:

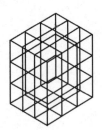

图9-14 长方体网格

2. 绘制圆锥体网格

命令:mesh

当前平滑度设置为:0

输入选项[长方体(B)/圆锥体(C)/圆柱体(CY)/棱锥体(P)/球体(S)/楔体(W)/圆环体(T)/设置(SE)]<长方f>:_CONE

指定底面的中心点或[三点(3P)/两点(2P)/切点、切点、半径(T)/椭圆(E)]:

指定底面半径或[直径(D)]:

指定高度或[两点(2P)/轴端点(A)/顶面半径(T)]<5.6480>:3

对于棱锥面、圆锥体、球体、圆环等,操作方法与上述方法基本一致,如图9-15所示。

9.5.2 绘制三维面(3Dface)

命令:3Dface

指定第一点或[不可见(I)]:

128

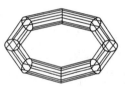

图 9-15　网格图元

指定第二点或[不可见(I)]：
指定第三点或[不可见(I)]<退出>：
指定第四点或[不可见(I)]<创建三侧面>：

9.5.3　绘制直纹面

在创建下单击直纹面图标，绘制结果如图 9-16 (a)所示。
命令：rulesurf
选择第一条定义曲线：
选择第二条定义曲线：

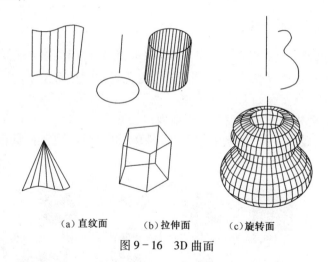

(a)直纹面　　　(b)拉伸面　　　(c)旋转面

图 9-16　3D 曲面

9.5.4　绘制旋转曲面

在曲面下拾取旋转曲面图标，绘制结果如图 9-16 (c)所示。
命令：revsurf
选择要旋转的对象：
选择定义旋转轴的对象：
指定起点角度<0>：
指定包含角(+=逆时针,-=顺时针)<360>：

9.6　三维图形的视觉处理

真实的三维图像可以帮助设计者看到最终的设计,这比用线框表示清楚得多。在 AutoCAD 中,消隐图像是最简单的。着色消除隐藏线并为可见平面指定颜色,渲染则添加和调整了光源,并为表面附着上材质以产生真实效果。因此,着色和渲染使图像的真实感进一步增强。

要决定生成哪种图像,首先需要考虑图像的应用目的和时间投入等因素。如果是为了演示,就需要全部渲染。如果只需要查看一下设计的整体效果,简单消隐或着色图像就足够了。

三维图形的视觉处理主要包括消隐、着色和渲染。消隐和着色主要是对三维图形进行阴影处理,产生与现实明暗效果相对应的图像效果。渲染是对三维图形加上颜色和材质,还可以配以灯光、背景、场景等,更真实地表达图形的外观和纹理。其操作可从视觉样式和渲染工具栏中选取,如图 9-17 和图 9-18 所示。

图 9-17　视觉样式工具栏　　　　　　图 9-18　渲染工具栏

9.6.1　三维图形的消隐

消隐是显示用三维线框表示的对象,同时消隐表示后向面的线。

要对三维实体进行消隐,在渲染工具栏中拾取消隐图标 ⊖ ,即对三维实体进行消隐。执行该命令后,隐藏于实体背后的面被遮挡,使图形看起来更加清晰和真实。

9.6.2　三维图形的视觉样式

AutoCAD 2014 提供的视觉样式有以下几种,也可通过视觉样式管理器新建视觉样式。使用视觉样式提供的各选项可以查看、编辑用线框或着色表示的对象。

视觉样式各项的执行步骤如下:

(1) 将包含要着色视图的视口设置为当前视口。

(2) 从"视图"菜单中选择"视觉样式",如图 9-19 所示,或在视觉样式工具栏拾取,如图 9-17 所示。

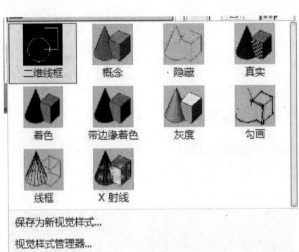

图 9-19　"视觉样式"列表框

(3) 选择下列选项之一:

① 拾取二维线框 ⊡ 。

命令:vscurrent

130

输入选项[二维线框(2)/线框(W)/隐藏(H)/真实(R)/概念(C)/着色(S)/带边缘着色(E)/灰度(G)/勾画(SK)/X射线(X)/其他(O)]<灰度>:_2dWireframe

执行该命令后,显示用直线和曲线表示边界的对象,如图9－20所示。

② 拾取三维线框⊗:执行该命令后,以三维线框的模式显示图形,效果如图9－21所示。并显示一个着色的 UCS 三维图标。

③ 拾取三维隐藏⊗:执行该命令后,系统将自动隐藏对象中观察不到的线,只显示那些位于前面的无遮挡的对象,效果如图9－22所示。

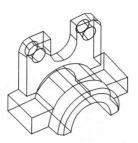 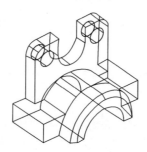 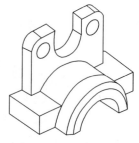

图9－20　二维线框效果　　　　图9－21　3D线框效果　　　　图9－22　3D隐藏效果

④ 拾取"真实"●:执行该命令后,系统可使对象实现平面着色,它只对各多边形的面着色,不会对面边界作光滑处理,效果如图9－23所示。

⑤ 拾取"概念"●:执行该命令后,系统根据图形面上的颜色和外观着色,效果如图9－24所示。

⑥ 拾取"着色":着色对象并在多边形面之间光顺边界,给对象一个光滑、具有真实感的形象,如图9－25所示。

图9－23　真实效果　　　　　图9－24　概念效果　　　　　图9－25　着色效果

（4）视觉样式管理器。在视觉样式工具栏拾取后,系统弹出如图9－26所示的"视觉样式管理器"选项板。该管理器中可对上述几种视觉样式进行更改,也可创建新的其他形式的视觉样式。

9.6.3　渲染

渲染主要用于效果图的设计。图形经过渲染后,给人以逼真的视觉效果。

渲染可以使设计图比简单地消隐或着色图像更加清晰,可用于传统的建筑、机械和工程图形的渲染,也可以制作用于展览宣传的效果图。

渲染一般包括四个步骤。

（1）准备要渲染的模型:包括采用适当的绘图技术、消除隐藏面、构造平滑着色所需的网

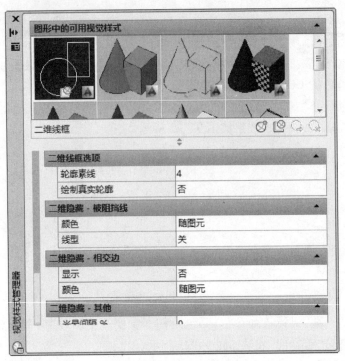

图9-26 视觉样式管理器

格、设置显示分辨率等。

（2）照明：包括创建和放置光源、创建阴影。

（3）添加颜色：包括定义材质的反射性质、指定材质和可见表面的关系。

（4）渲染：一般需要通过若干中间步骤检验渲染模型、照明和颜色。

上述步骤只是概念上的划分，在实际渲染过程中，这些步骤通常结合使用，也不一定非要按照上述顺序进行。

渲染的操作步骤：在三维建模工作空间下，单击"渲染"功能选项卡，显示工具面板，如图9-27所示。

图9-27 渲染显示面板

9.6.3.1 建立光源

AutoCAD 的渲染功能最大限度地控制四类光源，如图9-28所示。

（1）点光源：可认为是一个球形光源，向任意方向发射。

（2）聚光灯：它对指定的目标进行集中照射。

（3）平行光：发出一束直线光，只向一个方向发射。

（4）光域网灯光：该光源可认为是通常的背景光，能均匀地照射在所有对象上。

建立新光源的步骤：在渲染显示面板下选择"创建光源"，再从弹出的子菜单中选择光源类型，出现如图9-29所示的"光源—视口光源模式"对话框，然后单击所需选项即可。

图9-28 光源类型

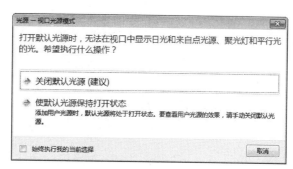

图9-29 "视口光源模式"对话框

命令：_pointlight
指定源位置<0,0,0>：
输入要更改的选项[名称(N)/强度(I)/状态(S)/阴影(w)/衰减(A)/颜色(C)/退出(X)]<退出>：(输入要更改的选项)

  单击"光源"面板下"对话框启动器"按钮▣，出现"模型中的光源"窗口，如图9-30所示，在该窗口中选择光源名称。

  如果光源具有光线轮廓，则光源显示为选定。双击光源名称，将显示光源特性选项板，如图9-31所示。

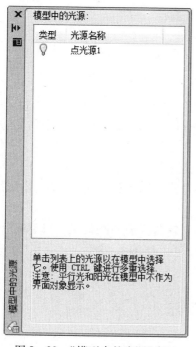

图9-30 "模型中的光源"窗口

图9-31 光源特性选项板

  注意，在图形中平行光不显示轮廓。使用"模型中的光源"窗口可以选择平行光。

9.6.3.2 阳光和位置

  将光源置于场景中后，可以修改位置和目标。由光线轮廓表示的光源置于图形中后，可以重新定位。可以移动和旋转光源；可以修改目标。选定光线轮廓后，将显示夹点。

  单击"阳光和位置"面板下的"对话框启动器"按钮▣，出现阳光特性选项板，如图9-32所

133

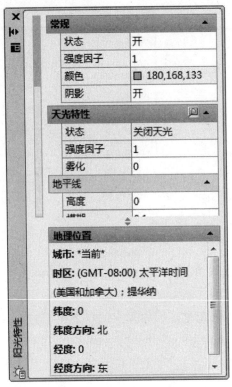

图 9-32　阳光特性选项板

示,在此可以调整位置。

9.6.3.3　确定材质

材质可以改变所渲染对象对光线的反射特性,通过改变这些特性可以使对象看上去光滑或粗糙。图形中包括所创建的每个装饰图的表面特性图块和属性,通过操纵灯光、漫射度、光泽度和粗糙度来修饰材质。

在图形中为对象添加材质,可以在任何渲染视图中提供逼真效果。Autodesk 提供了一个含有预定义材质的大型材质库,供用户使用。使用材质浏览器可以浏览材质,并将它们应用于图形中的对象。使用材质编辑器可以创建和修改材质。

纹理可提高材质的复杂程度和真实感。例如,要复制铺路中的凹凸效果,可以向图形中表示道路的对象应用噪波纹理。若要复制砂浆砌砖图案,可以使用瓷砖纹理。使用"纹理编辑器"可以定义纹理的外观及其应用于对象的方式。

确定材质的步骤如下:

1. 材质浏览器

可以从"材质浏览器"中浏览、创建或打开现有库,如图 9-33 所示。

在渲染工具栏中选择材质浏览器图标 或单击"渲染"选项卡的"材质面板"下的"对话框启动器"按钮 ,出现如图 9-34 所示的材质编辑器。

利用"材质浏览器"可导航和管理材质,组织、分类、搜索和选择要在图形中使用的材质。

材质浏览器主要包含下列组件:

(1)浏览器工具栏:包含"显示或隐藏库树"按钮和搜索框。

(2)文档中的材质:显示当前图形中所有已保存的材质。可以按名称、类型、样例形状和颜

图 9 - 33　材质浏览器

图 9 - 34　材质编辑器

色对材质排序。

（3）材质库树：显示 Autodesk 库（包含预定义的 Autodesk 材质）和其他库。

（4）库详细信息：显示选定类别中材质的预览。

（5）浏览器底部栏：包含"管理"菜单，用于添加、删除和编辑库与库类别。此菜单还包含一个按钮，用于控制库详细信息的显示选项。

2. 材质编辑器

在渲染工具栏中选择材质编辑器图标 🌐 或单击"渲染"选项卡的"材质面板"下的"对话框启动器"按钮 🔳，出现如图 9 - 34 所示材质编辑器。

在"材质编辑器"中，可以定义以下特性：

（1）外观：定义材质的外观。各个材质具有唯一的外观特性。使用"纹理编辑器"可编辑指定给材质的纹理贴图或程序贴图，也可以对材质重命名。

（2）信息：定义或显示与给定材质相关联的关键字和描述。有一种材质始终可以在新图形中使用，即 Global。默认情况下，此材质将应用于所有对象，直至应用了另一种材质。

在"材质编辑器"中，"常规"材质类型具有用于优化材质的以下特性。

（1）颜色：对象上材质的颜色在该对象的不同区域各不相同。远离光源的面显现出的红色比正对光源的面显现出的红色暗。反射高光区域显示最浅的红色，可以为材质指定颜色或自定义纹理。

（2）图像：控制材质的基本漫射颜色贴图。漫射颜色是对象在被直射日光或人造光照射时所反射的颜色。

（3）图像褪色：控制基础颜色和漫射图像之间的混合。

（4）光泽度：材质的反射质量定义了光泽度或消光度。光泽度较低的材质将具有较大的高光区域,且高光区域的颜色更接近材质的主色。

(5) 高光:此特性控制材质的反射高光的获取方式。

3. 创建材质

在"材质浏览器"或"材质编辑器"中创建新材质。选择要创建的材质类型,或重命名和修改现有材质。设置特性后,可以使用贴图进一步修改材质。

创建材质的步骤如下:

(1) 单击"渲染"选项卡下的"材质"面板的"材质浏览器"图标 ◉。

(2) 在材质浏览器的浏览器工具栏中,单击"创建材质"。

(3) 选择材质样板。

(4) 在材质编辑器中,输入名称。

(5) 指定材质颜色选项。

(6) 使用滑块设定反光度、不透明度、折射、半透明度等的特性。

(7) 选择贴图频道和程序贴图类型。

9.6.3.4 渲染

渲染基于三维场景来创建二维图像。它使用已设置的光源、已应用的材质和环境设置,为场景的几何图形着色。

(1) 准备要渲染的模型。模型的建立方式对于优化渲染性能和图像质量来说非常重要。

(2) 设置渲染器。可以控制许多影响渲染器如何处理渲染任务的设置,尤其是在渲染较高质量的图像时。

在渲染工具栏中选择高级渲染设置图标 ◌ 或单击"渲染"选项卡的"渲染"下的"对话框启动器"按钮 ◪,出现如图 9-35 所示"高级渲染设置"浏览器。"高级渲染设置"选项板包含渲染器的主要控件。可以从预定义的渲染设置中选择,也可以进行自定义设置。

(3) 控制渲染环境。可以使用环境功能来设置雾化效果或背景图像。在渲染工具栏中选择控制渲染环境图标 ◪ 或单击"渲染"选项卡的"渲染"列表下的 ◪,出现如图 9-36 所示的"渲染环境"对话框。

图 9-35 "高级渲染设置"浏览器

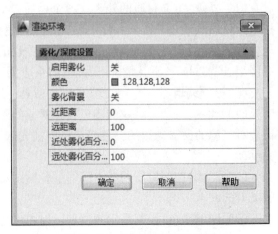

图 9-36 "渲染环境"对话框

136

（4）渲染。在渲染工具栏中选择渲染图标 或单击"渲染"选项卡的"渲染"图标 ，即可渲染，如图9－37所示。

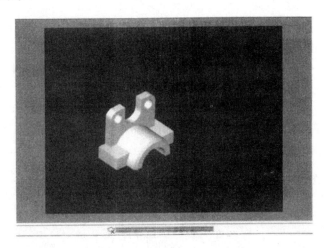

图9－37　渲染

9.7　实　训

实训一：绘制如图9－38所示的组合体。

三维造型的方法和步骤如下：

绘制三维实体，必须进入三维空间。

（1）拾取长方体命令 ，绘制长为60，宽为40，高为10的长方体，如图9－39所示。

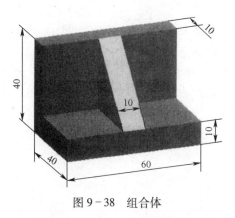

图9－38　组合体　　　　　　　　　　　　　图9－39　步骤1

（2）拾取长方体命令 ，绘制长为60，宽为10，高为30的长方体，如图9－40所示。

（3）拾取楔体命令 ，绘制长为10，宽为30，高为30的楔体，如图9－41所示。

（4）拾取移动命令 ，将楔体移动到如图9－42所示的位置。

（5）对立体进行布尔运算，拾取并集命令，将三个立体全部选取，回车即可，如图9－42所示。

（6）执行消隐或着色操作。

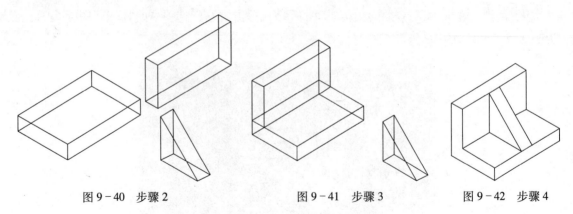

图9-40 步骤2　　　　　　图9-41 步骤3　　　　　　图9-42 步骤4

实训二:绘制如图9-43所示的组合体。

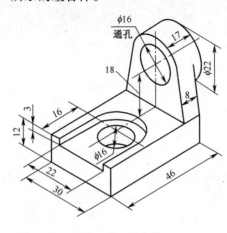

图9-43 组合体

三维造型的方法和步骤如下:

(1) 绘制长方体。拾取矩形命令,绘制长为46,宽为30的矩形。拾取拉伸命令🔳,选择"拉伸"对象(矩形),输入拉伸高度12,回车,如图9-44所示。

(2) 用直线和圆命令绘制如图9-45所示的图形,用多段线编辑命令将图线变为多段线。拾取拉伸命令🔳,选择"拉伸"对象,输入拉伸高度3,回车,如图9-45所示。

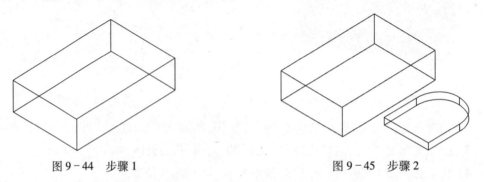

图9-44 步骤1　　　　　　　　　　　图9-45 步骤2

(3) 用直线和圆命令绘制如图9-47所示的图形,用多段线编辑命令将图线变为多段线。拾取拉伸命令🔳,选择"拉伸"对象,输入拉伸高度8,回车,如图9-46所示。

(4) 拾取圆柱体命令🔳,绘制直径为16,高度为9;直径为22,高度为4;直径为16,高度为

138

12 的圆柱体,如图 9 – 47 所示。

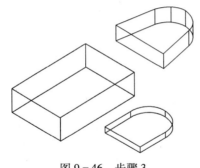

图 9 – 46　步骤 3

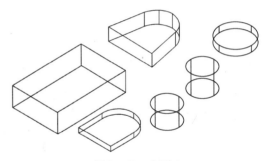

图 9 – 47　步骤 4

(5) 拾取移动命令 ,将绘制的立体移动到如图 9 – 48 所示的对应位置。再分别用并集和差集命令完成操作,如图 9 – 48 所示。

(6) 拾取三维旋转命令,将图 9 – 48 中的对象带圆柱立板绕 Y 轴旋转 –90°,如图 9 – 49 所示。

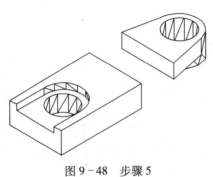

图 9 – 48　步骤 5

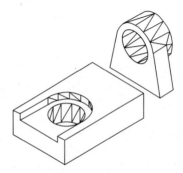

图 9 – 49　步骤 6

(7) 拾取移动命令 ,将绘制的立体移动到如图 9 – 50 所示的对应位置,用并集命令将两部分合并。

(8) 拾取剖切命令 ,将立体剖切,如图 9 – 51 所示。

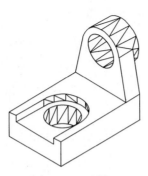

图 9 – 50　步骤 7

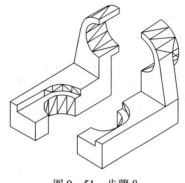

图 9 – 51　步骤 8

实训三:绘制如图 9 – 52 所示的组合体。

具体作图步骤如下:

(1) 绘制底板长方体。拾取长方体命令 ,绘制长为 60,宽为 40,高为 10 的长方体,如

139

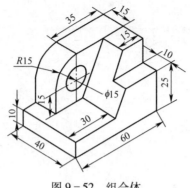

图 9-52　组合体

图 9-53 所示。

（2）绘制后立板,用直线和圆及圆角命令绘制如图 9-54 所示的图形,用多段线编辑命令将图线变为多段线。

（3）拾取拉伸命令▣,选择"拉伸"对象,输入拉伸高度 15,回车,如图 9-55 所示。拾取差集命令,完成直径为 7.5 的圆孔。

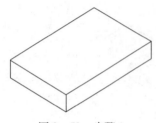

图 9-53　步骤 1

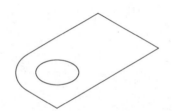

图 9-54　步骤 2

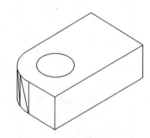

图 9-55　步骤 3(拉伸)

（4）用直线命令绘制如图 9-56 所示的图形,用多段线编辑命令将图线变为多段线。

（5）拾取拉伸命令▣,选择"拉伸"对象,输入拉伸高度 25,回车,如图 9-57 所示。

（6）拾取长方体命令▣,绘制长为 25,宽为 15,高为 10 的柱体,如图 9-58 所示。拾取移动命令✛,将绘制的立体移动到如图 9-59 所示的对应位置。再用差集命令,完成操作。

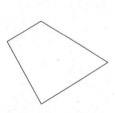

图 9-56　步骤 4、5

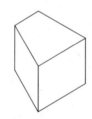

图 9-57　步骤 6(拉伸)

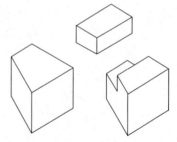

图 9-58　步骤 7(差集)

（7）拾取三维旋转命令,将立板和柱体各绕 Y 轴旋转-90°,如图 9-59 所示。

（8）拾取移动命令✛,将绘制的两立体移动到如图 9-60 所示的对应位置。再用并集命令,完成操作。

（9）执行消隐、着色或渲染操作。

140

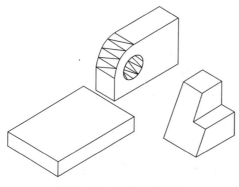

图 9 - 59　步骤 8(旋转)

图 9 - 60　步骤 9

第10章 图 形 输 出

创建完图形后,一般要打印到图纸上,也可以创建电子图纸在 Intemet 上发行。用户可以打印单一视图或者多个视图,也可以根据不同的需要打印出一个或多个视图,或设置选项来决定打印的内容和图像在图纸上的布置方法。

10.1 打 印 图 形

绘制图形后,可以使用多种方法输出。可以将图形打印在图纸上,也可以创建成文件以供其他应用程序使用。以上两种情况都需要进行打印设置。

10.1.1 打印样式

打印样式通过确定打印特性(例如线宽、颜色和填充样式)来控制对象或布局的打印方式。打印样式表中收集了多组打印样式。打印样式管理器是一个窗口,其中显示所有可用的打印样式表。

打印样式有两种类型:颜色相关和命名。一个图形只能使用一种类型的打印样式表。用户可以在两种打印样式表之间转换。也可以在设定了图形的打印样式表类型之后,更改所设置的类型。

对于颜色相关打印样式表,对象的颜色确定如何对其进行打印。这些打印样式表文件的扩展名为 .ctb。不能直接为对象指定颜色相关打印样式。相反,要控制对象的打印颜色,必须更改对象的颜色。例如,图形中所有被指定为红色的对象均以相同的方式打印。

命名打印样式表使用直接指定给对象和图层的打印样式,这些打印样式表文件的扩展名为 .stb。使用这些打印样式表可以使图形中的每个对象以不同颜色打印,与对象本身的颜色无关。

打印样式可以从打印样式表中获取。打印样式表可以附加在布局和视图中,它保存了打印样式的设置。如果需要以不同的方式打印同一图形,也可以使用打印样式。

例如,如果用户有一个由多零件组成的部件,则可以为零件指定打印样式"零件 1"和"零件 2",这两种样式仅受各零件的影响。可以创建打印样式表,将"零件 1"对象打印为红色,而淡显"零件 2"对象,然后创建另一个打印样式,交换两种打印样式。将这两个打印样式分别指定给同一布局,就能创建两份完全不同的打印图纸。

说明:使用打印样式可将所有对象用黑色输出,而保持图形中不同图层的颜色。虽然现在许多绘图设备都可以绘制彩色图形,但大多数工程图形还是希望用黑色输出。使用打印样式时,可选择在绘制每一对象时显示对象特性的修改,这样不必打印图形就能查看结果。

AutoCAD 中存在两种不同类型的打印样式表,每种都有相应的文件格式。

(1)颜色相关类型:选择此选项可创建 255 个打印样式,每个样式关联一种颜色,这些信息都存储在样式一中。其打印样式表中包含 255 种颜色的列表,这是基于 ACI(AutoCAD Color Index)的。每种颜色都分配了打印特性以确定彩色图形如何打印。并且样式不能添加、删除或重命名——每种颜色都有一种样式。颜色相关的打印样式表以 . ctb 为后缀名保存在 PlotStyle 文件夹中。

(2)命名类型:选择此项将创建一个包含名为 Normal 的打印样式的样式表。用户可在打印样式编辑器中向该表添加新样式。在此表中每种样式都有名称,每种样式都具有打印特性,其默认样式名为 NORMAL,不能修改或删除。命名的打印样式可以分配给图层和对象。命名的打印样式表以 stb 为后缀名保存在 Plot Style 文件夹中。要使用命名的打印样式,必须在“选项”对话框的“打印”选项卡下,将新图形的默认打印样式设为“使用命名打印样式”。

用户可以创建命名打印样式表,以便运用新打印样式的所有灵活特性。创建打印样式表时,可以从头开始,修改现有打印样式表,从现有 CFG 文件、PCP 或 PC2 文件输入样式特性。

打开打印样式表管理器的方法如下:在菜单浏览器 A 中选择“打印”—“管理打印样式”命令,打开“打印样式”文件夹。

10.1.2　样式管理器

打印样式的真实特性是在打印样式表中定义的,可以将它附着到模型选项卡、布局或布局中的视图。在将打印样式表附着到布局或视图之时,打印样式对对象不起作用。通过给布局指定不同的打印样式表,可以创建不同的打印图纸。打印样式表存储在与设备无关的打印样式表(STB 文件)中。

创建命名打印样式表的步骤如下:

(1)在菜单浏览器 A 中选择“打印”→“管理打印样式”命令,打开“打印样式”文件夹。所有的打印样式表都有名称和代表样式表类型的图标。

(2)在“打印样式”文件夹中双击“添加打印机样式表向导”,仔细阅读添加打印样式表的介绍文字,单击“下一步”按钮继续操作。

(3)在“开始”页面下选择添加方式。

①“从头开始”:选择此选项后,AutoCAD 将创建新的打印样式表。

②“使用一个存在的打印样式表”:选择此选项后,AutoCAD 将以现有的命名打印样式表为起点,创建新的命名打印样式表。新的打印样式表包括原有打印样式表中的样式。

③“使用 AutoCAD R14 的打印设置”:选择此选项后,AutoCAD 将使用 acad. 16. cfg 文件中的画笔来指定信息以创建新的打印样式表。如果要输入设置,又没有 PCP 或 PC2 文件,则应选择此选项。

④“使用 PCP 或 PC2 文件”:此选项使用 PCP 或 PC2 文件中存储的画笔指定信息来创建新的打印样式表。

(4)确定打印样式表类型后,单击“下一步”按钮继续。

(5)在“文件名”对话框中输入打印样式表的名称。命名样式表文件的扩展名为 . stb,颜色相关样式表的扩展名为 . ctb。

(6)完成创建打印样式表。

10.1.3　打印样式表编辑器

在“打印样式管理器”窗口中,选中某个“打印样式”文件后,系统弹出这个文件的“打印样式表编辑器"对话框,如图 10‐1 所示。

在该对话框中有三个选项卡,分别为"常规"、"表视图"和"表格视图"。

下面分别介绍这三个选项卡:

(1)"常规"选项卡。该选项卡列出所选择打印样式文件的总体信息。

(2)"表视图"选项卡。该选项卡以表格的形式列出样本文件下所有的打印样式。用户可在其中对指定的任一打印样式进行修改。

(3)"表格视图"选项卡。单击"表格视图",打开如图 10‐1 所示的选项卡,在该选项卡中共有 3 个区域,功能介绍如下:

① "打印样式"列表框:该列表框内以列表形式列出被打开的样式文件所包含的全部打印样式。

② "特性"选项组:在该选项组中用户可以修改打印样式的各项设置。

③ "说明"列表框:提供每个打印样式的说明。

图 10‐1 "打印样式表编辑器"对话框

10.1.4 打印输出

单击"输出"功能选项卡下的"打印"面板下的"打印"图标,出现如图 10‐2 所示的"打印"对话框。在"打印"对话框的"打印机/绘图仪"选项组中,从"名称"列表中选择一种绘图仪。

(1)"打印机/绘图仪"选项组中的各项内容介绍如下:

① "名称"下拉列表框:打开该下拉列表框,可以看到其中列出了当前 AutoCAD 配置的所有输出设备,包括打印输出设备和电子输出设备,其中 DWFePlot. pc3 和 DWF Classic. pc3 为电子出图工具。所谓电子出图就是 AutoCAD 图形以文件的形式输出,输出后缀为 DWF。图形输出后,用户可在网络浏览器中将其打开,并将之发送出去。二者的区别主要在于,DWFClasSiC. pc3 输出的打印文件可以被 AutoCAD 2014 打开,而 DWFePlot. pc3 输出的打印文

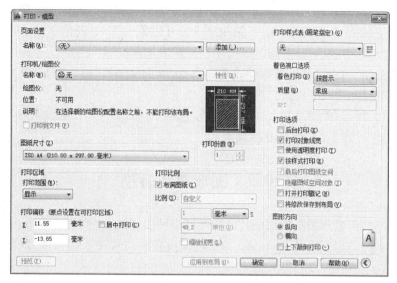

图 10-2 "打印"对话框

件则只能被 Intemet Explorer 或 Netscape 等网络浏览器打开。电子出图实质上就是 AutoCAD 图形文件与 DWF 格式文件之间的转换。

在"名称"下拉列表框下部,列出了被选择的打印设备的种类、端口位置及相关描述信息。

②"特性"按钮:用来设置指定打印设备的属性。单击该按钮,将打开如图 10-3 所示的"绘图仪配置编辑器"对话框。该对话框有三个选项卡:

"常规"选项卡:用来向用户提示当前打印设备的端口、驱动程序位置及版本等信息,同时还可以在该选项卡内为打印设备添加描述信息。

"端口"选项卡:用来设置打印输出端口,可设置本地端口,也可设置网络端口。

"设备和文档设置"选项卡:用来设置纸张大小和进纸方式等选项。

"自定义特性"按钮:单击该按钮将打开当前打印机属性对话框,如图 10-4 所示,其中提供了关于当前打印设备的详细信息。

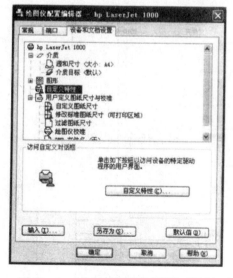

图 10-3 "绘图仪配置编辑器"对话框

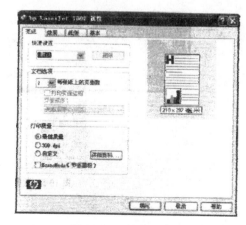

图 10-4 打印机属性

（2）"打印样式表"区域：该区域用来确定新建打印样式文件的名称及类型。

①"名称"下拉列表框：打开该下拉列表框，可以看到其中列出了当前图形文件所有的＊.CTB或＊.STB格式的打印样式文件，用户可从中选择。

②"编辑"按钮：当选择某一打印样式文件之后，单击该按钮，打开"打印样式管理器"对话框，可对被选取的打印样式文件进行编辑修改。

（3）"图纸尺寸"区域：在该区域内用户可指定出图范围及打印份数。对各项内容设置后，单击"预览"或"确定"按钮，按提示进行即可。

10.2　图形格式转换

在实际工作中，所遇到的图形图像处理软件是多种多样的，它们的格式并不一致，AutoCAD提供的Export命令，方便用户将AutoCAD图形转换成各种格式的数据文件，以便其他Windows应用程序使用。

在菜单浏览器▲中选择"输出"，在列表框中选择输出的文件类型，可以将AutoCAD图形转换成所列格式的数据文件，如图10-5所示。

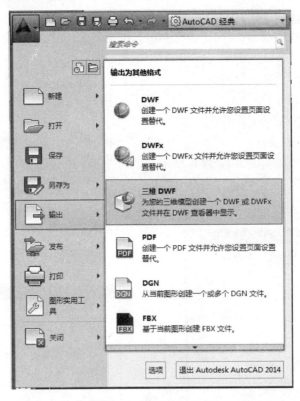

图10-5　数据输出格式

10.3　实　　训

绘制如图10-6所示的图形并打印图纸。

（1）绘制如图 10-6 所示的图形。

（2）打印图形。单击菜单浏览器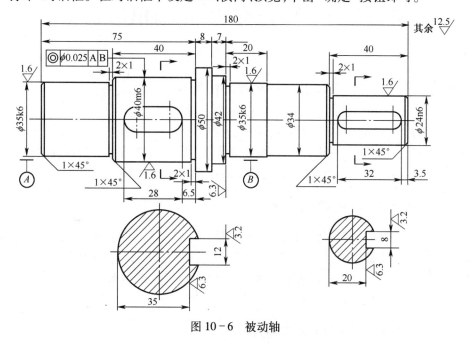，选择"打印"或单击绘图输出按钮，弹出如图 10-2 所示的"打印"对话框。在对话框中设定 A4、横向、预览，单击"确定"按钮即可。

图 10-6　被动轴

第11章　快速建模 SketchUp 8.0

11.1　SketchUp 8.0 概述

本章全面的介绍 SketchUp 8.0 的各种功能,并将特例引入讲解中,让读者能通过实例操作加强对软件的熟悉,对功能命令的理解。同时,增加软件在专业学习中的运用及实例讲解,使读者学以致用。本章配图均以三维视图为主,使学习更直观,讲解更便捷,理解更深刻。

11.1.1　SketchUp 8.0 的特点

SketchUp 软件是一款功能强大的三维建模软件,广泛运用于规划、建筑、景观、土木工程、机械等多种领域的立体模型建构,相对同类三维建模软件而言,SketchUp 软件具有精简、占用空间小、功能齐全、操作简单、建模便捷、视图直观等众多优点,目前被越来越多的设计者、学校师生所重视,并在众多高校推广。

11.1.2　SketchUp 8.0 新增功能简介

SketchUp 8.0 版本相比之前版本在个人化设定、组件参数化、模型交错、材质编辑等功能方面都有所增强,这使得不同专业背景的设计者在使用本软件时有更个性化的、更贴合专业特点的设置,以便充分发挥软件的强大功能。

11.1.3　SketchUp 8.0 工作界面

在第一次进入 SketchUp 8.0 之时,会出现一个欢迎向导界面(图 11 - 1),界面中包含 3 个栏目,学习栏、许可证栏、模板栏。学习栏中在一小段演示后,会出现 SketchUp 8.0 的相关链接,帮助初学者获得更多信息。

单击许可证栏前的下拉按钮,展开许可证栏(图 11 - 2),通过单击"使用中的许可证"按钮

图 11 - 1　欢迎界面中的学习栏

图 11 - 2　欢迎界面中的许可证栏

弹出的窗口(图 11-3),可以查看正在使用的许可。单击"导入许可证"按钮弹出的窗口(图 11-4),包含用户名、序列号、授权码三项内容,只有获得授权的用户,输入授权匹配的信息,才能开启使用 SketchUp 8.0。单击"购买"按钮可通过网络方式获得授权。

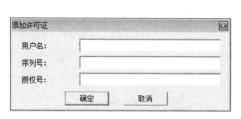

图 11-3 使用的许可证信息

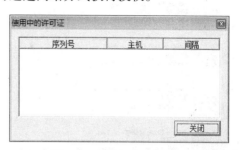

图 11-4 添加许可证界面

单击"选择模板"左侧的下拉按钮,展开模板栏(图 11-5),模板中预设了多种适用的绘图模板,包括制式可以选择公制或英制,单位可以选择米和毫米,英制可选择英尺和英寸,可选择背景模式等。选中一项后就可以载入此模板,在作图时,绘图单位就是选中的特定单位。例如选中米为度量单位,绘制 2 米线段时需要输入"2",若选中毫米为度量单位则需要输入"2000"(因此,下文中所出现的数据仅为数值,不带单位)。图 11-7 中列出了 SketchUp 8.0 默认带背景的模板,而图 11-8 中则是不带背景的模板。

若不想每次启动时显示此窗口,直接进入程序,则不勾选左下角的"每次启动时显示本窗口"选框即可(图 11-6)。

图 11-5 欢迎界面中的模板栏

图 11-6 每次启动不显示欢迎界面

单击"开始使用 SketchUp"按钮进入 SketchUp 8.0 主界面(图 11-9)。

主界面分为五个区域:菜单栏、工具栏、提示栏、状态栏与作图区。

菜单栏位于整个窗口的最上方,包含有 SketchUp 8.0 的大多数命令。

工具栏位置相对比较灵活,可附着于窗口各处,也可以悬浮在作图区中,成为浮动工具栏,可以通过单击工具栏中的按钮执行命令。

状态栏位于窗口的左下角,能够定义模型的地理信息、查看模型信息等。

提示栏位于窗口下方,在绘图过程中能给予实时的操作提示与帮助,右下角的数值栏中会显示数值。界面中是 SketchUp 8.0 的作图区。

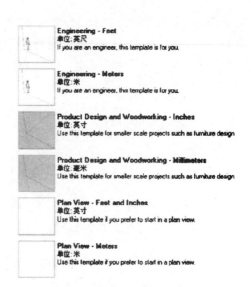

图 11-7　SketchUp 8.0 默认的带背景模板　　　　图 11-8　SketchUp 8.0 默认的不带背景模板

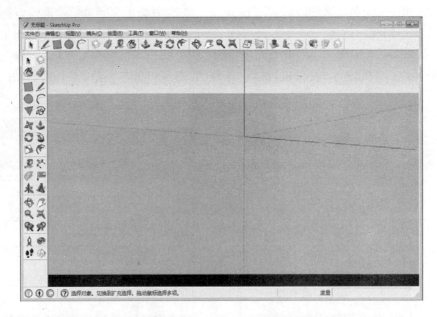

图 11-9　SketchUp 8.0 的主界面

　　作图区中的视图默认为三维视图。视图中有用三色区分的坐标系,即红轴、绿轴与蓝轴分别代表三维坐标中的 X、Y、Z 轴,实线表示为正轴方向,虚线表示为负轴方向。预设视图中还会显示地坪与天空,使视图显得更为直观。整个 SketchUp 8.0 的主界面简洁而直观,作图时一目了然。

11.2　SketchUp 8.0 的工具栏

　　SketchUp 8.0 的工具栏包含绘图工具、常用工具、编辑工具、构造工具、相机工具、漫游工具、相机工具等(图 11-10)。

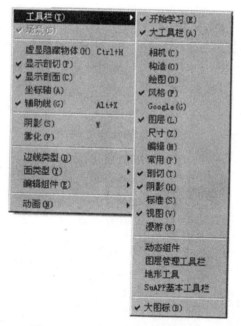

图 11-10　SketchUp 8.0 的工具栏

11.2.1　绘图工具栏

绘图工具栏可以通过单击"菜单栏"→"查看"→"工具栏"→"绘图"打开。

绘图工具栏 ⬛✎◯⌒▽✐ 中包括六种常用的绘图命令,可以分别绘制矩形、线段、圆形、弧线、多边形及徒手线。

（1）矩形工具 ⬛。绘制矩形时,点选矩形按钮,指针显示 ✎,左键点选矩形一个角点位置,拖出一个矩形线框,输入矩形相邻两边的长度或直接点选对角点,回车完成绘制。

例如,绘制一个长 100,宽 50,其中一个角点为 A 的矩形。在点选 A 点后,向右下拖动鼠标（图 11-11(a)）,需输入"100,50",回车完成绘制（图 11-11(b)）。

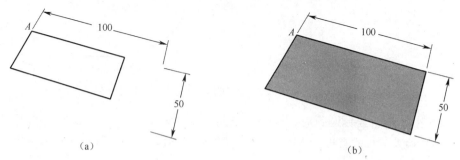

图 11-11　矩形绘制

（2）线段工具 ✎。绘制线段时,点选直线按钮,指针显示 ✎,左键点选线段的起始点,用鼠标拖拽出线段方向,输入线段长度或直接点选终点,回车完成绘制。需要绘制同方向上的连续线段,只需在拖拽线段方向后,连续输入各段长度即可;需要绘制不同方向的连续线段,只需在各拖拽方向输入各段长度即可。需要注意的是,线段若是平行于坐标 X、Y 或 Z 轴方向,则拖拽时方向线条会与轴向同色。

例如，绘制一条平行于 X 轴，长度分别为 400、200、100 的连续线段。在点选起始点 A 后，平行于 X 轴拖拽鼠标，当方向线条显示为红色时，输入 400 回车可见线段延伸至 B 点，再输入 200 回车，线段延伸至 C 点（图 11-12(a)），最后输入 100 回车，线段延伸至 D 点，完成绘制（图 11-12(b)）。

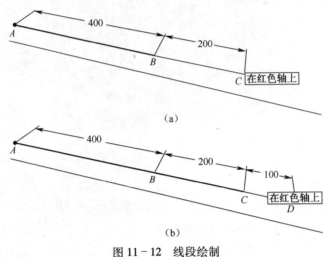

图 11-12　线段绘制

（3）圆形工具 ⬤。绘制圆形时，点选圆形按钮，指针显示 ⟳，左键点选圆心位置，输入半径长度或直接点选半径点，回车完成绘制。

例如，绘制半径 100 的圆形，在点选圆心 O 后（图 11-13(a)），输入 100 回车完成绘制（图 11-13(b)）。

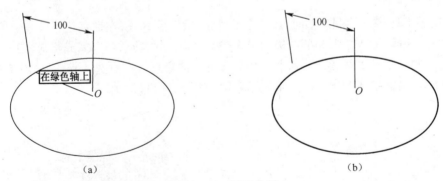

图 11-13　圆形绘制

（4）圆弧工具 ⬤。绘制圆弧时，点选圆弧按钮，指针显示 ⟋，左键点选圆弧起点，拖拽鼠标确定弦长方向，输入弦长或直接点选终点，再拖拽鼠标确定圆弧方向，输入弦中点到圆弧中点距离值，或直接点选圆弧中点完成。

例如，绘制一个直径为 100 的半圆时，点选半圆起点 A，拖拽出直径方向输入 100，单击鼠标左键确定终点 B，AB 线段的中点即是圆心 O（图 11-14(a)），然后垂直于 AB 方向拖拽鼠标，输入 50 回车完成绘制（图 11-14(b)）。

（5）多边形工具 ▽。绘制多边形时，点选多边形按钮，指针显示 ⟳，先输入多边形边数，点选中心，拖拽顶点方向，输入外接圆半径或直接点选顶点，回车完成绘制。

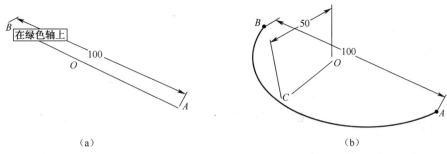

（a）   （b）

图 11 - 14　圆弧绘制

例如,绘制一个外接圆半径为 200 的正八边形,先点选多边形工具,然后输入"8",指针形状八边形,用鼠标左键单击多边形中心位置,向外拖动鼠标(图 11 - 15(a)),以外接圆方式拉出多边形外框,再输入 200,回车完成绘制(图 11 - 15(b))。

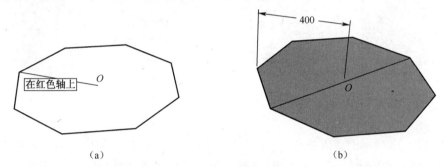

（a）   （b）

图 11 - 15　正多边形绘制

（6）徒手线工具 ![icon]。绘制徒手线时,单击徒手线按钮,指针显示 ![icon],按住左键不放,在绘图区任意拖动指针,最后放开左键时,经过的路径上会自动生成一条连续的徒手线条。

例如,要在矩形中绘制一条从 A 点经 B 点到 C 点的徒手线条。单击徒手线工具,在 A 点按住左键不放,随意拖动鼠标经过 B 点,继续拖动鼠标至 C 点完成绘制(图 11 - 16)。

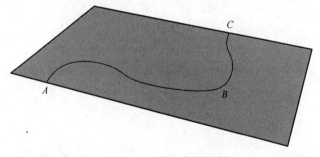

图 11 - 16　自由曲线绘制

11.2.2　常用工具栏

常用工具栏可以通过单击"菜单栏"→"查看"→"工具栏"→"常用"打开。

常用工具栏 ![toolbar] 中包含四个命令,分别是选择、组件、油漆桶与删除。

（1）选择命令 ![icon]。选择工具用于选择对象。选择对象时,单击选择按钮,指针显示 ![icon],此时可以通过左键选择对象。选择的对象可以是单个物件,也可以是多个对象。选择通过单击或框选完成。单击可以选择单个对象,也可以配合键盘 Shift 键选择多个物件:在单击选择一个物件后,按下 Shift 键同时单击其他对象即可。框选可选择多个对象:在作图区从左上向右下框选时,选框是实线,此时只有对象完全位于选框中才会被选中;而反向框选时选框是虚线,此时只要对象中的一部分位于选框中都会被选中。

在 SketchUp 8.0 中,选择对象时单击次数会影响选集。单击时,选择的是单个物件或是群组;双击单个物件时,会选择物件本身及与之邻接的一个物件,双击群组时将进入对群组的编辑状态;三击时,单个物件及与之连接的所有非群组物件被选中。

如图 11-17(a)所示的立方体,可通过单击选择立方体的任意棱、面(图 11-17(a)、(b)),双击 A 面时,选择的是 A 表面及其边线(图 11-17(c)),三击 A 面时,选择的是整个立方体(图 11-17(d))。

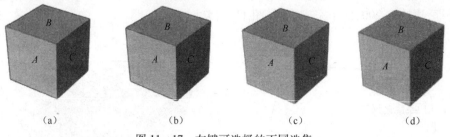

(a)　　　　　(b)　　　　　(c)　　　　　(d)

图 11-17　左键可选择的不同选集

又如图 11-18 所示的 A、B 物件,用实线框选物件 A、B 时,选择集中只有 A 物件,而没有 B 物件(图 11-19),当用虚线框选 A、B 时,选择集中包含有 A、B 物件(图 11-19)。

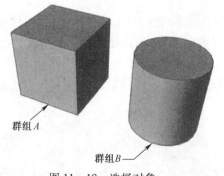

图 11-18　选择对象

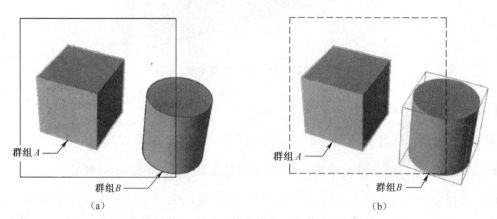

图 11-19　实线选框与虚线选框的选集区别

154

（2）制作组件命令 。组件是数个物件的组合，这里的物件可以是单个物体，也可以是群组或其他组件，制作组件命令类似于 AutOCAD 中的块编辑命令。SketchUp 8.0 中的组件有关联特性，即其中任意一个组件下的修改，都会在其他同名组件上得到更新，这便免去了对每个组件的重复修改，这种特性有别于群组。

在操作时，选中若干物件后，单击制作组件命令，弹出组件对话框，如图 11－20 所示。

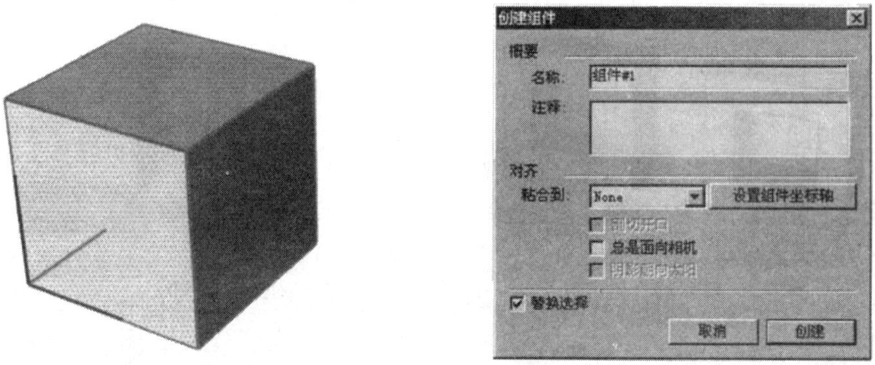

图 11－20　SketchUp 8.0 的创建组件窗口

对话框的概要栏中，名称框中需要给组件定名，默认状态为"组件#+数字"；注释框中可对此组件相关信息进行备注。组件可以设定自身独立的坐标轴。单击设置组件坐标轴按钮，回到绘图界面，指针变为 k，此时按照坐标原点、红轴（X 轴）正向、绿轴（Y 轴）正向的顺序可在空间中制定新的坐标系，蓝轴（Z 轴）根据红轴与绿轴形成的平面自动生成。需要说明的是：组件中的坐标轴不会影响作图时的坐标。

除了制作组件外，群组命令是组合物件的另外一种模式，通过群组命令，可以将任意数量的物件（可以是单一物体，也可以是多个群组或组件）组合成为一个群组，方便操作与编辑。具体操作是先选择所有需要编组的物件（多个物体选择可以通过 Shift 键进行加减）（图 11－21（a）），然后选择"菜单栏"→"编辑"→"创建群组"，可见所选择的物件全被一个长方体框所包裹，说明已经是一个群组（图 11－21（b））。

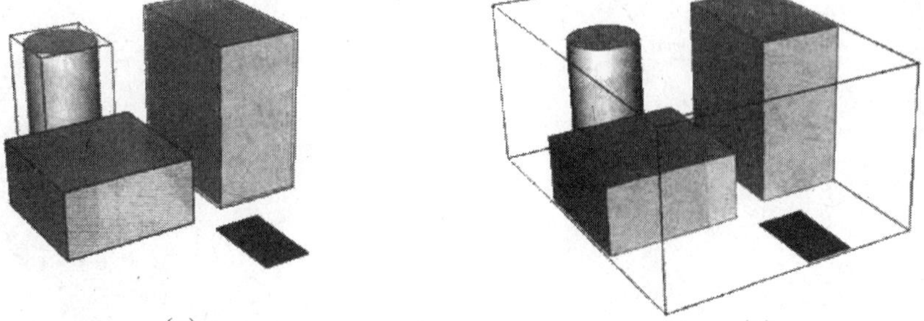

(a)　　　　　　　　　　　　　　　　(b)

图 11－21　多个物件与一个群组

虽然都可以组合物件，但以组件或群组模式组合的物件有不同的特性。相同的组件之间有关联特性，即对任意一个组件的编辑结果会同步地反映到其他名称相同的组件中，而群组却不会。如在图 11－22（a）中，当对组件 A 进行编辑时，其改变会同步反映在其同名组件 A' 中；而在图 11－22（b）中，当对群组 A 进行编辑时，复制的群组 A，中则不会发生任何改变。

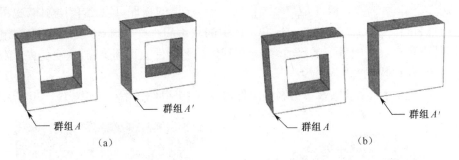

图 11-22　组件与群组的区别

　　若要取消组件或群组,将其分解则需要使用炸开命令。选择需要分解的组件或群组,在编辑(Edit)菜单栏下的"组件或群组(模型中)"栏中单击"炸开"即可。

　　(3) 油漆桶命令 。油漆桶命令是赋予物件特定的材质,使物件更为生动。使用时单击油漆桶按钮,指针显示 ,同时弹出材质编辑面板,用左键选择一种材质后,在物件上单击鼠标左键即可。赋材质时,若是选定的一个群组或组件则其整体都会被赋予相同的材质,但若是群组或组件内部原本已经存在一种材质时则其材质不会改变。在材质编辑面板中可以选择、编辑各种纹理的材质,具体的材质编辑方法将在 11.5.3 节的材质面板中详细介绍,如图 11-23 所示。

　　(4) 删除命令 。删除命令可以去除多余或错误的物件。先单击删除按钮,指针显示 ,然后按住鼠标左键不放,拖动鼠标过程中经过需要删除的物件即可(图 11-24)。

图 11-23　SketchUp 8.0 的材质编辑窗口

图 11-24　删除立方体的三条棱线

11.2.3　编辑工具栏

编辑工具栏可以通过单击"菜单栏"→"查看"→"工具栏编辑"打开。

编辑工具栏 ![tool] 包含六个编辑选项,分别是移动/复制、推/拉、旋转、路径跟随、缩放及偏移复制。

(1)移动/复制命令 ![icon]。移动指令可将物体移动位置;复制指令可将物件进行拷贝。选择需要移动的物体,可以是单独的一个点、线、面、群组或组件,然后点选移动按钮,指针显示……,这时选择基点,拖动鼠标时原物体也随之移动,此时输入需要移动的距离值回车,或直接拖动至确定位置后直接单击左键完成移动。需要复制物件时,先选择需要复制的物件,同样点选此按钮,按下 Ctrl 键,指针变成 ![icon],单击复制的基点,拖动鼠标可见复制的物体会随鼠标移动,同时原物体则保持不变,此时输入需要移动的距离值回车,或直接把复制的物体移动到特定位置,单击左键完成复制。

例如,需要把图 11-25 中的立方体,从 A 点向右移动 400 到 A′位置。

又如,需要把图 11-26 中的立方体,沿红轴从 B 点复制到 C 点。

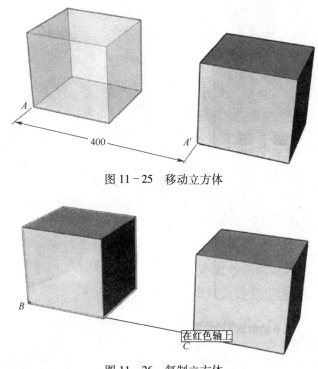

图 11-25　移动立方体

图 11-26　复制立方体

(2)推/拉命令 ![icon]。使用推拉指令可将二维的平面物体拉伸成三维的立体物件,也可以改变三维物件的高度。执行命令时,单击推拉按钮,指针显示 ![icon],移动指针到需要推拉的平面上,面域会自动显示为待选择状态,单击左键确定选择,移动鼠标发现选定的平面会随之变化,原来的二维的平面会被推拉成三维的物体,而原来是三维的物体也会改变原有形态,此时输入需要推拉的距离值回车,或直接把平面推拉到适当位置后单击左键,确认其位置,完成推拉指令。需要注意的是,在输入推拉数值时,沿鼠标移动方向为正值,反之则为负值。

例如,把图 11-27 中的矩形 A 推拉成一个高 300 的长方体。单击推拉按钮,在矩形上单击鼠标左键并向上拉升,输入 300,回车完成。

再如,把图 11-28 中的立方体(图 11-28(a))的高度降低 100。单击推拉按钮,在立方体

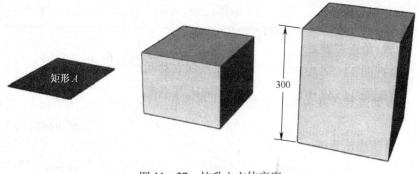

矩形A

300

图 11 - 27　拉升立方体高度

（图 11 - 28(b)）顶面上单击鼠标左键并向下拉升,输入 100,回车完成,如图 11 - 28(c)所示。

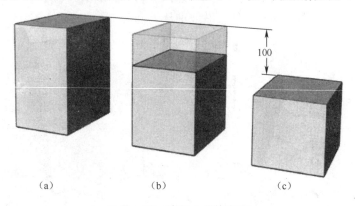

100

（a）　　　　　　（b）　　　　　　（c）

图 11 - 28　降低立方体高度

　　(3) 旋转命令 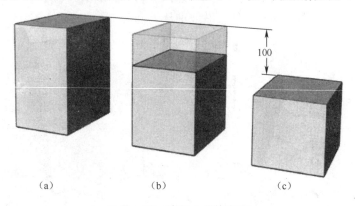。旋转指令可以使物件依照任意点旋转任意角度。执行命令时,先选择需要旋转的物件,单击旋转按钮,指针显示 ⟳,并在鼠标位置出现量角器,量角器的中心点即为旋转的基点。将量角器的中心放置在旋转基点上,单击鼠标左键确定基点,然后用左键在平面内选择一点作为物件旋转的起始点,再沿旋转方向拖动鼠标,可见物件随之旋转,此时输入角度值回车或直接用左键确定旋转终点完成操作。需要注意的是,当指针显示为量角器时,贴附于物件的不同位置所显示的色彩会有差异:将在红、绿轴(XY 轴)所形成的平面中旋转时,量角器显示蓝色(图 11 - 29(a));将在红、蓝轴(XZ 轴)所形成的平面中旋转时,量角器显示绿色(图 11 - 29(b));将在蓝、绿轴(YZ 轴)所形成的平面中旋转时,量角器显示红色(图 11 - 29(c))。

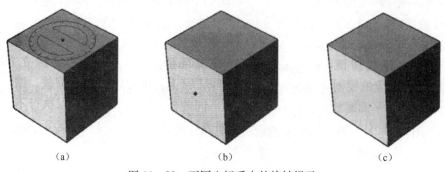

（a）　　　　　　　（b）　　　　　　　（c）

图 11 - 29　不同坐标系中的旋转提示

例如,将图 11-30(a)中的长方体沿 A 点在红、绿轴(XY 轴)平面逆时针旋转 90°。选择长方体后,单击旋转按钮,将指针放置在物体上,看见指针变成蓝色时,说明在红、绿轴所在平面上,缓慢移动鼠标至 A 点上单击鼠标左键,然后再将长方体的 B 点作为起始点单击鼠标左键,沿逆时针方向拖动鼠标(图 11-30(b))后输入 90 回车,完成操作(图 11-30(c))。

(4)路径跟随命令 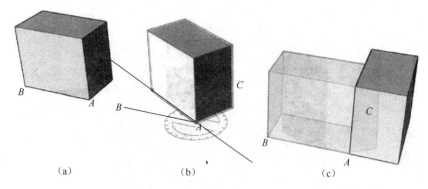。路径跟随可以将一个二维形状按照一定的路径进行放样,最后形成一个完整的物件。此命令类似于 3Dmax 软件中的 Loft(放样)命令。执行命令时,单击路径跟随按钮,指针显示,先选择一个二维形状,左键确认后,再将鼠标置于需要跟随的路径上,当前路径会以红色显示,沿路径拖动鼠标,直至路径终点,单击鼠标左键确认完成操作。

(a)　　　　　　　　　(b)　　　　　　　　　(c)

图 11-30　旋转长方体

例如:将图 11-31(a)中 A 点处的圆形沿路径 AB 放样。单击放样按钮,鼠标左键单击圆形确认(图 11-31(b)),沿 AB 路径上拖动鼠标,看见路径上变成红色(图 11-31(c)),继续拖动鼠标到终点 B,单击鼠标左键确认(图 11-31(d)),完成操作。

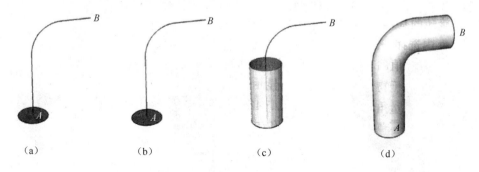

(a)　　　　　　　　(b)　　　　　　　　(c)　　　　　　　　(d)

图 11-31　利用路径跟随制作管道

(5)缩放命令。使用缩放命令可以将物体放大或缩小。执行命令时,先选择需要缩放的物件,单击缩放按钮,指针显示,物件出现被 26 个控制点包裹的立方体线框(图 11-32),在相应的控制点上进行拖拽时,可以以不同比例的模式进行缩放。缩放模式可以分为等比缩放、平面缩放、轴向缩放三种,对不同的控制点进行拖拽可以执行不同模式的缩放。长方体线框中的八个角点是进行等比缩放的控制点,鼠标移动到这八个控制点时会提示等比缩放,单击鼠标左键,确认拖拽点,拖动鼠标,可见物件随鼠标在空间中放大或缩小,输入缩放比例(数值大于 1 时将放大物件,数值小于 1 时将缩小物件),回车完成缩放,此时是按照红、绿、蓝(X、Y、Z)相对比例为 1:1:1 进行缩放的,物件是等比放大。长方体选框中的 12 个棱线中心点是进行平面缩放的控制点,鼠标移动到这 12 个控制点时,会提示平面缩放(红绿轴、红蓝轴、绿蓝轴),单击鼠标左键,确认拖拽点,拖动鼠标,可见物件随鼠标在一定范围内放大或缩小。输入缩放比例,此时数值包含有所在平面两轴向的比例,两个比例用逗号分开,回车完成缩放。此时缩放会限制在本平面中,第三轴向尺度不会变化。例如在红绿轴平面内缩放时,蓝轴方向比例保持不变。长方体相框中的六个平面中心点是进行轴向缩放的控制点,鼠标移动到这六个控制点时,会提示轴向缩放。单击鼠标左键,确认拖拽点,拖动鼠标,可见物件随鼠标拖动在一定轴向拉伸或压缩。输入缩放比例,回车完成缩放。此时缩放会限制在一个轴向范围内,其他两轴向比例保持不变。

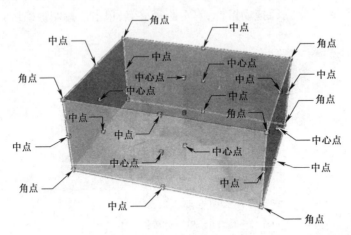

图 11-32　缩放命令中的控制点

例如:将图 11-33(a)中的长方体缩小 1 倍。选择长方体,单击缩放按钮,选择线框中的一个角点(图 11-33(b)),单击鼠标左键确认,输入 0.5,回车完成缩放。可见长方体等比缩放了 0.5(图 11-33(c))。

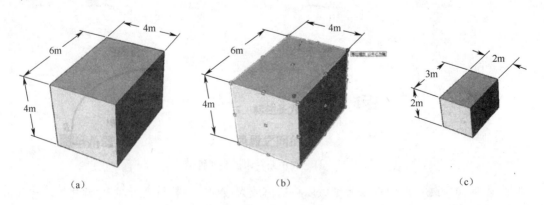

(a)　　　　　　　　　　(b)　　　　　　　　　　(c)

图 11-33　等比缩放物件

又如:将图 11-34(a)中的长方体在红绿轴平面内放大 1.5 倍。选择长方体,单击缩放按钮,选择线框中红绿轴平面内的一个棱线中点(图 11-34(b)),单击鼠标左键确认,输入 1.5,1.5,回车完成缩放。可见长方体在红绿轴平面内长、宽各放大了 1.5 倍(图 11-34(c))。

再如:将图 11-35(a)中的长方体在红轴方向放大 3 倍。选择长方体,单击缩放按钮,选择线框中垂直于红轴平面一个中心点,单击鼠标左键确认,输入 3,回车完成缩放。可见长方体在红轴方向放大了 3 倍(图 11-35(c))。

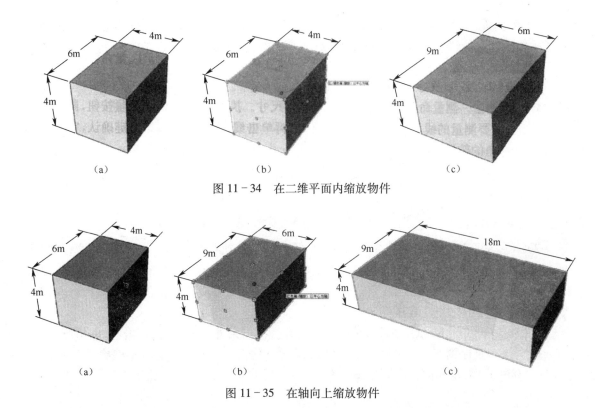

图 11 - 34　在二维平面内缩放物件

图 11 - 35　在轴向上缩放物件

（6）偏移复制 ⬚。通过偏移复制命令可以将线条向内或向外复制偏移。此命令类似于 AutOCAD 软件中的 Offset 命令。执行命令时，先选择需要偏移的线条，单击偏移复制按钮，指针显示⬚，单击鼠标左键确认，拖动鼠标时可见物件会随之偏移出新的线条，输入需要偏移的距离，回车完成操作。

例如：将图 11 - 36(a) 中的弧线 AB 向内偏移复制 100。选择弧线，单击偏移复制按钮，鼠标左键单击弧线，向内拖动鼠标，输入 100，回车完成操作（图 11 - 36(b) ）。

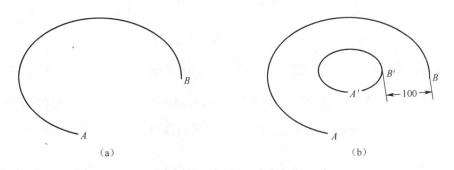

图 11 - 36　偏移复制一段弧线

11.2.4　构造工具栏

构造工具栏可以通过单击"菜单栏"→"查看"→"工具栏"→"构造"打开。

构造工具栏 ⬚ 包含六个命令选项，分别是测量、尺寸标注、量角器、文本标注、设置坐标轴及 3D 文字。

（1）测量 。测量命令可以测量已有的物件尺寸。执行命令时，单击测量按钮，鼠标显示 ，单击需要测量的线段起点，单击左键确认，再单击线段的终点，单击左键确认，完成后在窗口右下角的数据栏，会显示测量线段的长度。

例如：测量图 11-37（a）中线段 AB 的长度。单击测量按钮，左键单击线段 A 点，再左键单击线段 B 点（图 11-37（b）），查看数据栏中的数值为 6m。

（a）　　　　　　　　　　　　　　　　　（b）

图 11-37　测量线段的长度

（2）尺寸标注 。通过此命令可以标注物件的尺寸。执行命令时，单击尺寸标注按钮，指针显示 ，单击需要测量的物件起点，单击左键确认，再单击物件的终点，单击左键确认，引出线上会出现测量数值，拖动鼠标到适当位置，标注数值也会随之移动到特定位置，单击鼠标左键确认标注数值放置的位置，完成操作。

例如：标注图 11-38（a）中长方体的三维尺寸。单击尺寸标注按钮，单击鼠标左键选择长方体 A 点，拖动鼠标到 B 点，向外拉出尺寸线到适当位置，再次单击鼠标左键确认放置位置（图 11-38（b））。以相同方法标注 AA′、A′D′ 尺寸（图 11-38（c）），完成操作。

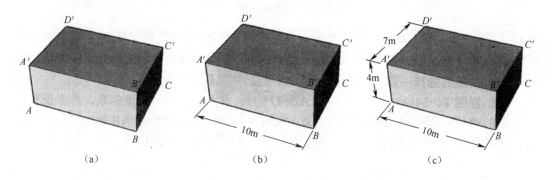

（a）　　　　　　　　　　　　（b）　　　　　　　　　　　　（c）

图 11-38　标注长方体的尺寸

（3）量角器 。此命令可以测量两线段之间的夹角。执行命令时，单击量角器按钮，指针显示 ，单击所测角度的顶点，单击鼠标左键确认，沿起始线段拖动鼠标，选择线段端点，单击左键确认，在选择终止线段的端点单击左键确认，完成后在窗口右下角的数据栏中会显示测量夹角的角度。

例如：测量图 11-39（a）中线段 AB 与线段 AC 之间的夹角。单击量角器按钮，左键单击 A 点，再单击 B 点（图 11-39（b）），最后单击 C 点（图 11-39（c）），完成操作，查看数据栏中的数值为 30。

（4）文本标注 。此命令可以对物件进行文字标注及说明。执行命令时，单击文本标注按钮，指针显示 ，单击需要标注的物件中一点，作为文字引出原点，拖动鼠标会拉动引出线，移动鼠标到适当位置，单击左键确认文本位置，在文本框中输入文字，最后在文本框外单击左键完成操作。

例如：给图 11-40（a）中长方体标注文字"长方体 A"。单击文本标注按钮，在长方体上单

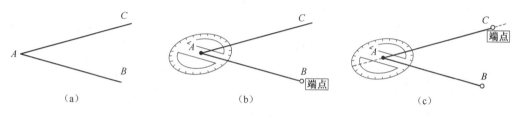

（a）　　　　　　　　　（b）　　　　　　　　　（c）

图 11－39　丈量夹角的角度

击左键确认一点，拖动鼠标至合适位置，单击左键后在出现的文本框中输入文字"长方体 A"
（图 11－40（a）），在文本框外单击左键完成操作。

（a）　　　　　　　　　　　　　　　（b）

图 11－40　文字标注

（5）设置坐标轴 ✹。此命令可以重新设定作图的坐标系统。执行命令时，单击设置坐标
轴按钮，指针显示 ↖，左键单击窗口中一点作为新坐标系原点，然后选择一点作为新坐标系红
轴正向，最后选择一点作为新坐标系绿轴正向，完成新坐标系设置。

例如：在图 11－41（a）中依照长方形 ABCD 的长、宽方向重新设置坐标系。单击设置坐标
轴按钮，选择 A 点作为新坐标系的原点，单击左键确认，然后将线段 AB 作为新坐标系红轴方
向，在 B 点单击左键确认（图 11－41（b）），最后将线段 AD 作为新坐标系绿轴方向，在 D 点单
击左键确认（图 11－41（c）），完成操作，此时可见原坐标系已经更新为以长方形长宽方向为轴
向的新坐标系（图 11－41（d））。

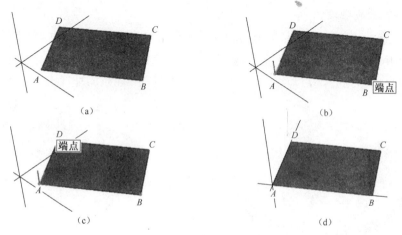

（a）　　　　　　　　　　　　　　　（b）

（c）　　　　　　　　　　　　　　　（d）

图 11－41　设置坐标轴

(6) 3D 文字██。此命令可以在模型中建立一个三维的立体文字。执行命令时,单击 3D 文字按钮,弹出对话框如图 11-42 所示,在上部窗口中可以输入文字,窗口下方有对文字字体、对齐方式、文字高度、厚度(挤压)等参数的设置。

例如:在模型中放置一个内容为宋体"三维文字"、文字高度为 2、厚度为 0.5 的 3D 文本。单击 3D 文字按钮,在弹出的对话框中输入"三维文字",在字体中选择宋体,高度框中输入 2,挤压框中输入 0.5(图 11-43),单击放置,回到作图界面中,出现内容为"三维文字"的立体文字,在作图界面中移动鼠标到适当位置,单击左键确认完成操作(图 11-44)。

图 11-42　设置三维文字对话框

图 11-43　输入三维文字

图 11-44　立体文字

11.2.5　相机工具栏

相机工具栏可以通过单击"菜单栏"→"查看"→"工具栏"→"相机"打开。

相机工具栏██████包含七种常用的视图控制方式:转动、平移、缩放、框显、上个视图、下个视图、充满视窗。

(1) 转动██。此命令可以转动相机视角,便于观察模型。执行命令时,单击转动按钮,指针变成██,在作图区中任意一处按住左键不放,拖动鼠标,可见窗口中的视角随之变化。鼠标上下拖动时调整相机的水平角度(图 11-45(a)),左右拖动时调整相机的垂直角度(图 11-45(b))。

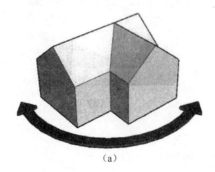

(a)　　　　　　　　　　　　　　　　　(b)

图 11-45　转动相机

（2）平移 。此命令是在不改变相机水平垂直视角的基础上，移动相机的空间位置。执行命令时，单击平移按钮，指针变成 ，在作图区中任意一处按住左键不放，拖动鼠标，可见窗口中的相机位置随之变化（图11-46）。

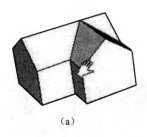
（a）

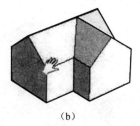
（b）

图11-46　平移相机

（3）缩放 。此命令可以放大或缩小作图区视野大小。执行命令时，单击缩放按钮，指针变成 ，在作图区中任意一处按住左键不放，拖动鼠标，可见窗口中的视野随之变化。鼠标向上拖动时放大视野，向下拖动时缩小视野（图11-47）。

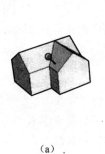
（a）

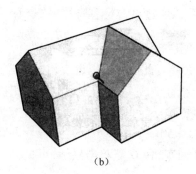
（b）

图11-47　缩放视域

（4）框显 。此命令可以以框选窗口的方式来放大作图区中任何一处指定区域。执行命令时，单击框显按钮，指针变成 ，在作图区中用选框方式选择一个需要放大显示的区域（图11-48（a）），可见区域被放大（图11-48（b））。

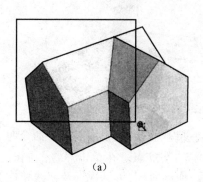
（a）

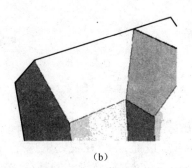
（b）

图11-48　选框显示

（5）上个视图 。此命令可以使工作区内的视图返回到上一个视图。执行命令时只需直接单击上个视图按钮即可。

（6）下个视图 。此命令可以使工作区内的视图返回到下一个视图。执行命令时只需直接单击下个视图按钮即可。

（7）充满视窗 。此命令可以将工作区内的所有物件充满整个窗口。执行命令时只需直接单击充满视窗按钮即可（图11-49）。

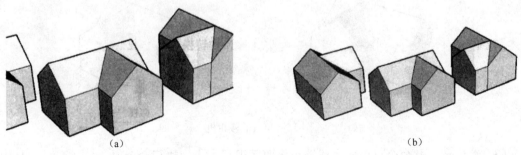

　　　　　　　（a）　　　　　　　　　　　　　　　　　　（b）

图11-49　充满视窗

11.2.6　漫游工具栏

漫游工具栏可以通过单击"菜单栏"→"查看"→"工具栏"→"漫游"打开。

漫游工具栏包含三种常用的漫游工具：设置相机、漫游、环绕观察。

（1）设置相机 。此命令可以设置相机位置，模拟以一定视角观察模型。执行命令时，单击设置相机按钮，指针变成，设定观察点距离相机位置的垂直距离，然后在作图区中选定一处相机位置，单击左键确认，可见窗口中的视角改变为刚设定的视点。

例如：将图11-50（a）中模型的视点设置在距O点上方1.8 m的位置。单击设置相机按钮，然后输入1.8回车，在O点单击鼠标，可见窗口中的视角改变为距O点上方1.8 m的视点（图11-50（b））。

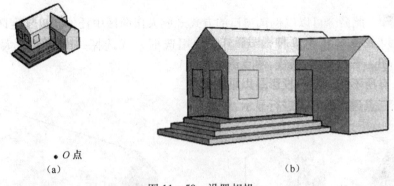

　　　•O点
　　（a）　　　　　　　　　　　　　　　　（b）

图11-50　设置相机

（2）漫游 。此命令可以模拟人在模型空间移动过程中看到的视图。执行命令时，单击漫游按钮，指针变成，然后在视图中选择一点作为漫游的基准点。在单击左键的同时，指针处会出现一个十字光标，示意漫游的基点，按住左键不放，拖动鼠标，可见视点及视线相应会改变。方法是：以十字基准点为中心，向上拖动鼠标视点向前移动，向下拖动鼠标视点向后移动，向左拖动鼠标视点向左转动，向右拖动鼠标视点向右转动（图11-51）。

（3）环绕观察 。此命令可以模拟人在模型中任意一点环顾四周看到的视图。执行命令时,单击环绕观察按钮,指针变成 ∞∞,然后在视图中按住左键不放,拖动鼠标,可见视图以当前的相机点为中心,既可环顾四周,又可俯瞰仰望,上下拖动时调整垂直视野,左右拖动时调整水平视野(图 11－52)(注意:当确定相机后,会自动转换为环绕观察状态)。

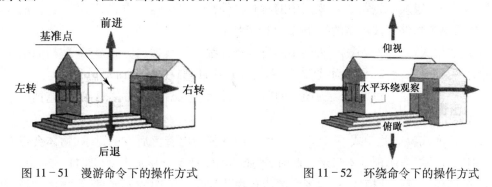

图 11－51　漫游命令下的操作方式　　　　　图 11－52　环绕命令下的操作方式

11.3　SketchUp 8.0 的辅助工具

11.3.1　视图工具栏

视图工具栏可以通过单击"菜单栏"→"查看"→"工具栏"→"视图"打开。

视图工具栏 包含有六种默认的视图:等角透视(即轴测透视)、顶视图、前视图、后视图、右视图、左视图,再结合相机(Camera)菜单中的透视图、两点透视及标准视图中的底视图,一共 9 种视图模式。此工具栏中的默认视图方便用户在作图过程中随时切换视图。平行投影、透视、两点透视是三种不同的显示模式,选择不同的模式,物件显示的状态也有所不同。平行投影是以轴测图的形式显示;两点透视是以两点透视的形式显示;透视是以三点透视的方式进行显示,最为直观(图 11－53)。

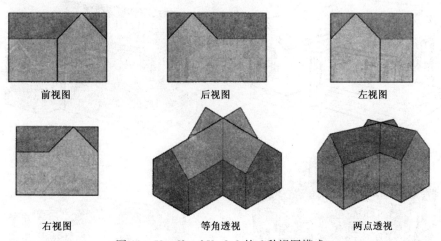

前视图　　　　　　　　后视图　　　　　　　　左视图

右视图　　　　　　　　等角透视　　　　　　　两点透视

图 11－53　SketchUp 8.0 的 6 种视图模式

11.3.2　风格工具栏

风格工具栏可以通过单击"菜单栏"→"查看"→"工具栏"→"风格"打开。

风格工具栏 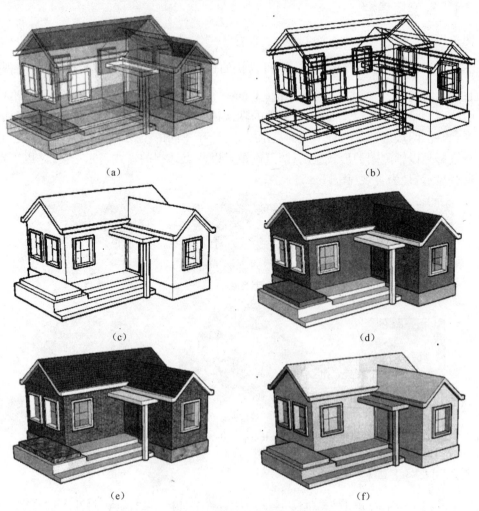 包含有六种默认的风格模式:X 光模式、线框模式、消隐模式、着色模式、贴图模式和单色模式。此六种模式均通过单击按钮执行。

（1）X 光模式 。此模式下,视图中的所有物件都会以半透明方式显示,被遮挡的物件也会显示,包括单个物件中被遮挡的线条(图 11 - 54(a)) 。

（2）线框模式 。此模式下,视图中的所有物件都会以线框的方式显示,包括原来被遮挡的线条都会一并显示,而原有的面域将不会被显示(图 11 - 54(b)) 。

（3）消隐模式 。此模式下,视图中的所有物件都会以消隐的方式显示,被遮挡的物件将不会显示(图 11 - 54(c)) 。

（4）着色模式 。此模式下,视图中的所有物件都会以着色后方式显示,物体会带有附着的色彩,但原有的材质肌理则不显示。此时,被遮挡的物件不会显示出来(图 11 - 54(d)) 。

（5）贴图模式 。此模式下,视图中的所有物件都会以贴图的方式显示,物体会带有附着的色彩与材质肌理。此时,被遮挡的物件不会显示出来(图 11 - 54(e)) 。

（6）单色模式 。此模式下,视图中的所有物件都会以半透明方式显示,被遮挡的物件也会显示出来,包括单个物件中被遮挡的线条(图 11 - 54(f)) 。

(a)　　　　　　　　　　　　　　　　(b)

(c)　　　　　　　　　　　　　　　　(d)

(e)　　　　　　　　　　　　　　　　(f)

图 11 - 54　SketchUp 8.0 默认的六种显示风格

11.3.3　图层工具栏

图层工具栏可以通过单击"菜单栏"→"查看"→"工具栏"→"图层"打开。

图层工具栏 中会显示当前所在的图层,若需要编辑和管理图层,则单击右侧的图层管理按钮 ,弹出图层窗口(图11-55)。

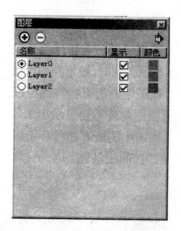

图11-55　SketchUp 8.0 的图层窗口

图层窗口中会列出模型中存在的图层,也可以通过窗口左上方的"+"、"-"按钮新增图层或删除已有图层,若删除的图层中仍有物件时,在删除图层后这些物件会自动归为默认图层"Layer0"中。各图层相应的信息也会显示在窗口中,包括图层名称、当前图层、显示状况、图层颜色。图层名称可以按需要进行编辑。图层名称前圆圈中的黑点表示当前工作的图层。若要在视图中显示此图层的所有物件则需勾选显示框,若要隐藏则不勾选。颜色中的色块表示此图层的默认颜色,可以通过双击编辑自定义色彩。

11.3.4　剖切工具栏

剖切工具栏可以通过单击"菜单栏"→"查看"→"工具栏"→"剖切"打开。

使用剖切工具栏 中的命令,可以将一个或多个物件进行剖切,显示剩余的部分及剖切后的内部空间。

(1)创建剖面 。此命令可以在场景中创建一个任意剖面。左键单击按钮后,当光标贴近某一物件的某一表面时,出现带箭头的平面,此平面表示将要剖切的方向与平面位置(图11-56),再单击左键可见物体的特定表面被剖切,被剖切到的位置以红色粗线显示,并且物件的内部空间会显示出来。

(2)显示/隐藏剖面 。此命令可以显示或隐藏剖切的线框。单击该命令可以在显示/隐藏两者间切换(图11-57)。

(3)激活/关闭剖切 。此命令可以激活或关闭剖切。单击该命令可以在显示/关闭两者间切换(图11-58)。

例如:将图11-59(a)中的房屋沿水平、侧向、正向分别剖切。单击创建剖面按钮,将光标分别贴合于房屋的水平面、侧面与正面,单击鼠标,分别得到房屋沿水平(图11-59(b))、侧向

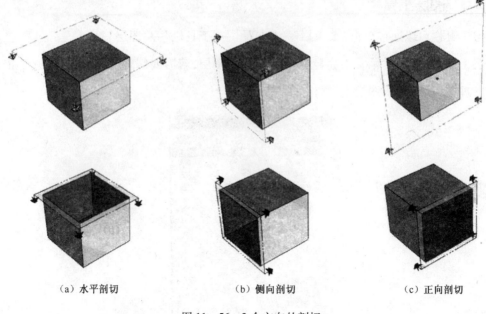

（a）水平剖切　　　　　　　（b）侧向剖切　　　　　　　（c）正向剖切

图 11 - 56　3 个方向的剖切

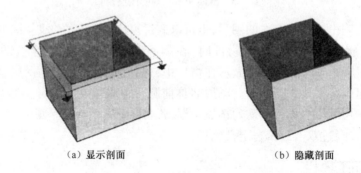

（a）显示剖面　　　　　　　　　　　　（b）隐藏剖面

图 11 - 57　剖切面的显示与隐藏

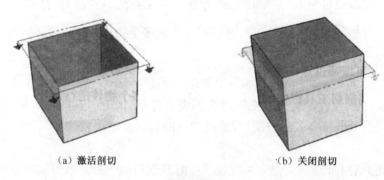

（a）激活剖切　　　　　　　　　　　　（b）关闭剖切

图 11 - 58　剖切效果的激活与关闭

（图 11 - 59(c)）、正向（图 11 - 59(d)）的剖切图。

11.3.5　阴影工具栏

阴影工具栏可以通过单击"菜单栏"→"查看"→"工具栏"→"阴影"打开。

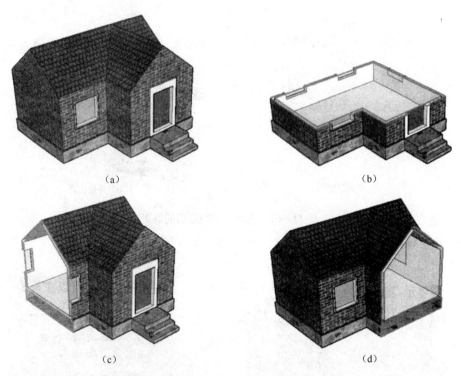

(a)　　　　　　　　　　　　　　(b)

(c)　　　　　　　　　　　　　　(d)

图 11-59　从不同方向对建筑模型进行剖切

阴影工具栏 ![阴影]，此命令将模拟特定的日照情况。

（1）阴影设置 ![图标]。单击后会出现阴影设置窗口（图 11-60），显示阴影栏中有时间与日期两栏设置，模拟全年中任何时段的日照状况。可以通过滑条与数据输入两种方法设定。光线与明暗滑条可以调节场景中光线与阴影的深浅。

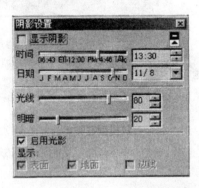

图 11-60　SketchUp 8.0 的阴影设置面板

（2）启用/关闭阴影 ![图标]。单击按钮可以在启用与关闭中切换（图 11-61）。

例如：模拟图 11-62（a）中的房屋在 9 月 1 日上午 10 时整的光影效果。在阴影设置窗口中设置如图 11-62（b）所示，开启阴影后，房屋的投影如图 11-62（c）所示。

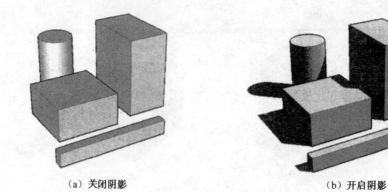

（a）关闭阴影   （b）开启阴影

图 11-61   物件开启阴影后的效果

（a）

（b）

（c）

图 11-62   模拟建筑模型在特定时间的阴影效果

第 12 章　天正建筑 TArch 8.2

12.1　简　介

天正建筑软件是一款基于 AutoCAD 平台开发的优秀国产软件,具有二维图形绘制与三维空间表现同步一体化的特点。天正建筑软件将大量的建筑构件如门窗、楼梯、阳台、台阶等设计成天正自定义的对象,这些自定义的对象都是带有专业数据的构件模型,具有很高的智能化。用户通过设定自定义对象的各项参数,能够在绘制二维施工平面图的同时,同步得到三维模型。

从 1994 年天正建筑软件问世以来,经历了天正 3.0、天正 5.0、天正 .0、天正 7.0 等多个版本。本书采用的是天正建筑 TArch 8.2 版本。

安装天正建筑软件之前必须先安装 AutoCAD,安装完毕的天正建筑软件是作为一个插件安装在 AutoCAD 内。因此,天正建筑软件对电脑软硬件环境的要求,取决于 AutoCAD 平台对电脑配置的要求。

需要注意的是,如果电脑上安装了多个符合天正建筑软件使用条件的 AutoCAD 版本(包括 AutoCAD Architecture 等在内),首次启动时将提示选择天正建筑 TArch 8.2 在哪个版本的 AutoCAD中运行,如图 12-1 所示。

图 12-1　AutoCAD 平台选择

说明:

(1) 如果不希望每次选择 AutoCAD 版本,可以勾选对话框左下方的"下次不再提问",直接启动天正建筑。

(2) 如果用户需要变更 AutoCAD 版本,只要在天正屏幕菜单"自定义"命令的"基本界面"选项卡中勾选"启动时显示平台选择界面",下次启动 TArch 8.2 时即可重新选择 AutoCAD 版本,如图 12-2 所示。

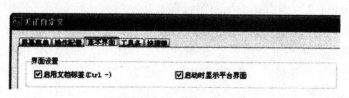

图 12-2　"天正自定义"对话框

12.2　天正建筑 TArch 8.2 的基本使用方法

天正建筑 TArch 8.2 的所有基本操作都可以通过直接单击"天正屏幕菜单"(如图 12 - 3 所示)对应的操作命令,然后在弹出的操作对话框设置相关参数,或者根据命令提示行的提示来完成绘图操作。

例如要绘制墙体,首先单击天正屏幕菜单"墙体"→"绘制墙体",然后在弹出的"绘制墙体"对话框上设置好墙体的各项参数后,再根据命令提示行的提示绘制各段墙体。操作流程如图 12 - 4 所示。

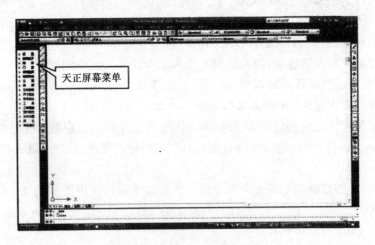

图 12 - 3　天正屏幕菜单

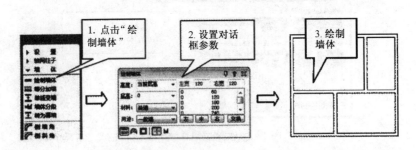

图 12 - 4　操作流程示例

关闭天正屏幕菜单,可以采取单击天正屏幕菜单右上方的 ⊠ 按钮;若要重新显示天正屏幕菜单,可以使用组合键"Ctrl+"。

此外,天正屏幕菜单上的各项操作命令都有对应的快捷命令。各操作的快捷命令是对应操作命令汉字的首写字母。如"绘制墙体"的快捷命令是"HZQT",英文字母不区分大小写。

天正建筑 TArch 8.2 自带有详细的使用教程。在使用天正建筑的过程中,如果对某项操作命令的使用方法不清楚、不明白,可以鼠标右键单击天正屏幕菜单上的对应操作命令,然后在出现的右键快捷菜单上选择"实时助手",即会弹出关于该命令的详细解释和说明。

考虑到天正建筑是个比较容易上手的软件,自身也带有详细的教程,故本书并不对天正建筑 TArch 8.2 的所有操作命令逐一做详细的说明,只以某商业住宅楼的建筑施工图绘制为例,介绍使用天正建筑 TArch 8.2 绘制一整套建筑施工图时所涉及的相关操作,以起到抛砖引玉的作用。

12.3 TArch 8.2 基本参数设置

在使用天正建筑 TArch 8.2 绘制施工图之前,需要先了解一下它的一些基本参数。

单击天正屏幕菜单"设置"→"天正选项",或直接在命令提示行输入快捷命令"TZXX",弹出"天正选项"对话框,如图 12-5 所示。该对话框分为三个选项卡,其中"基本设定"选项卡涉及天正建筑软件全局相关的参数,它们的设置对整个图形绘制非常重要。下面仅介绍其中两个最重要的参数:

(1)"当前比例":默认为 100,可以根据实际情况修改(注意:这里指的是出图比例,实际绘图时按照 1:1 的比例绘图)。

(2)"当前层高":默认为 3000,可根据实际层高进行修改。在绘图过程中诸如墙体、柱子、楼梯等天正自定义对象的高度如果不做特殊的设置,默认都等于这里设置的当前层高。

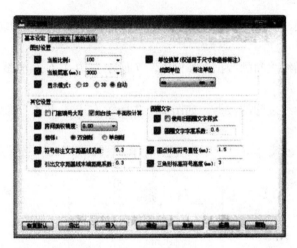

图 12-5 "天正选项"对话框

从"基本设定"选项卡上还可以看到:天正建筑 TArch 8.2 的默认单位是毫米;勾选"门窗编号大写",则能保证插入门窗编号时,即使输入小写字母,也能以大写字母显示;在"楼梯"处,可以根据实际需要切换楼梯平面图上的折断线的形式是"双剖断"还是"单剖断"。

12.4 轴 网 绘 制

使用天正建筑 TArch 8.2 绘制施工平面图的第一步就是生成轴网。"轴网"也称为"定位轴线网",是绘制墙体、门窗、阳台、楼梯等建筑构件和标注建筑构件的依据。轴网的绘制主要有"直线轴网"、"圆弧轴网"、"墙生轴网"等方法,本书仅介绍最常用的"直线轴网"绘制方法。

12.4.1 绘制直线轴网

单击天正屏幕菜单"轴网柱子"→"绘制轴网",或直接在命令行输入快捷命令"ZWZZ",弹出"绘制轴网"对话框,如图 12 - 6 所示。

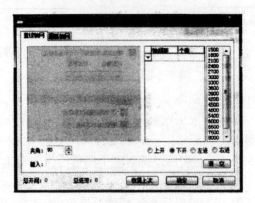

图 12 - 6 "绘制轴网"对话框

1. 对话框解释

上开:上方开间轴线之间的数据。如图 12 - 7 所示上方 1、2、5、6 轴线之间的距离为"上开"尺寸。

下开:下方开间轴线之间的数据。如图 12 - 7 所示下方 1、3、4、6 轴线之间的距离为"下开"尺寸。

左进:左边进深轴线之间的数据。如图 12 - 7 所示左边 A、B、C 轴线之间的距离为"左进"尺寸。

右进:右边进深轴线之间的数据。如图 12 - 7 所示右边 A、B、C 轴线之间的距离为"右进"尺寸。

"上开"和"下开"的尺寸可以相同,也可以不相同;"左进"和"右进"的尺寸同理。

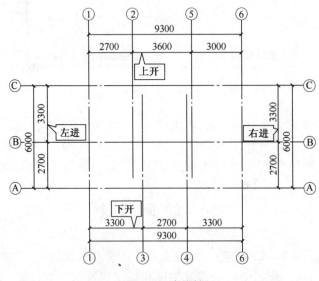

图 12 - 7 直线轴网

2. 开间及进深数据输入的方式

"绘制轴网"对话框上的"上开"、"下开"、"左进"及"右进"的数据输入方法有两种。

第一种方法:在电子表格中键入"轴间距"和"个数",如图 12 - 8 所示。

176

○上开 ○下开 ○左进 ○右进

图12-8 直线轴网输入方式(一)

第二种方法:在"键入"栏中输入数据,数据和数据之间用空格分开。如图12-9所示。注意:在输完最后一个数据后,仍然需要按一次空格键或Enter键,否则最后一个数据在预览框中没有显示,实际生成的轴网中也没有这个数据。

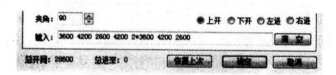

图12-9 直线轴网输入方式(二)

说明:

(1)输入开间数据:从左往右按照轴线编排顺序,输入对应轴线间的距离。

(2)输入进深数据:从下往上按照轴线编排顺序,输入对应轴线间的距离。

(3)如果上、下开间的轴线间尺寸数据相同,则只需在上开或下开中任选一项输入数据;反之,若上、下开间的轴线间尺寸数据不相同,必须分别输入对应的上、下开数据。左、右进深的数据输入方法同理。

(4)要形成直线轴网,需要将对话框上的上开、下开、左进、右进的数据一次性输完后再单击对话框上的"确定"按钮。

3."绘制轴网"操作示例

本例的首层平面图以第10号轴线为对称轴,故一开始绘制时只需绘制对称轴左边的施工图。在左边施工图全部绘制完毕后,使用"镜像"命令完成全图。

首层对称轴左边施工图的轴网数据如下:

上开:3600 4200 2600 4200 3600

下开:3600 3300 4400 3300 2900 700

左进:4200 2100 300 4800

右进:尺寸同左进。如图12-10,图12-11所示。

切记:一定要将所有上、下开和左、右进的数据都设置完毕后,再单击对话框上的"确定"按钮。

177

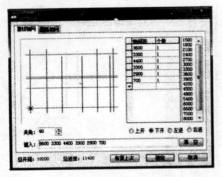

图 12 - 10　轴网尺寸设置

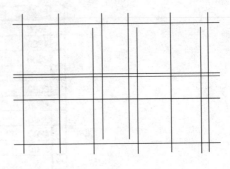

图 12 - 11　轴网

12.4.2　轴改线型

利用"绘制轴网"命令生成的轴线是实线,若希望轴网以点画线的线型显示,可以单击天正屏幕菜单上的"轴网柱子"→"轴改线型",或者直接在命令行输入快捷命令"ZGXX"。"轴改线型"操作结果如图 12 - 12 所示。如果重复该命令操作,可再次将轴线改为实线。

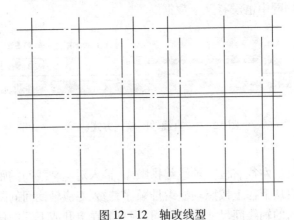

图 12 - 12　轴改线型

12.5　轴 线 标 注

接下来对直线轴网进行轴号和尺寸的标注。天正建筑中可以对轴号和尺寸进行标注的命令有很多,本例中仅介绍最常用的"两点轴标"命令。

12.5.1　两点轴标

单击天正屏幕菜单"轴网柱子"→"两点轴标"命令,或直接在命令行输入快捷命令"LDZB",弹出"轴网标注"对话框如图 12 - 13 所示。

对话框说明:

（1）起始轴号:若起始轴号是特殊编号,可以指定起始轴号。若不特别指定,天正会自动识别需要标注的是开间还是进深,并根据制图标准自动编号。开间的起始轴号默认是"1",进深的起始轴号默认是"A"。本例没有特别指定"起始轴号",由天正自动识别。

（2）双侧标注:同时标注"上开"和"下开";或同时标注"左进"和"右进"。

图 12 - 13　"轴网标注"对话框

（3）单侧标注：分别标注"上开"、"下开"、"左进"及"右进"。

（4）若选择"双侧标注"，则同时生成的轴号，在后期修改时具有关联性；若采用"单侧标注"则轴号不具有关联性。

注意："两点轴标"命令虽然能一次性完成轴号和尺寸的标注，但轴号和尺寸标注二者属独立存在的不同对象，不能联动编辑。

12.5.2　操作示例

1. 开间标注

标注开间时只需按照先左后右的顺序单击两根轴线。其中起始轴线是最左边竖向的轴线；终止轴线是最右边竖向的轴线，如图 12 - 14 所示。

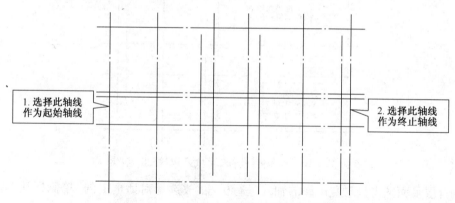

图 12 - 14　开间标注时的"起始"和"终止"轴线

注意：

（1）双侧标注：提示选择轴线时，鼠标单击位置任意，只要在最左和最右竖向轴线上即可。

（2）单侧标注：若标注上开间，对应轴线时选择要在最左和最右竖向轴线中间偏上的部位鼠标单击；若标注下开间，要在最左和最右竖向轴线中间偏下的部位单击。

本例对上、下开间采用"双侧标注"，标注结果如图 12 - 15 所示。

2. 进深标注

标注进深时，同样只需选择两根轴线，顺序是先下后上，即最下面的横向轴线和最上面的横向轴线。起始和终止轴线的选择如图 12 - 16 所示。

说明：

（1）双侧标注：鼠标选择轴线时的单击位置任意，只要在这两根横向轴线上即可。

（2）单侧标注：若标注左进深，单击位置在最下和最上横向轴线中间偏左的任意部位；若标注右进深，单击位置在最下和最上横向轴线中间偏右的任意部位。

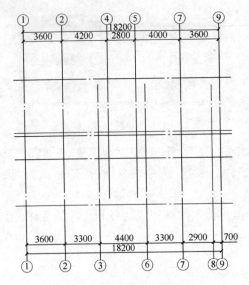

图 12-15　开间标注结果

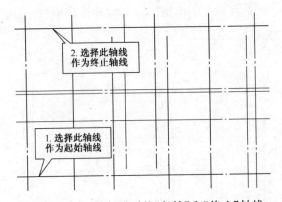

图 12-16　进深标注时的"起始"和"终止"轴线

本例首层平面图先只对左进深的轴线进行标注,故选择对话框上的"单侧标注"。左进深标注结果如图 12-17 所示。

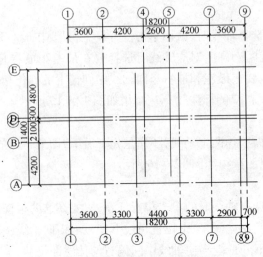

图 12-17　两点轴标标注结果

12.6 轴号编辑

12.6.1 调整轴号位置

在图12-17中可以看到左进深上的C轴号和D轴号部分重叠在一起,可以使用夹点拖动对这种重叠的轴号进行微量位移。

操作时,先单击D轴号,显示夹点;然后鼠标左键单击D轴号圆圈内部的夹点,使夹点由蓝色变为红色;最后拖动该夹点到适当的位置,如图12-18所示。

C轴号的移位采用相同的操作,移位结果如图12-19所示。

采用相同的方法把下开间的8轴号和9轴号进行夹点拖动,调整位置如图12-20所示。

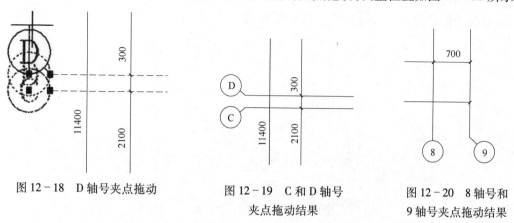

图12-18 D轴号夹点拖动　　　　图12-19 C和D轴号　　　　图12-20 8轴号和
　　　　　　　　　　　　　　　　　　夹点拖动结果　　　　　　　　9轴号夹点拖动结果

12.6.2 轴号编号修改

天正"两点轴标"自动生成的轴号有时并不满足实际需要,这时就要对个别或多个轴号进行修改。轴号修改的方法有多种,本例仅介绍单轴变号和重排轴号两种方法。

1. 单轴变号

对于单个轴号进行修改有两种方法:

(1)在位编辑:直接双击需要修改编号的轴号。注意单击时,一定要双击到文字上;然后在对话框里输入新的编号。以修改左进深的B轴号,将其变为C轴号为例,操作过程如图12-21所示。

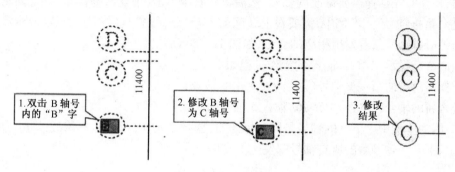

图12-21 单轴变号

181

（2）根据命令行提示操作：如果双击轴号时，双击的部位没在轴号圆圈里面的文字上，而是双击到轴号圆圈上，则该轴号不会出现如图12-21所示的在位编辑对话框，而是在命令行提示："选择［变标注侧（M）/单轴变标注侧（S）/添补轴号（A）/删除轴号（D）/单轴变号（N）/重排轴号（R）/］"。此时操作过程如下：

选择［变标注侧（M）/单轴变标注侧（S）/添补轴号（A）/删除轴号（D）/单轴变号（N）/重排轴号（R）/轴圈半径（Z）］(退出>:N(选择单轴变号)

请在要更改的轴号附近取一点：(本例中在B轴号上单击一下)

请输入新的轴号(.空号) <B>:C(输入新的轴号C)

选择［变标注侧（M）/单轴变标注侧（S）/添补轴号（A）/删除轴号（D）/单轴变号（N）/重排轴号（R）/轴圈半径（Z）］(退出>:(空格键结束。)

采取相同的方法把左进深的原C轴号变为1/C。

左进深的轴号修改后的结果如图12-22所示。

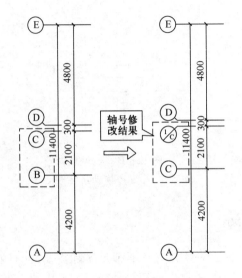

图12-22 左进深轴号修改后的结果

2. 重排轴号

如果需要对一系列的轴号进行重新编号，则应采用"重排轴号"命令。"重排轴号"命令在天正屏幕菜单上没有，可以直接在命令行输入快捷命令"CPZH"或使用右键快捷菜单。对于后一种方法，操作时先选择需要修改的轴号，然后鼠标右键单击，出现右键快捷菜单，如图12-23所示，选择"重排轴号"。本例中，需要对上开间的5轴号进行修改，将其变更为6轴号；并使5轴号后面的所有轴号跟着发生相应的变更，如图12-24所示。

根据命令行提示，"重排轴号"的操作过程如下：

请选择需重排的第一根轴号(退出>:(单击5轴号)

请输入新的轴号(.空号) <5>:6(输入5轴号的新编号"6")

说明：因为本例中上下开的轴号是同时标注的，具有关联性，所以虽然修改的是上开间的5轴号，但上、下开5轴号后的所有轴号都发生了变更。

图 12-23 单击轴号后出现右键快捷菜单

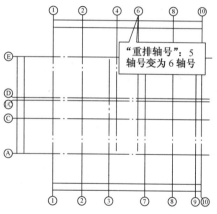

"重排轴号"：5
轴号变为 6 轴号

图 12-24 对 5 轴号进行重排轴号结果

12.7 墙体的绘制与修改

12.7.1 墙体的绘制

天正中,绘制墙体的方法主要有两种:①使用"单线变墙"命令,让所有轴线都变成双线墙体,然后再删除多余的墙体;②使用"绘制墙体"命令,沿着轴线绘制出需要的墙体。本例采用后一种方法。

单击天正屏幕菜单"墙体"→"绘制墙体"命令;或直接在命令行输入快捷命令"HZQT",弹出"绘制墙体"对话框,如图 12-25 所示。

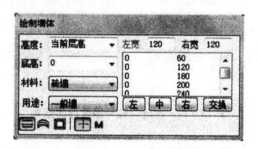

图 12-25 "绘制墙体"对话框

按照图 12-25 所示设置好本例中首层墙体的厚度、材料、用途等参数后,鼠标左键捕捉轴线交点逐一绘制各段墙体(如图 12-26 所示)。绘制过程中,若各段墙没有连在一起,可以用空格键结束当前墙体绘制,然后在新位置接着画下一段墙。所有墙体绘制完毕后按 Enter 键结束。

说明:若没有在天正屏幕菜单"设置"→"天正选项"里修改"当前层高"的高度,则"绘制墙体"对话框上的"当前层高"默认是 3000。如果所绘制墙体高度不是 3000,可以在对话框上另行选择或直接输入相应数据。本例采用的默认层高为 3000。

"绘制墙体"对话框上的"材料"默认为砖墙,但有多种材料选项可供选择。墙体的用途默认为"一般墙",也可选择"卫生隔断"、"虚墙"、"矮墙"。"卫生隔断"是指卫生洁具之间的分隔墙体或隔板,不参与加粗、填充与房间面积计算;"虚墙"是用来进行空间的逻辑分隔,以便于计

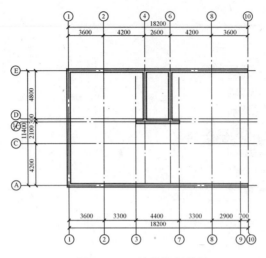

图 12-26　墙体绘制结果

算房间面积;"矮墙"是指水平剖切线以下的可见墙,如女儿墙,不参与加粗和填充,如图 12-27 所示。

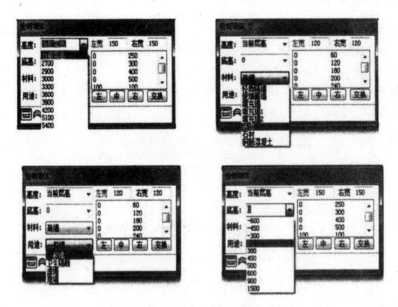

图 12-27　"绘制墙体"对话框各选项

12.7.2　墙体高度的修改

本例中首层外墙高度 4650mm,底标高是-450mm;内墙高度是 4200mm,底标高为 0。但绘制首层各段墙体时采取默认的当前层高为 3000mm,因此需要对首层各段墙体进行修改。

天正屏幕菜单"墙体"→"墙体工具"→"改高度",或直接在命令行输入快捷命令"GGD",然后根据命令行的指示进行操作如下:

　　请选择墙体、柱子或墙体造型:找到 1 个

　　请选择墙体、柱子或墙体造型:找到 1 个,总计 2 个

　　请选择墙体、柱子或墙体造型:找到 1 个,总计 3 个

请选择墙体、柱子或墙体造型:指定对角点:找到2个,总计5个

(以上几步是用鼠标选择需要改高度的外墙,所选墙体如图12-28所示)

请选择墙体、柱子或墙体造型: (空格键结束墙体选择)

新的高度<3000>:4650　　　(输入新的墙高)

新的标高(O>:-450　　　　　(输入墙的新底标高)

是否维持窗墙底部间距不变?[是(Y)/否(N)](N):　　　(选Y或N都可以)

说明:对于最后一步操作"是否维持窗墙底部间距不变?[是(Y)/否(N)]",其含义是指:如果墙上已经绘制了窗,则原来的"窗台高度"在墙高发生变化后是否也跟着发生变化。因为本例现在还没有在墙上绘制窗户,不存在窗墙底部间距问题,所以选"是"或"否"都可以。

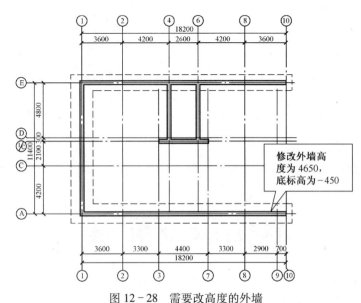

图12-28　需要改高度的外墙

接下来采用相同的操作对内部的墙体进行高度的修改,根据命令行的提示进行操作如下:

请选择墙体、柱子或墙体造型:指定对角点:找到5个

(所选内墙如图12-29所示)

请选择墙体、柱子或墙体造型: (空格键结束墙体选择)

新的高度(3000>:4200(输入新的内墙高度)

新的标高(O>: (内墙底标高不变)

是否维持窗墙底部间距不变?[是(Y)/否(N)]<N>: (选Y或N都可以)

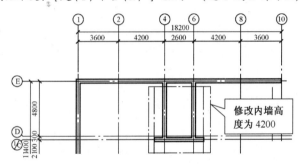

图12-29　需要改高度的内墙

12.8 柱子的创建与修改

本例中首层平面图采用"标准柱"形成较为规则的框架柱网,然后再使用"柱齐墙边"命令微量调整柱子的位置。

12.8.1 标准柱

单击天正屏幕菜单"轴网柱子"→"标准柱"命令;或直接在命令行输入快捷命令"BZZ",弹出"标准柱"对话框,设置"标准柱"的相关参数如图 12-30 所示。

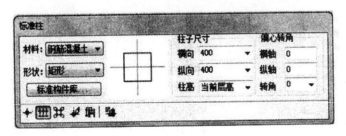

图 12-30 "标准柱"对话框

说明:在"标准柱"对话框里,可以选择三种方式插入柱子。插入的方式在标准柱对话框左下方,如图 12-31 所示。

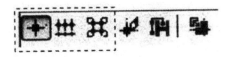

图 12-31 标准柱的三种可选插入方式

(1)插入方式 ✛ :代表"点选"。鼠标每单击一次,则在单击位置插入一根柱子。

(2)插入方式 ⊞ :代表"沿着一根轴线布置柱子"。点选一根轴线后,在该轴线上所有和别的轴线相交的交点处都会插入柱子。

(3)插入方式 ⌘ :代表"指定的矩形区域内的轴线交点插入柱子"。用鼠标在绘图区域拖出一个矩形选框,该选框内所有轴线相交点都被插入柱子。

本例先采用 ⊞ 插入方式即"沿着一根轴线布置柱子"插入柱子。操作时分别选择 A 轴线、E 轴线和 1 轴线,在这三根轴线与别的轴线十字交叉点处插入多根标准柱,插入结果如图 12-32所示。

再采用 ✛ 插入方式,在图 12-33 所示的位置分别点选插五根柱子。

最后修改标准柱的参数如图 12-34 所示,再采用点选方式在图 12-35 所示的位置插入两根标准柱。

12.8.2 柱子高度修改

前面绘制的柱子,其高度都是采取"当前层高",但是本例中首层柱子位于外墙上,柱高为4650mm,柱底标高为-450mm;其余位于建筑内部的柱子高度为4200mm,底标高为0。所以接下来要采取与修改墙高度类似的方法来修改柱子高度,不同的是选择多根柱子的技巧需要用到天正的"对象选择"命令。

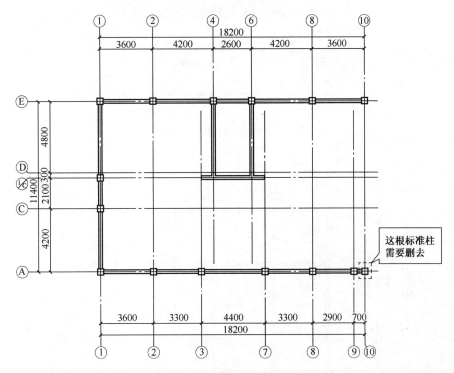

图 12-32　沿着轴线插入标准柱

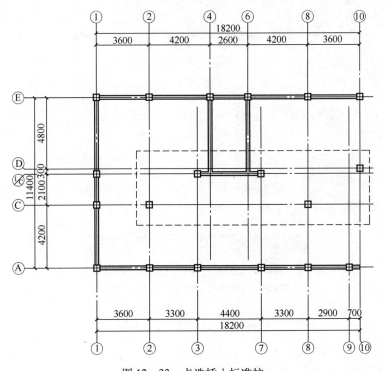

图 12-33　点选插入标准柱

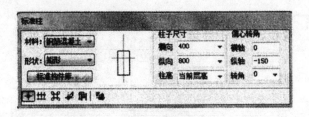

图 12-34 修改"标准柱"参数

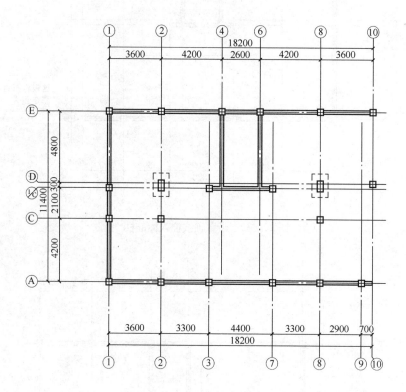

图 12-35 点选插入新的标准柱

单击天正屏幕菜单"工具"→"对象选择"命令,或直接在命令行输入快捷命令"DXXZ"。弹出"匹配选项"对话框,设置参数如图 12-36 所示。

图 12-36 "匹配选项"对话框

然后根据命令行的提示操作如下:

请选择一个参考图元或[恢复上次选择(2)](退出):

(在图纸上单击在外墙上的任意某个柱子)

188

提示:空选即为全选,中断用Esc!

选择对象:指定对角点:找到6个

选择对象:指定对角点:找到4个(1个重复),总计9个   (框选所有外墙区域)

选择对象:指定对角点:找到7个(1个重复),总计15个

选择对象: (空格键结束选择)

总共选中了15个,其中新选了15个。(所有位于外墙区域的柱子被选到)

确保位于外墙上的柱子处于被选择状态,单击天正屏幕菜单"墙体"→"墙体工具"→"改高度",或直接在命令行输入快捷命令"GGD",然后按照命令行对外墙上的柱子修改高度和底标高。操作过程如下:

新的高度<3000>:4650   (指定柱子新高度为4650)

新的标高(0>:-450   (指定柱子新的底标高为-450)

采取相同的方法,对位于建筑平面图内部的柱子进行高度和底标高的修改。修改后的内部柱子新高度为4 200 mm,底标高不变,仍然为0。

12.8.3 柱齐墙边

接下来需要对外墙上的柱子进行微量移位,使位于外墙上的柱子外边线和外墙外边线平齐。

单击天正屏幕菜单"轴网柱子"→"柱齐墙边"命令,或直接在命令行输入快捷命令"ZQQB"。操作过程如下:

请点取墙边(退出):   (单击如图12-37(a)所示墙的外边线)

选择对齐方式相同的多个柱子(退出>:指定对角点:找到4个

                                        (框选如图12-37(b)所示外墙区域)

选择对齐方式相同的多个柱子<退出>:   (空格键结束柱子选择)

请点取柱边<退出>:   (单击如图12-37(c)所示的柱边)

请点取墙边(退出>:*取消*   (空格键结束,操作结果如图12-37(d)所示)

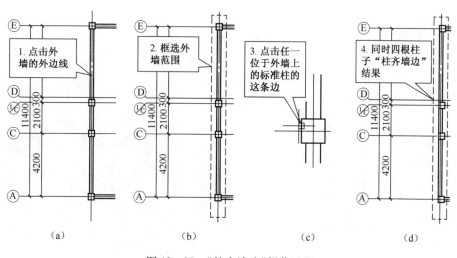

图12-37 "柱齐墙边"操作过程

采取相同的方法,对外墙上的其余柱子进行"柱齐墙边"操作,最后结果如图12-38所示。

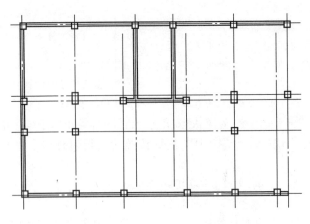

图 12 - 38　"柱齐墙边"操作结果

12.8.4　三维模型显示

使用天正绘制建筑施工平面图时,虽然画的是二维,但一些对象如墙、柱子的三维数据(高度、标高)也有输入,因此实际上天正的二维和三维是同步的。

要想看到三维图形,可以在绘图区域空白处单击右键,然后在出现的右键快捷菜单上选择"视图设置",其子菜单里有多种查看三维视图的模式选择,如图 12 - 39 所示。

此外,AutoCAD 2007 以上的版本,按住 Shift 键不放,同时按住鼠标滚轮不放并拖动鼠标,也可以直接进入"动态观察"模式。本例"视图设置"→"西南轴测",显示结果如图 12 - 40 所示。

如果觉得显示的线框不好看,在绘图区域空白处单击右键,在出现的右键快捷菜单上选择"视觉样式",其下拉子菜单中有多种视觉样式,如图 12 - 41 所示。本例采取"视觉样式"→"概念"模式后显示结果如图 12 - 42 所示。

图 12 - 39　"视图设置"子菜单

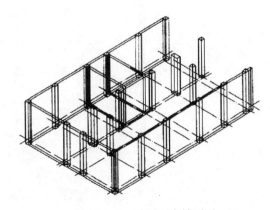

图 12 - 40　首层西南轴测图

如果要回到二维平面图,可以在绘图区域空白处点右键,在出现的右键快捷菜单上,选择

"视图设置"→"平面图"。

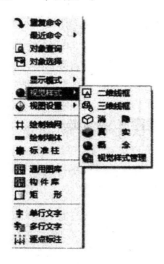

图 12-41　视觉样式子菜单

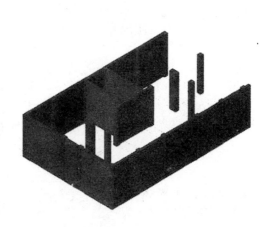

图 12-42　"概念"模式下的西南轴测图

12.9　门窗的插入与修改

天正建筑里的门窗绘制,是以天正建筑 TArch 8.2 自定义的对象形式插入到已绘制的墙体上,所以在插入门窗前,必须把墙绘制好。在绘制墙体时,不用考虑预留门窗洞口,正因为这一点,大大提高了建筑平面图的绘图速度。

12.9.1　门窗对话框概述

单击天正屏幕菜单"门窗"→"门窗"命令,或直接在命令行输入快捷命令"MC"后均能弹出"门窗"参数对话框。

该对话框实际包含了"门"、"窗"、"门联窗"、"子母门"、"弧窗"、"凸窗"和"矩形洞"七种对象。单击门窗参数对话框右下角对应的按钮(如图 12-43 所示),可以切换不同对象。每切换一种对象,对话框内相关参数也跟着发生变化,但是各种对象可供选择的插入方式是一样的。

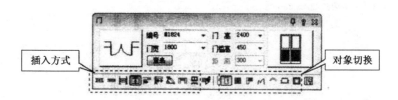

图 12-43　"门窗"对话框

门窗对话框的左下方有多种插入方式,依次是"自由插入"、"顺序插入"、"轴线等分插入"、"墙段等分"、"垛宽定距"、"轴线定距"、"按角度定位插入"、"满墙插入"及"插入上层门窗"。

其中常用的四种是:

:轴线等分 ⎫
:抢断等分 ⎬ 分方式插入门窗
　　　　 ⎭

:跺宽等分 ⎫
:抢断等分 ⎬ 定距离方式插入门窗
　　　　 ⎭

说明：

（1）等分插入门窗：在插入门窗时，"轴线等分"和"墙段等分"，有时插入效果一样，有时不一样。

例子："轴线等分"和"墙段等分"插入门窗的区别如图12-44所示。

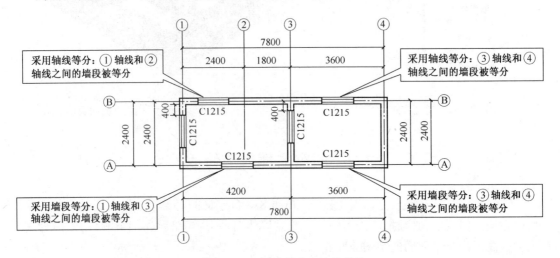

图12-44　轴线等分和墙段等分

（2）指定距离方式插入门窗：

跺宽距离：门窗对象边缘与最近的墙边线的距离。

轴线距离：门窗对象边缘与最近的轴线距离。

例子："跺宽定距"和"轴线定距"插入门窗的区别如图12-45所示。

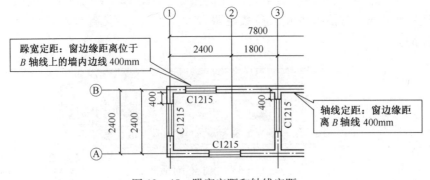

图12-45　跺宽定距和轴线定距

12.9.2 首层平面图门窗的插入

本例首层平面图4轴线、6轴线和E轴线之间的墙段上采用"墙段等分"或"轴线等分"方式插入一扇双开门。注意:此处两种插入方式结果一样。

该双开门的编号为 M1824,按照图 12－46 设置其各参数,插入后的效果如图 12－49 中"1"所示。

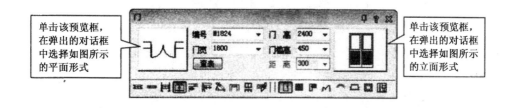

图 12－46　M1824 对话框设置

说明:编号 M1824 代表门宽 1800mm,门高 2400mm。本例中后面类似的编号如 C0910 代表窗宽 900mm,窗高 1000mm。这种类型的门窗编号一共有四位数字,前两位代表对象的宽度,后两位代表对象的高度。国家规范规定:门窗尺寸以 100 为基本模数,故门窗编号的宽度和高度数据省去了最后两个 0。

在位于 E 轴线的墙段上插入四扇编号为 GC1209 的高窗。高窗的参数按照图 12－47 所示进行设置,插入位置如图 12－49 中"2"所示。

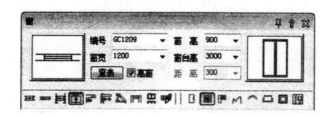

图 12－47　GC1209 对话框参数设置

注意:高窗的平面表达样式和普通窗不同,其内部是两根虚线,而在门窗对话框上的平面图预览库里没有这种样式,解决方法就是把对话框中部的"高窗"打上勾。

在位于 A 轴线的墙段上插入 5 扇卷帘门,编号分别是 JLM3040、JLM2840、JLM3940、JLM2840 和 JLM2440。以 JLM3040 为例设置门窗参数对话框,如图 12－48 所示。各扇卷帘门的插入位置如图 12－49 中"3"所示。

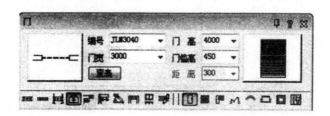

图 12－48　JLM3040 对话框参数设置

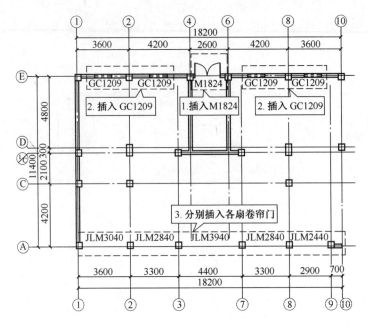

图 12-49　首层门窗绘制

12.10　楼 梯 绘 制

天正中有多种楼梯形式可以选择,如直线梯段、圆弧梯段、双跑楼梯、多跑楼梯、双分平行、双分转角、双分三跑、交叉楼梯、剪刀楼梯、三角楼梯、矩形转角等。本例中仅介绍直线梯段和双跑楼梯两种楼梯形式的绘制。

12.10.1　直线梯段

1. 添加辅助轴线

本例首层楼层高 4200mm。该层楼的楼梯由一段总高度为 1200mm、底标高为 0 的直线梯段和一总高度为 3000mm、底标高为 1200mm 的双跑楼梯组成。为了方便将直线梯段和双跑楼梯对齐,在绘制直线梯段前先将 I/C 轴线往 E 轴向方向偏移 1620mm,得到第一根辅助线;再将 6 轴线往左边偏移 1300mm,得到第二根辅助线。两根辅助线的位置如图 12-50 所示。

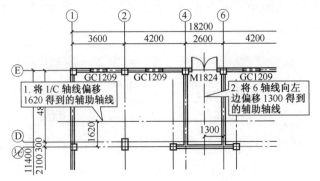

图 12-50　添加两根辅助轴线

194

2. 直线梯段

单击天正屏幕菜单"楼梯其他"→"直线梯段"命令,或直接在命令行输入快捷命令"ZXTD",弹出"直线梯段"对话框。按照图12-51设置"直线梯段"对话框各参数。

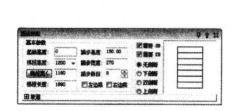

图12-51 "直线梯段"对话框

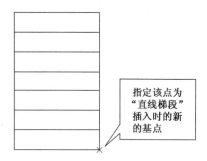

指定该点为"直线梯段"插入时的新的基点

图12-52 指定"直线梯段"新基点

对话框设置完毕,准备插入直线梯段前,注意命令行提示:

点取位置或[转90度(A)/左右翻(S)/上下翻(D)/对齐(F)/改转角(R)/改基点(T)]<退出>:

本例这里先选择"上下翻(D)",再选择"改基点(T)",捕捉如图12-52所示的基点,最后插入直线梯段,结果如图12-53所示。

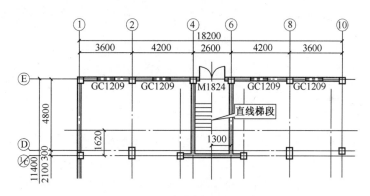

图12-53 "直线梯段"插入效果

说明:这里之所以在插入直线梯段时要"上下翻",是考虑到三维中的效果。如果操作时没有选择"上下翻",三维效果如图12-54(a)所示;而选择了"上下翻"后,三维效果如图12-54(b)所示。

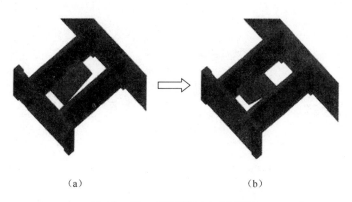

(a)   (b)

图12-54 直线梯段"上下翻转"

当然,在实际绘图时,若没有建模要求,只考虑二维效果,则不选择"上下翻"也没有关系。但这里从有利于后期剖面图生成后减少改动的角度出发,推荐进行一次"上下翻"。

接下来给直线梯段加上一段扶手。右键单击直线梯段,在出现的右键快捷菜单上选择"加扶手",然后按照命令行操作如下:

请选择梯段或作为路径的曲线(线/弧/圆/多段线):

(选择直线梯段,如图12-55(b) 所示)

扶手宽度 < 60 >:
扶手顶面高度 < 900 >: } (这几项都采用默认的数据)
扶手剧变 < 0 >:

添加扶手的过程和效果如图12-55所示。

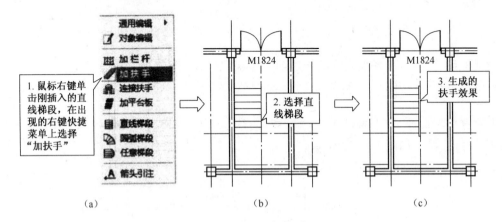

(a)　　　　　　　　(b)　　　　　　　　(c)

图12-55　添加扶手

12.10.2　双跑楼梯

双跑楼梯是最常见的楼梯形式,由两跑直线梯段、一个休息平台、一个或两个扶手和一组或两组栏杆构成天正建筑自定义对象,具有二维视图和三维视图。天正建筑自动生成的双跑楼梯可分解(快捷命令为X)为基本构件即直线梯段、平板和扶手栏杆等;自动生成的楼梯方向箭头线属于楼梯对象的一部分,方便随着剖切位置改变自动更新位置和形式。

单击天正屏幕菜单"楼梯其他"→"双跑楼梯"命令,或在命令行输入快捷命令"SPLT",弹出"双跑楼梯"对话框。按照图12-56设置好楼梯的参数。

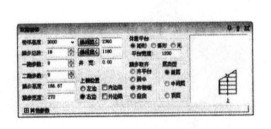

图12-56　"双跑楼梯"对话框设置

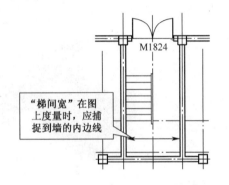

图12-57　"梯间宽"距离直接度量

说明：

（1）在双跑楼梯对话框中，"楼梯高度"、"踏步总数"及"踏步高度"三项具有关联性，修改其中任意项，其余两项跟着发生变化。

（2）对话框里的"梯间宽"→"梯段宽"×2+"井宽"。单击"梯间宽"或"梯段宽"按钮后，都可以直接在图中度量得到相应的数据。需要注意的是："梯间宽"距离如果采用直接在图上度量时，应该点取楼梯间墙体的内边线，如图12-57所示，而不应度量到墙体内部去。

（3）"踏步取齐"适用于不等跑楼梯，用于决定第二跑的起步位置。

（4）本例中为了方便和直线梯段对齐，在插入双跑楼梯时，需要修改插入时的基点，新基点的选取位置如图12-58所示。

（5）从图12-59可见双跑楼梯和直线梯段的扶手不平齐。可以对直线梯段的扶手进行夹点拖动，使之和双跑楼梯自动生成的扶手平齐。进行夹点拖动前为了方便定位，可以先画一条辅助线，如图12-60所示，夹点拖动结束后删除该辅助线。夹点操作如图12-61所示。

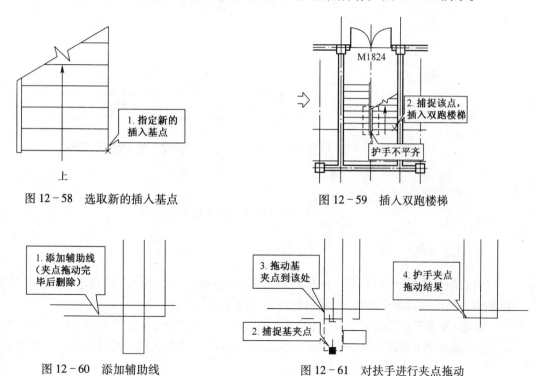

图12-58　选取新的插入基点　　　　　　图12-59　插入双跑楼梯

图12-60　添加辅助线　　　　　　　图12-61　对扶手进行夹点拖动

12.11　台　　阶

12.11.1　添加两根标准柱

接下来要添补两根承受首层楼梯入口处雨篷重量的标准柱。为了方便定位，在插入柱子之前，需要把 E 轴线向上偏移得到一根新轴线，偏移的距离为1800mm，如图12-63（a）所示。

柱子的参数按照图12-62进行设置。新插入两根柱子后的首层楼梯入口处的效果如图12-63（b）所示。

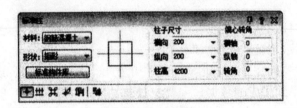

图 12-62　"标准柱"对话框参数设置

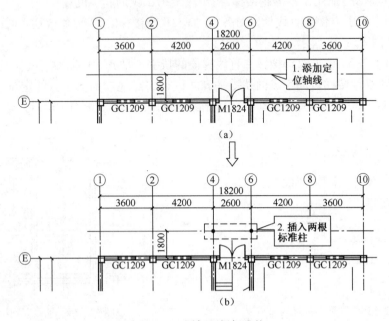

（a）

（b）

图 12-63　添加两根标准柱

12.11.2　台阶

台阶的绘制方法有很多种,本例仅介绍采用"选择已有路径绘制"台阶的方法。这种方法需要先绘制出台阶的轮廓线,然后根据该轮廓线生成台阶。

注意:轮廓线在绘制时最好直接使用多段线(PL)来绘制,若是用多条直线(L)或弧线(A)绘制,则需要用多段线编辑命令(PE)把这多条线段(直线和弧线)变成多段线,否则无法生成台阶。

本例先绘制位于上开间楼梯间入口处的台阶。首先用 PL 线绘制出台阶的路径,如图 12-64 所示。然后天正屏幕菜单"楼梯其他"→"台阶",或直接在命令行输入快捷命令"TJ",弹出对话框。"台阶"对话框参数采用默认的设置,如图 12-65 所示。

接下来,按照命令行的提示操作如下:

请选择平台轮廓<退出>　　　　　　　　　　　　　　　　　　（选择用多段线绘制的轮廓线）

请选择邻接的墙(或门窗)和柱:指定对角点:找到 10 个

　　　　　　　　　　　　　　　　　　　　　　　（框选如图 12-66(a) 所示的墙段）

请选择邻接的墙(或门窗)和柱:　　　　　　　　　　　　　　　　　　（空格键结束选择）

请点取没有踏步的边:　　　　　　　　　　　　　（不选择任何边,直接空格键结束选择）

请选择平台轮廓<退出>:　　　　　　　　　　　　　　　　　　　　　（空格键结束选择）

生成的位于上开间楼梯间入口处的台阶,如图 12-66 所示。

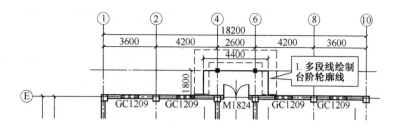

图 12-64　多段线绘制台阶轮廓线

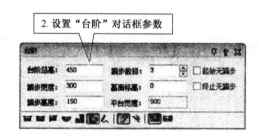

图 12-65　"台阶"对话框

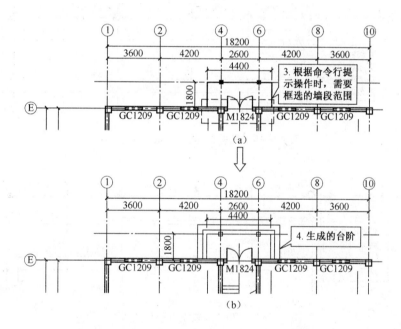

图 12-66　位于上开间楼梯间入口处的台阶

接下来绘制位于下开间的台阶,操作过程如下:

(1)将 A 轴线往下方偏移得到一根辅助定位轴线,偏移距离 1200mm,如图 12-67 所示。

(2)用多段线(PL)绘制出台阶的轮廓线,如图 12-68 所示。

(3)单击"楼梯其他"→"台阶"命令,或直接在命令行输入快捷命令"TJ",弹出"台阶"对话框。设置台阶参数如图 12-65 所示。

生成台阶的操作过程如图 12-67~图 12-71 所示。

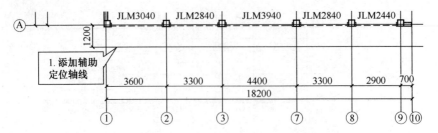

图 12-67 添加一根辅助定位轴线

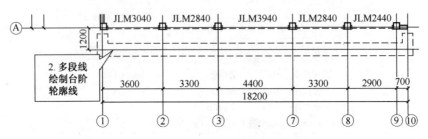

图 12-68 多段线绘制台阶轮廓线

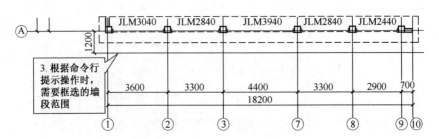

图 12-69 框选邻接的墙（或门窗）和柱

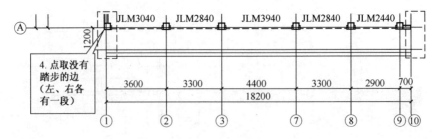

图 12-70 点取没有踏步的边

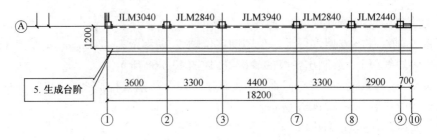

图 12-71 生成台阶

12.12 镜 像 处 理

12.12.1 镜像

在命令行输入"MI"命令,对已绘制的首层平面图,以10轴线为镜像线,进行镜像处理。
镜像对象选择如图12-72所示,镜像处理后的结果如图12-73所示。

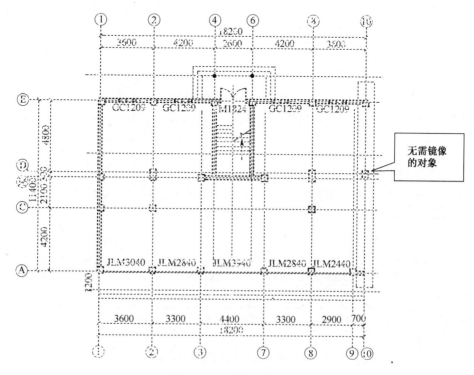

图 12-72 镜像对象选择

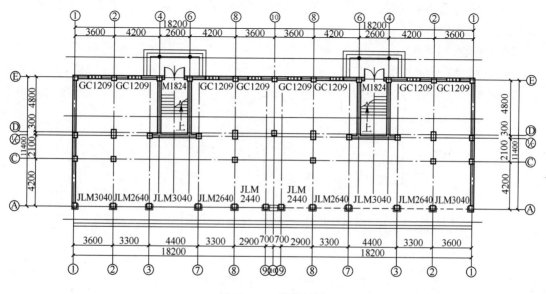

图 12-73 镜像结果

注意:10 轴线以及 10 轴线上的两根柱子都位于镜像线上,无需对它们进行镜像。故在镜像时,可以先框选已绘制的全部对象,然后按住 Shift 键的同时点选 10 轴线、10 轴线上的两根柱子,将这些对象排除在镜像对象之外。

12.12.2 修改上下开轴号及两道尺寸线

1. 重新标注轴号和尺寸线

从图 12-73 可见,上下开间的轴号在镜像后不符合制图规范的要求。所以删去上下开间的轴号以及两道尺寸线,重新采用"轴网柱子"→"两点轴标"命令,对整个首层平面图上、下开间进行轴号和两道尺寸线的标注。标注后的结果如图 12-74 所示。

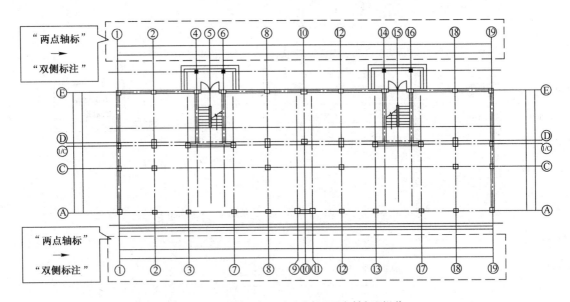

图 12-74　重新对上下开进行"两点轴标"操作

2. 删除新生成的 5 轴号和 15 轴号

单击天正屏幕菜单"轴网柱子"→"删除轴号"命令,或直接在命令行输入快捷命令"SCZH"。根据命令行提示操作如下:

请框选轴号对象(退出):　　　　　　　　　　　　　　　　　　(框选 5 轴号,如图 12-75 所示)

请框选轴号对象<退出>:　　　　　　　　　　　　　　　　　　　　　　　(空格键结束选择)

是否重排轴号?[是(Y)/否(N)]<Y>:N　　　　　　　　　　　　　　(选择不重排轴号)

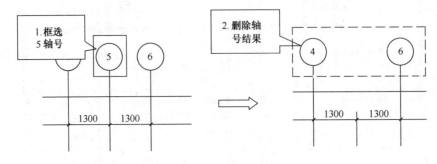

图 12-75　删除 5 轴号

采用同样的方法删除 15 轴号,如图 12－76 所示。

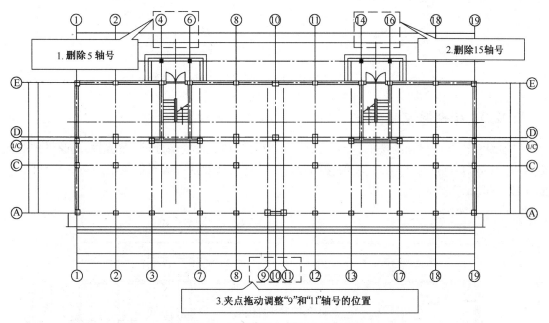

图 12－76　删除 5 轴号和 15 轴号

3. 尺寸线的修改

天正自动生成的尺寸标注是天正自定义对象,支持裁剪、延伸、打断等编辑命令,使用方法与 AutoCAD 尺寸对象相同。此外天正本身还提供了尺寸编辑命令,相比 AutoCAD 的尺寸编辑操作,使用天正专用尺寸编辑命令修改天正自动生成的尺寸标注更为方便。天正屏幕菜单"尺寸标注"→"尺寸编辑"的子菜单里有多种尺寸编辑命令可供选择,如图 12－77 和图 12－78 所示。

本例使用"合并区间"命令,合并上开间第二道尺寸线位于 4 轴号和 6 轴号之间的尺寸。

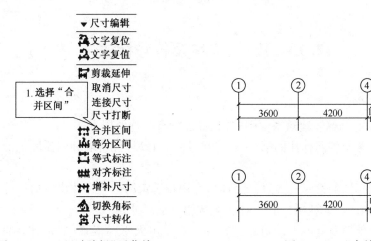

图 12－77　"尺寸编辑"子菜单　　　　　图 12－78　"合并区间"操作

采用相同的方法,将上开间第二道尺寸线位于 14 轴号和 16 轴号之间的尺寸进行合并,如图 12－79 所示。

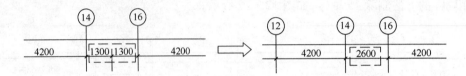

图 12-79　合并 14 轴号、16 轴号间的第二道尺寸线数据

12.12.3　楼梯修改

仔细观察镜像后得到的楼梯,会发现其实不应对楼梯进行镜像处理。故删去镜像得到的楼梯,采用 AutoCAD 的"复制"方法将原楼梯间内的两种楼梯及扶手等对象复制到新的楼梯间里,如图 12-80 所示。

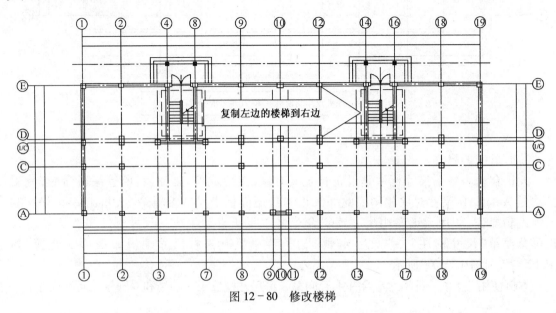

图 12-80　修改楼梯

12.13　尺寸、文字及符号标注

12.13.1　门窗标注

"门窗标注"命令适合标注建筑平面图的门窗尺寸,有两种使用方式:

(1) 在平面图中参照轴网标注的第一、二道尺寸线,自动标注直墙和圆弧墙上的门窗尺寸,生成第三道尺寸线。

(2) 在没有轴网标注的第一、二道尺寸线时,在用户选定的位置标注出门窗尺寸线。

本例采用第一种方法,即利用"门窗标注"生成第三道尺寸线。

首先对上开间的外墙及外墙上的对象进行标注。单击天正屏幕菜单"尺寸标注"→"门窗标注"命令,或直接在命令行输入快捷命令"MCBZ",按照命令行提示操作如下:

请用线选第一、二道尺寸线及墙体。

起点<退出>:　　　　　　　　　　　　　　　　　(起点点取位置如图 12-81 所示)

终点(退出>:(终点点取位置如图 12-81 所示。鼠标单击后,自动生成的第三道尺寸线如图 12-82 所示)

生成的第三道尺寸线如图12－83所示。

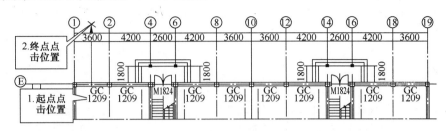

图12－81　"门窗标注"起点和终点示例

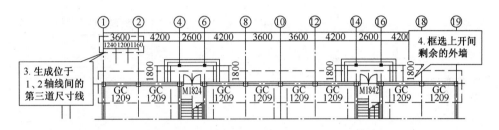

图12－82　"门窗标注"操作提示中"选择其他墙体"框选的墙段范围

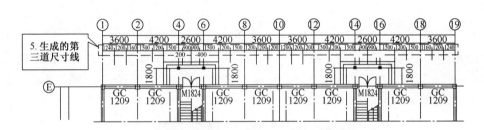

图12－83　"门窗标注"生成的第三道尺寸线

其次,采用类似的方法对下开间的外墙及外墙上的对象进行标注,标注结果如图12－84所示。

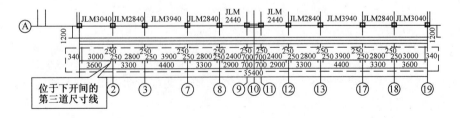

图12－84　下开间"门窗标注"

说明:本例中左、右进深的外墙上无门窗对象,故可不进行第三道尺寸线的标注。

12.13.2　墙厚标注

"墙厚标注":在图中一次标注两点连线经过的一至多段天正墙体对象的墙厚尺寸。标注中可识别墙体的方向,标注出与墙体正交的墙厚尺寸。在墙体内有轴线存在时标注以轴线划分的左右墙宽,墙体内没有轴线存在时标注墙体的总宽。

单击天正屏幕菜单"尺寸标注"→"墙厚标注"命令,或直接在命令行输入快捷命令"QHBZ",然后按照命令行提示操作如下:

直线第一点<退出>: (第一点单击位置如图12-85(a)所示)

直线第二点(退出): (第二点单击位置如图12-85(b)所示)

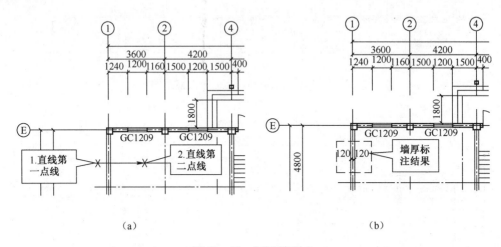

(a)   (b)

图 12-85 "墙厚标注"

12.13.3 文字标注

单击天正屏幕菜单"文字表格"→"单行文字"命令,或直接在命令行输入快捷命令"DHWZ"。弹出"单行文字"对话框,按照图12-86进行参数设置。在首层建筑平面图适当位置插入文字,如图12-87所示。

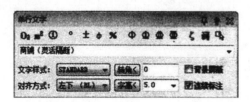

图 12-86 "单行文字"对话框参数

12.13.4 符号标注

符号标注对象是天正建筑的另一种自定义对象,通过夹点拖动编辑、双击进入对象编辑,可以非常方便的修改符号。

1. 剖面剖切

利用天正建筑软件后期生成剖面图,必须事先在首层平面图上标注剖切符号。

单击天正屏幕菜单"符号标注"→"剖面剖切"命令,或直接在命令行输入快捷命令"PMPQ"。根据命令行操作如下:

请输入剖切编号(1>: (本例采用默认编号,直接按空格键)

点取第一个剖切点<退出>: (单击如图12-88所示的位置)

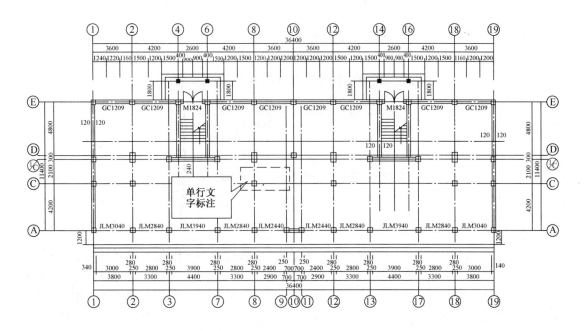

图 12-87 插入文字

点取第二个剖切点(退出>：   （单击如图12-88所示的位置）

点取下一个剖切点<结束>：   （空格键结束）

点取剖视方向<当前）：   （选取如图12-88所示的方向）

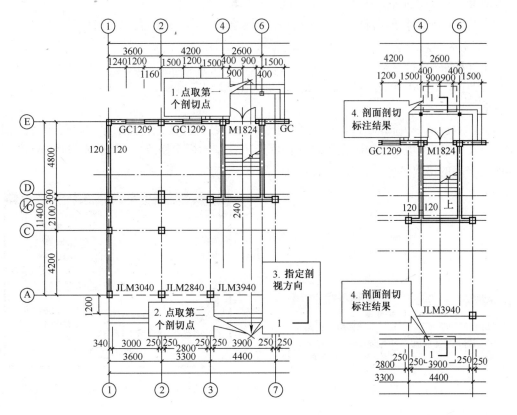

图 12-88 "剖面剖切"标注示例

2. 标高标注

单击天正屏幕菜单"符号标注"→"标高标注"命令，或直接在命令行输入快捷命令"BGBZ"。弹出的对话框按照图12-89所示设置参数，标注结果如图12-92所示。

图12-89　"标高标注"对话框参数设置

说明：

（1）标高标注分为"静态"和"动态"两种状态。这两种状态可通过天正屏幕菜单"符号标注"→"静态标注"/"动态标注"进行切换。标注平面图的标高时，应采用"静态标注"，这样复制、移动标高符号后数值保持不变（若需要修改，可以双击数值修改）。标注立面、剖面图的标高时，宜采用"动态标注"，这样当标高符号移动或复制后，标高数值会随标点位置动态取值。

（2）默认不勾选"手工输入"复选框，自动取光标所在的Y坐标作为标高数值，当勾选"手工输入"复选框时，要求在表格内输入楼层标高。

（3）"标高标注"对话框上面有五个可按下的图标按钮："实心三角"除了用于总图也用于沉降点标高标注，其他几个按钮可以同时起作用，例如可注写带有"基线"和"引线"的标高符号。此时命令行会提示点取基线端点，也会提示点取引线位置。

（4）清空电子表格的内容，还可以标注用于测绘手工填写用的空白标高符号。

3. 图名标注

天正屏幕菜单"符号标注"→"图名标注"，或直接在命令行输入快捷命令"TMBZ"。弹出的对话框按照图12-90所示设置参数，标注结果如图12-92所示。

说明：

（1）在对话框中编辑好图名内容，选择合适的样式后，按命令行提示标注图名，图名和比例间距可以在"天正选项"命令中预设，已有的间距可在特性栏中修改"间距系数"进行调整，该系数为图名字高的倍数。

图12-90　"图名标注"

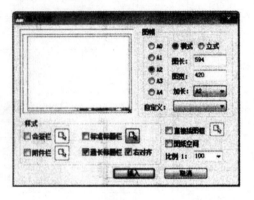

图12-91　"插入图框"对话框参数设置

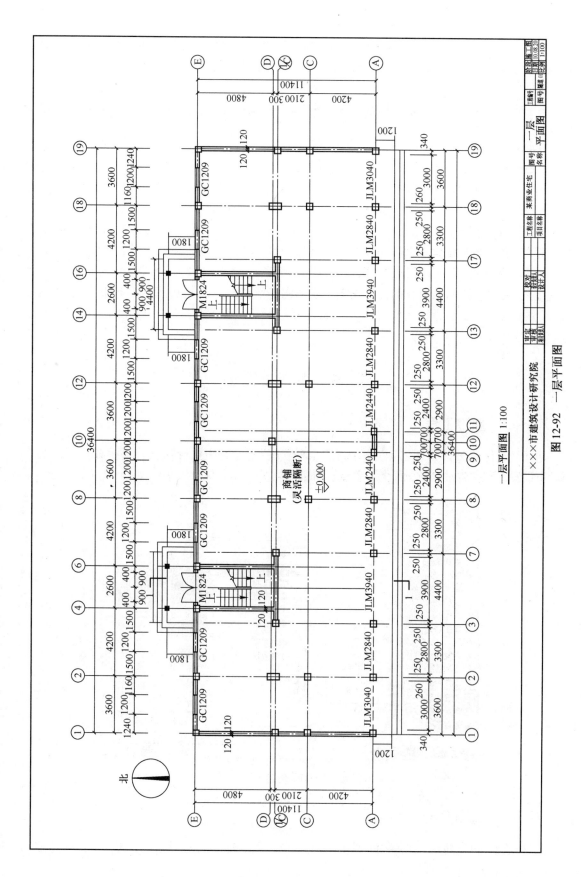

一层平面图 1:100

图 12-92 一层平面图

（2）双击图名标注对象进入对话框修改样式设置,双击图名文字或比例文字进入在位编辑修改文字,移动图名标注夹点设在对象中间,可以用捕捉对齐图形中心线获得良好效果。

4. 指北针

单击天正屏幕菜单"符号标注"→"画指北针"命令,或直接在命令行输入快捷命令"HZBZ"。根据命令行提示操作如下:

指北针位置<退出>:　　　　　　　　　　（在适当的位置点取指北针的插入点）

指北针方向<90.0>:　　　　　　　　　　（采用默认的90°,直接按空格键结束）

标注结果如图12-92所示。

5. 图框插入

单击天正屏幕菜单"文件布图"→"插入图框"命令,或直接在命令行输入快捷命令"CRTK"。弹出的对话框按照图12-91所示设置参数,插入结果如图12-92所示。

建筑立面图也就是人们日常生活中所说的立面图,是平行于房屋建筑立面的投影,用于体现建筑物外观造型、风格特征的二维视图。立面图一般情况下根据房屋的朝向来命名,如西立面、北立面等。本章结合实例介绍建筑立面图的绘制思路、步骤和方法,主要操作包括建立楼层表、生成立面图、标注立面等。

12.14　生成立面图

12.14.1　新建工程

执行"文件布图 H 工程管理"命令,在"工程管理"下拉表中执行"新建工程"命令,在"另存为"中设置工程文件的名称(商业住宅楼) 和保存位置,单击"保存"即可,如图12-93所示。

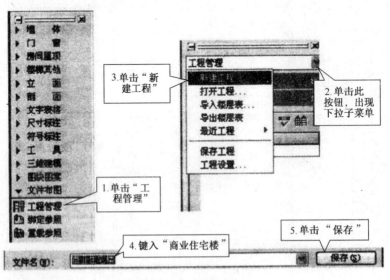

图 12-93　新建工程

12.14.2　添加图纸

工程创建好后,将已经绘制好的平面图全部添加到当前工程中,即在"工程管理"对话框的

"平面图"类别上单击鼠标右键,在弹出的快捷菜单中执行"添加图纸"命令,然后在弹出的"选择图纸"对话框中选择已经绘制好的平面图文件,再单击"打开",选择需要添加的图纸,单击"确定"。操作流程如图 12－94 所示。

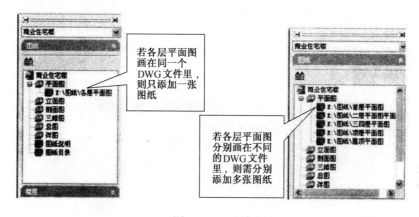

图 12－94　添加图纸

12.14.3　建立楼层表

在"工程管理"中展开"楼层"一栏,用户在表格中输入楼层号、楼层高,并指定楼层平面文件即可,如图 12－95 所示。

说明:

(1)如果各层平面图绘制在不同的 DWG 文件中,单击第三栏文件格,右侧出现一个小方块,单击添加平面图文件,或者单击表格上面"选择标准层文件" 按钮选择文件。

(2)如果各层平面图放在同一个 DWG 文件中,则先打开该文件,在设置好楼层号和楼层高后单击"框选楼层范围" 按钮,在绘图区域框选相对应的平面图,指定对齐点即可。

(3)一个平面图除了可以代表一个自然楼层外,还可以代表多个相同的楼层。例如本例:3~4 层平面相同,可以使用同一个平面图来表示,只需要在楼层表中"层号"处填 3~4,如图12－95所示。

(4)各楼层的对齐点一定要是三维空间里沿着同一 Z 轴方向上的点。

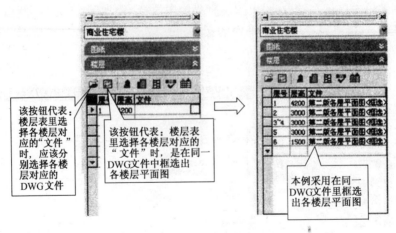

该按钮代表：楼层表里选择各楼层对应的"文件"时，应该分别选择各楼层对应的DWG文件

该按钮代表：楼层表里选择各楼层对应的"文件"时，是在同一DWG文件中框选出各楼层平面图

本例采用在同一DWG文件里框选出各楼层平面图

图 12-95　建楼层表

12.14.4　生成立面

楼层表建立好后，即可生成建筑立面图。在"工程管理"对话框楼层栏中单击"建筑立面" 🔲按钮，或者执行菜单"立面"→"建筑立面"命令，根据命令行提示再选择立面方向，选择需显示在立面图中的轴线，最后设置立面生成参数和保存文件名，即可完成立面图的创建。操作流程如图 12-96 所示。

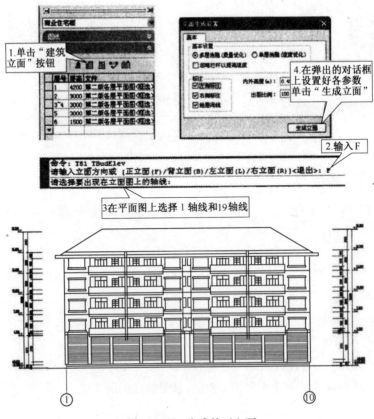

1.单击"建筑立面"按钮

4.在弹出的对话框上设置好各参数单击"生成立面"

2.输入 F

命令: T81 TBudElev
请输入立面方向或 {正立面(F)/背立面(B)/左立面(L)/右立面(R)}<退出>: F
请选择要出现在立面图上的轴线:

3在平面图上选择 1 轴线和19轴线

① ⑩

图 12-96　生成的正立面

12.15　细化立面图

立面图生成后,可能立面图中会存在一些错误,或是内容不够完整,这就需要对已经生成的立面图进行细化处理。

12.15.1　构件立面

该命令用于生成当前标准层、局部构件或三维图块对象在选定的方向上的立面图与顶视图,生成的立面图内容取决于选定对象的三维图形。

要创建构件立面,在屏幕菜单中执行"立面"→"构件立面"命令后,选择创建立面图的构件(如楼梯、阳台等),然后在绘图区域指定一个点确定构件立面图的摆放位置。

12.15.2　立面门窗

天正提供的立面门窗命令用于替换、添加立面图上门窗,同时也是剖面图的门窗图块管理工具,可处理带装饰门套的立面门窗,并提供与之配套的立面门窗库。执行"立面"→"立面门窗"命令后,在弹出的"天正图库管理系统"对话框中选择门窗立面样式,单击"替换" 按钮,再在立面图中选择需替换的门或窗体对象,即可完成立面门窗的创建。现在以替换已绘制立面图左侧 1 轴线附近二层的窗户为例,具体操作流程如图 12－97 所示。用户可以按照同样的方法替换其他构件,如门、阳台等。

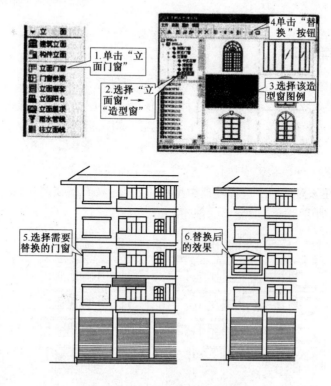

图 12－97　"门窗替换"流程

若用户需要对已创建好的门窗立面高度、宽度和标高进行修改,则应在天正建筑屏幕菜单中执行"立面"→"门窗参数"命令,再在绘图区中选择需要更改参数的门窗,最后根据命令窗口中的提示输入底标高、高度和宽度尺寸即可。

12.15.3 立面阳台

"立面阳台"命令用于替换、添加立面图上阳台的样式,同时也是对立面阳台图块管理的工具。当用户在 TArch 8.2 屏幕菜单中执行"立面"→"立面阳台"命令后,将弹出"天正图库管理系统"对话框,在该对话框中选择相应的阳台样式如图 12−98 所示后,单击"替换" 按钮,再在绘图区中选择阳台立面部分,此时即可完成立面阳台的创建,如图 12−99 所示,操作过程可以参考"立面门窗"。

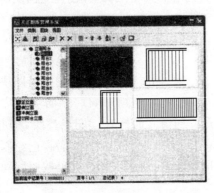

图 12−98　立面阳台选择

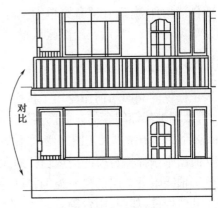

图 12−99　立面阳台替换后

12.15.4 立面屋顶

"立面屋顶"命令可完成包括平屋顶、单坡屋顶、双坡屋顶、四坡屋顶与歇山屋顶的正立面和侧立面、组合的屋顶立面、一侧与其他物体(墙体和另一屋面)相连接的不对称屋顶。如本例,若将前面图 12−95 中楼层表中层号为 6 的屋顶平面图删除,则形成的是如图 12−100 所示的无屋顶的立面图。

用户在 TArch 8.2 屏幕菜单中执行"立面"→"立面屋顶"命令后,将弹出"立面屋顶"对话框(图 12−101),在该对话框中选择坡顶类型后,设置好立面屋顶的参数,指定 PT1 和 PT2 点后单击"确定"按钮即可完成立面屋顶的创建。

图 12−100　无屋顶立面图生成示例

214

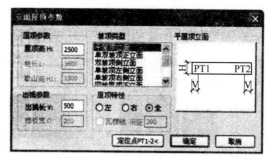

图 12-101　立面屋顶参数

12.15.5　雨水管线

"雨水管线"命令用于在立面图中按指定的位置生成竖直向下的雨水管,在天正屏幕菜单中执行"立面"→"雨水管线"命令后,再在立面图中分别由上到下指定管道起点和终点,再指定雨水管的粗细为 100 后,即可完成一个雨水管的创建,再通过复制修剪等 AutoCAD 命令将下侧雨水管贴近墙面。用镜像命令复制到另一侧,得到的立面图如图 12-102 所示。

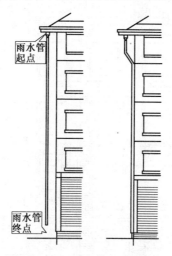

图 12-102　雨水管的绘制示例

综合使用上述介绍的相关命令,本例最后的正立面图如图 12-103 所示。

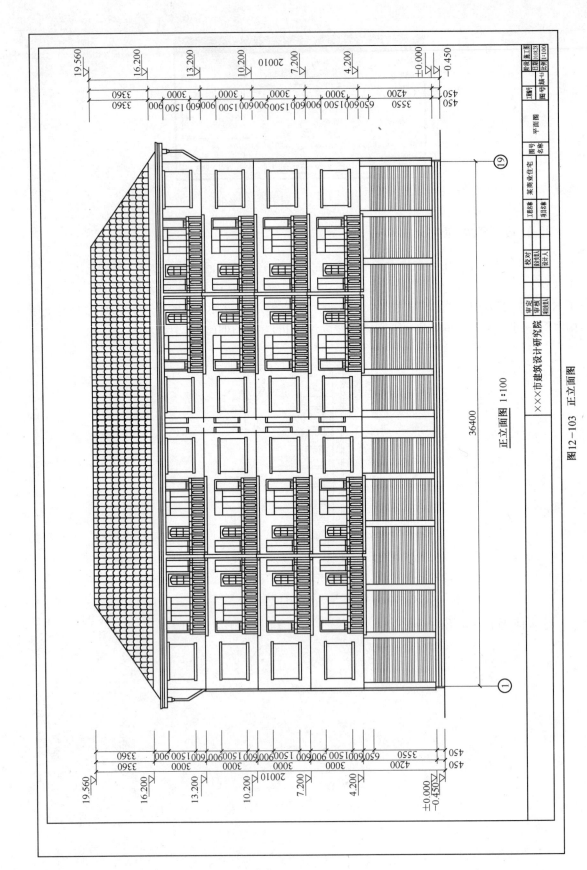

正立面图 1:100

图12-103 正立面图

12.16   生成与细化剖面图

各层平面图和立面图绘制完毕后,还需要绘制剖面图以表达建筑物的剖面设计细节。

剖面图的表达和平面图有很大的区别,建筑剖面图表现的是建筑三维模型里的某个剖切面,在剖视方向上的可见对象。

利用天正建筑软件生成的剖面图是通过平面图构件中的三维信息在指定剖切位置消隐获得的纯粹二维图形。除了符号与尺寸标注对象以及可见的立面门窗、阳台等图块是天正自定义对象外,其余的如墙线等构成元素都是 AutoCAD 的基本对象。因此,在利用天正建筑软件自动生成了剖面图后,需要用到大量 AutoCAD 命令来完善剖面图的细节。

12.16.1   生成剖面图

剖面图的剖切位置依赖于剖面符号,所以事先必须在首层平面图中适当的位置绘制剖切符号,一般剖切符号都绘制在楼梯处。

在生成剖面图时,可以设置标注的形式,如在图形的哪一侧标注剖面尺寸和标高;还可以设定首层平面的室内外高差;以及可以在楼层表中修改标准层的层高。

剖面生成使用的"内外高差"需要同首层平面图中定义的一致,用户应当适当修改首层外墙的 Z 向参数(即底标高和高度)或设置内外高差平台来实现创建室内外高差的目的。本例在绘制首层平面图时已考虑到室内外高差问题,这里不用进行调整。

在天正屏幕菜单中执行"剖面"→"建筑剖面"命令,或者在"工程管理"对话框里单击 ▦ 按钮后,选择位于首层平面图上的"剖切线 I - I"。在弹出的"剖面生成设置"对话框中单击"生成剖面"按钮,并在弹出的"图形另存为"对话框中输入新建剖面图的文件名后,单击"保存"按钮即可完成剖面图的创建。绘图流程如图 12 - 104 所示。生成的剖面图如图 12 - 105 所示。

12.16.2   加深剖面图

当生成建筑剖面图后,剖面图中有少数错误需要用户手工纠正,如楼板线的修剪等。另外,天正自动生成的剖面图内容还不够完善,需要对剖面图进行进一步的深化处理,下面仅对本例涉及的操作进行讲解。

1. 构建剖面

在建筑剖面图中,通常像楼梯这些构件的剖面图不能正常表现出来,此时用户可在平面图中的这些构件上先创建剖切符号,再在天正屏幕菜单中执行"剖面"→"构件剖面"命令,然后分别选择剖切线、构件后空格键结束选择,绘图区域单击确定剖面图的插入点,即可生成剖面图,如图 12 - 106、图 12 - 107 所示。

2. 双线楼板

默认情况下,在生成的剖面图中各楼层之间只有一条水平线,这条水平线就是楼板示意线。但实际上楼板是有一定厚度的,此时用户可使用天正屏幕菜单中"剖面"→"双线楼板"命令绘制楼板线。在绘制楼板线时,首先应确定楼板在剖面图上的起点和终点,此时系统将自动查询到楼层高度,空格键后输入楼板的厚度(150),即可完成楼板线的创建。其操作如图 12 - 108 ~图 12 - 110 所示。

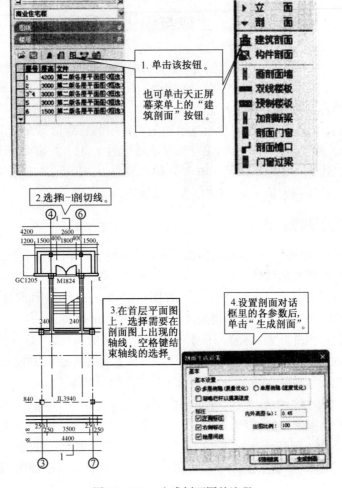

图 12 - 104　生成剖面图的流程

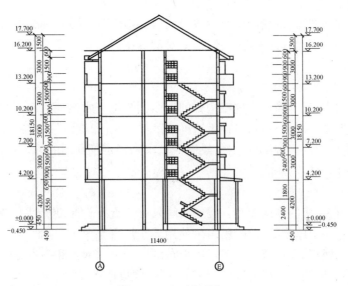

图 12 - 105　剖面图

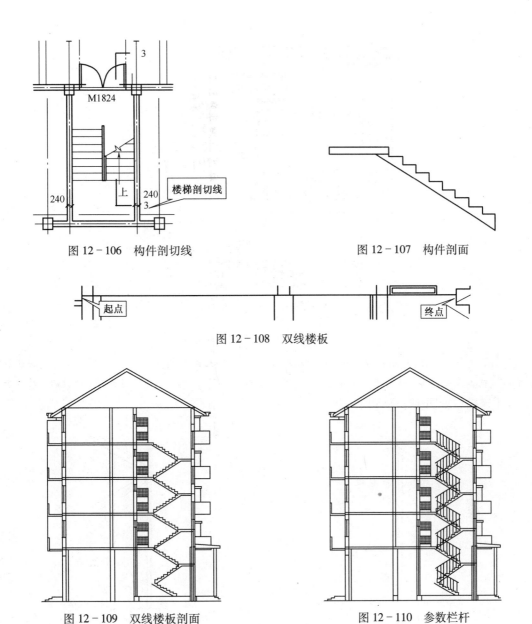

图 12-106 构件剖切线

图 12-107 构件剖面

图 12-108 双线楼板

图 12-109 双线楼板剖面

图 12-110 参数栏杆

3. 参数栏杆

在创建参数栏杆时,可能其中的栏杆并不符合用户的要求,此时用户可在创建参数楼梯的时候不创建栏杆,之后在天正屏幕菜单中执行"剖面"→"参数栏杆"命令,在弹出的"剖面楼梯栏杆参数"对话框中选择好栏杆参数后,再单击"确定"按钮确定栏杆的插入点即可。各参数设置如图 12-111 所示。

绘制好后的带栏杆剖面图如图 12-110 所示。

4. 扶手接头

通过以上绘制楼梯栏杆时可发现,双跑楼梯中的两个扶手并没有连接,如图 12-112 所示,此时用户可通过天正屏幕菜单"剖面"→"扶手接头"命令创建扶手接头。执行该命令后按命令提示行操作如下:

请输入扶手伸出距离:　　　　　　　　　　　　　　　　　　（键盘输入140回车）

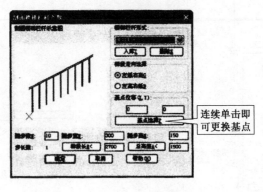

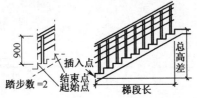

图 12 - 111　剖面楼梯栏杆参数

请选择是否增加栏杆[增加栏杆(Y) ／不增加栏杆(N)]＜增加栏杆(Ⅵ)＞：　　　　　（回车选默认值）
请指定两点来确定需要连接的一对扶手：　　　　　　　　　　　　（框选需要连接的一对扶手）

扶手连接后如图 12 - 113 所示。

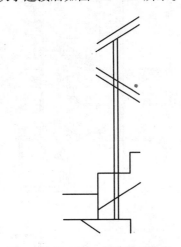

图 12 - 112　创建扶手接头

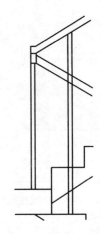

图 12 - 113　连接扶手接头

12.16.3　修饰剖面图

当剖面线框图绘制完后,还不能完整地表示建筑信息,此时用户可以根据自己需要对线框图的部分区域进行填充或是对部分线条进行加粗处理。天正建筑中就提供了相关的修饰命令,利用这些命令可对线框图形进行填充以及设置线宽等。

1. 剖面填充

天正剖面填充功能与 AutoCAD 的填充有所不同,在天正中的"剖面填充"功能并不要求被填充区域完全封闭。

当用户在天正屏幕菜单中执行"剖面"→"剖面填充"命令后,再在绘图区中选中需填充的范围,如图12-114虚线所示。鼠标右键单击结束选择,此时将弹出"请点取所需的填充图案"对话框。在该对话框中单击"图案库"按钮,将重新弹出"选择填充图案"对话框。在该对话框中选择相应的材料填充图案,并设置填充比例,最后单击"确定"按钮即可完成剖面填充操作,填充结果如图12-115所示。

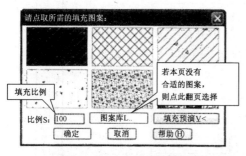

图12-114 选择填充范围

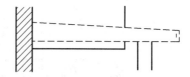

图12-115 选择填充图案

2. 居中加粗

天正屏幕菜单中执行"剖面"→"居中加粗",选择绘图区中需要居中加粗显示的墙线,按空格键结束选择,则被选择的线条将被加粗显示,如图12-116(b)所示。

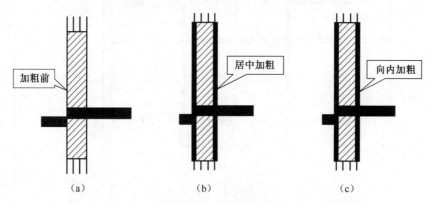

图12-116 墙线加粗前后

3. 向内加粗

天正屏幕菜单中执行"剖面"→"向内加粗",选择绘图区中需要向内加粗的墙线,然后按空格键结束选择,此时被选择的墙线将沿墙体内部加粗显示,如图12-117(c)所示。

4. 取消加粗

在天正屏幕菜单中执行"剖面"→"取消加粗",选择已加粗的墙线,则该墙线取消加粗。

当然,天正自动生成的剖面图,除了可以使用天正本身自带的各种深化剖面图细节的命令外,还需要使用到本书上篇所介绍的大量相关 AutoCAD 命令来进一步深化建筑剖面图的细节,本书不再赘述。最后得到的1-1剖面图如图12-117所示。

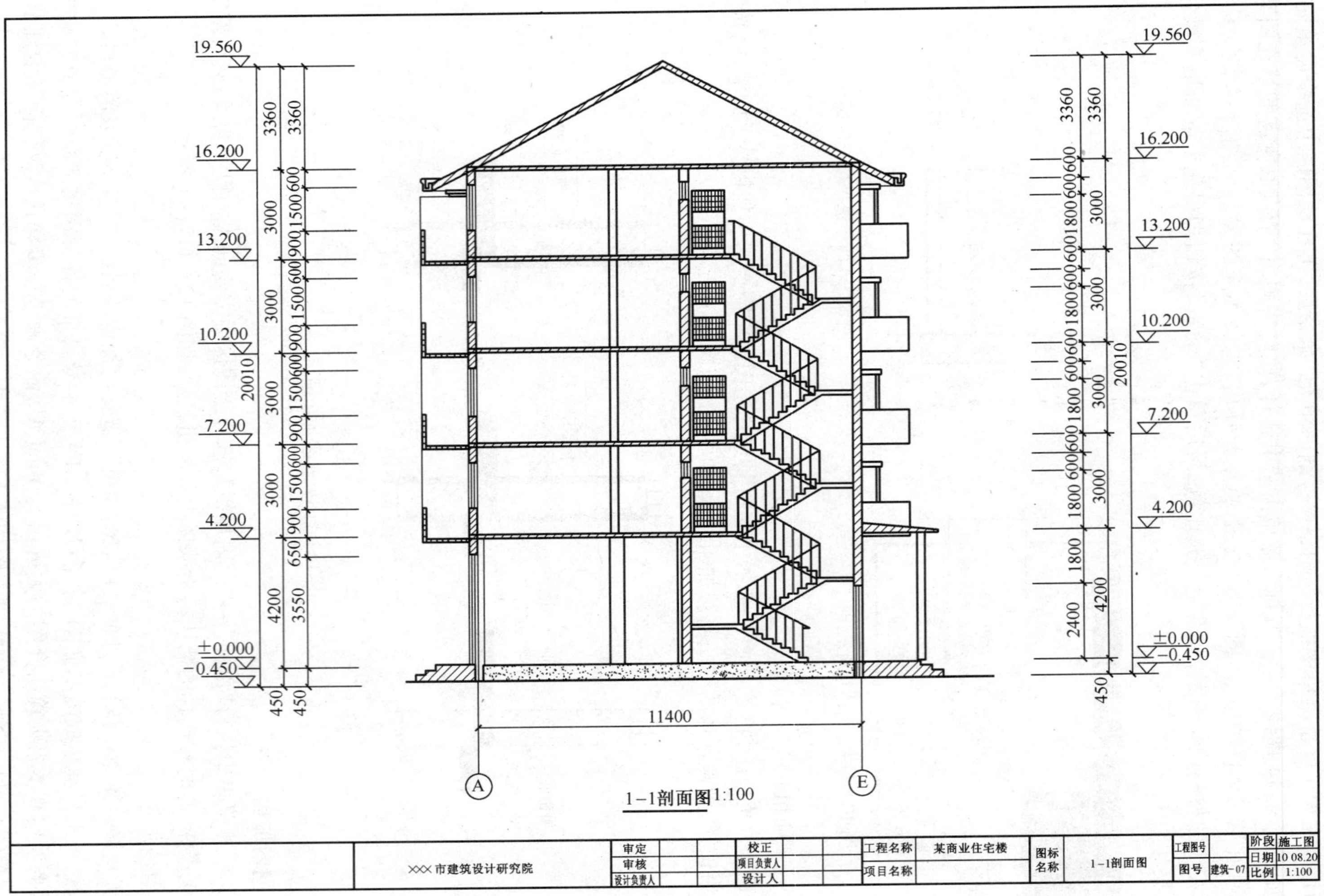

1-1剖面图1:100

图 12-117　1-1 剖面图

第 13 章　纬地道路 HintCAD

13.1　系统主要功能

13.1.1　路线辅助设计

1. 平面动态可视化设计与绘图

系统沿用传统的导线法（交点法）经典理论，可进行任意组合形式的公路平面线形设计计算和多种模式的反算。用户可在计算机屏幕上交互进行定线及修改设计，在动态拖动修改交点位置、曲线半径、切线长度、缓和曲线参数的同时，可以实时监控其交点间距、转角、半径、外距以及曲线间直线段长度等技术参数。而使用纬地智能布线技术，可以将已确定的直线、圆曲线等控制单元自动衔接为完整的路线，并可以对路线中任一控制单元（均为 CAD 的线元实体）方便地进行平移、旋转、缩放等操作调整，从而直观快捷并准确地确定出路线线位。在平面设计完成的同时，系统可自动完成全线桩号的连续计算和平面绘图。

系统支持基于数字化地形图（图像）上的上述功能，同时也可方便地将低等级公路外业期间已经完成的平面线形导入本系统。

2. 断面交互式动态拉坡与绘图

系统在自动绘制拉坡图的基础上，支持动态交互式完成拉坡与竖曲线设计。用户可实时修改变坡点的位置、标高、竖曲线半径、切线长、外距等参数；对设计者指定的控制点高程或临界坡度，受控处系统可自动提示控制情况。另外纬地针对公路改扩建项目，将在以后版本中增加自行回归纵坡（点）数据的功能。

系统支持以"桩号区间"和"批量自动绘图"两种方式绘制任意纵、横比例和精度的纵断面设计图及纵面缩图，自动标注沿线桥、涵等构造物，绘图栏目也可根据用户需要自由取舍定制。

以上功能不仅适用于公路主线，同样适用于互通式立交匝道的纵断面设计与绘图。

3. 超高、加宽过渡处理及路基设计计算

系统支持处理各种加宽、超高方式及其过渡变化，进而完成路基设计与计算、方便、准确地输出路基设计表，可以自动完成该表中平、竖曲线要素栏目的标注。系统在随盘安装的"纬地路线与立交标准设计数据库"的基础上，通过"设计向导"功能自动为项目取用超高和加宽参数，并建立控制数据文件。

另外，系统最新版中路基的断面型式（包括城市道路的多板块断面）可由用户随意指定或修改。

4. 参数化横断面设计与绘图

系统支持常规模式和高等级公路沟底纵坡设计模式下的横断面戴帽设计，同时准确计算并输出断面填挖方面积以及坡口、坡脚距离等数据，并可以根据用户选择准确扣除断面中的路槽面积（包括城市道路的多板块断面的路槽）。用户可任意定制多级填挖方边坡和不同形式的边沟排水沟。新版中提供了横断面修改和土方数据联动功能。

系统直接根据用户设定自动分幅输出多种比例的横断面设计图,并可自动在图中标注断面信息和断面各控制点设计高程。

V4.0以后版本中新增横断面设计中的支挡防护构造物处理模块,可自动在横断面设计图中绘出挡土墙、护坡等构造物,并可设置支挡构造物根据路基填土高度自动变换墙高度或自动变换填土高度,并在断面中准确扣除其土方数量。

5. 土石方计算与土石方计算表等成果的输出

系统利用在横断面设计输出的土石方数据,直接计算并输出Excel或Word格式的土石方计算表,方便用户打印输出和进行调配、累加计算等工作。系统可在计算中自动扣除大、中桥、隧道以及路槽的土石方数量,并考虑到松方系数、土石比例及损耗率等影响因素。

特别是系统直接为最新开发完成的纬地系列软件"纬地土石方可视化调配系统"提供原始数据,用户在方便、直观的鼠标拖曳操作中完成土石方纵向调配,系统自动记录用户的每一次操作(可无限制返回),并据此直接绘制完成全线的土石方纵向调配图表。

6. 公路用地图(表)与总体布置图绘制输出

基于公路几何设计成果,系统批量自动分幅绘制公路用地边线,标注桩号与距离或直接标注用地边线上控制点的平面坐标,同时可输出公路逐桩用地表(仅供参考)和公路用地坐标表。

同样,系统还可基于路线平面图,直接绘制路基边缘线、坡口坡脚线、示坡线以及边沟排水沟边线等,自动分幅绘制路线总体布置图。

系统新版中可区别跨径与角度自动标注所有大、中型桥梁、隧道、涵洞等构造物。

7. 路线概略透视图绘制(以及全景透视图)

系统可直接利用路线的平、纵、横原始数据,绘制出任意指定桩号位置和视点高度、方向的公路概略透视图(线条图)。

另外,在系统的数模版中,系统可直接生成全线的地面模型和公路全三维模型,可得到任意位置的三维全景透视图,并可使用纬地实时漫游系统方便地渲染制作成三维动态全景透视图(三维动画),并模拟行车状态或飞行状态。

8. 路基沟底标高数据输出沟底纵坡设计

系统的横断面设计模块中可直接输出路基两侧排水沟及边沟的标高数据,新版软件中,用户可交互式完成路基两侧沟底标高的拉坡设计。

9. 平面移线

平面移线功能主要针对低等级公路项目测设过程中发生移线情况而开发,系统可自动计算搜索得到移线后的对应桩号、左右移距以及纵、横地面线数据。

13.1.2 互通式立交辅助设计

1. 立交匝道平面线位的动态可视化设计与绘图

系统采用曲线单元设计法和匝道起终点智能化自动接线相结合的立交匝道平面设计思路,方便、快捷地完成任意立交线形的设计和接线。特别是系统在任意曲线单元和起点接线约束时,可实时拖动其他曲线单元,匝道终点动态接线更为直观、灵活。立交匝道平面线位的动态可视化设计是纬地系统的核心和精髓。

与主线平面绘图相同,系统在立交平面设计完成的同时,完成立交平面线图的绘制,用户可根据出图需要控制其标注方向、内容和字体大小;同时可直接在线位图中绘制输出立交曲线表和立交主点坐标表。

2. 任意的断面型式、超高加宽过渡处理

系统采用独特而精巧的路幅变化描述和超高变化描述方式,可支持处理任意路基断面变化型式(如单、双车道变化、分离式路基等)和各种超高变化。

同样基于已随盘安装的"纬地路线与立交标准设计数据库","设计向导"功能也可为匝道项目自动建立超高和加宽变化控制数据。

3. 立交连接部设计与绘图

纬地系统除支持处理立交设计中各种形式的加宽和超高过渡外,还可自动搜索计算立交匝道连接部(加、减速车道至楔形端)的横向宽度变化。在绘制连接部图时根据用户指定可批量标注桩号及各变化段的路幅宽度,自动搜索确定楔形端位置及相关线形的对应桩号。

4. 连接部路面标高数据图绘制

在连接部设计详图(大样图)的基础上,系统可批量计算、标注各变化位置及桩号断面的路基横向宽度、各控制点的设计标高及横坡等数据。由于系统内部采用同一计算核心模块,所以自动保证立交连接部处路基设计表、横断面图和路面标高图等输出成果的一致性。

5. 立交绘图模板的设置与修改

在绘制连接部图和路面数据标高图时,系统内置有多套不同比例和不同型式的绘图模板供用户选用。用户还可以完全按照自己的要求,定制增加或修改标准模板,以得到不同风格的设计图纸。

6. 分离式路基的判断确定

用以自动判断确定互通式立交中主线与匝道之间、匝道与匝道之间、或高速公路分离式路基左右线之间的路基边坡相交位置,准确计算出相交位置至中线的距离,并可在横断面图中搜索绘制出相邻路基断面的桩号和路基设计线。

纬地系统的开发设计首先是基于互通式立交设计的,系统 V1.0~V2.0 版只有互通式立交设计部分的内容,V3.0 以后版本发展为同时兼顾路线和互通式立交辅助设计两套功能的专业软件。前面所述及的关于路线设计部分的所有功能,如纵断面设计与绘图、路基设计、横断面设计与绘图、土石方计算等均同时适用于互通式立交设计,这里不再重复。

13.1.3　数字化地面模型应用(DTM)

(1)支持多种三维地形数据接口(来源)。系统支持 AutoCAD 的 dwg / dxf 格式、Microstation 的 dgn 格式、Card/1 软件的 asc/pol 格式,以及 pnt/dgx/dlx 格式等多种三维地形数据来源(接口),三维地形数据既可以是专业测绘部门航测后提供的,也可以是用户自行对地形图扫描矢量化后得到的。

(2)自动过滤、剔除粗差点和处理断裂线相交等情况。系统自动过滤并剔除三维数据中的高程粗差点,自行处理平面位置相同点和断裂线相交等情况,免去繁多的手工修改工作。

(3)快速建立最优化三角网的三维数字地面模型(DTM)。以独特的内存优化模块和最快的点排序方法为引擎,纬地系统建立最优化三角网状数字地面模型的速度是国外其他同类软件的两倍以上,并且突破了其他软件在处理公路带状长大数模时存在的限制,没有可处理点数上限。

(4)系统提供多种数据编辑、修改和优化功能。系统不仅提供多种编辑三角网的功能,如插入、删除三维点,交换对角线或插入约束段,另外系统专门开发了自动优化去除平三角形的数模优化等模块。

（5）系统快速、准确地完成路线纵、横断面地面线插值（或剖切）。系统可根据用户需求快速插值计算（或剖切），并输出路线纵、横断面的地面线数据。用户可立即在计算机上完成纵断拉坡设计、路基设计、横断面设计，进而直接得到土石方工程量，使大范围的路线方案深度比选和优化成为现实。

（6）系统提供对两维平面数字化地形图的三维化功能。系统提供多种命令工具，可快速将两维状态的数字化地形图转化为三维图形，进而建立数字地面模型。

13.1.4 公路三维真实模型的建立（3DRoad）

（1）基于三维地模快速建立公路全线地面三维模型。
（2）基于横断面设计建立真实的公路全三维模型（包括护栏、标线、波型梁等）。
（3）自动根据公路全三维模型完成对原地面模型的切割（挖除）。
（4）方便地制作公路全景透视图和公路三维动态全景透视图（三维动画）。
建立在数字化地面模型基础上的公路三维模型才是真正意义上的公路三维模型。

13.1.5 平交口自动设计

（1）可以自动计算输出平交口等高线图。
（2）自动标注板块的尺寸及板角设计高程等。

13.1.6 其他功能

（1）估算路基土石方数量与平均填土高度。
（2）外业放线计算。
（3）任意地理坐标系统的换带计算。
（4）桥位和桩基坐标表输出及设计高程计算。
（5）立交连接部鼻端（楔形端）位置自动搜索。
（6）任意桩号坐标自动查询等。
（7）绘制任意桩号法线。
（8）查询任意点至中线距离及桩号。
（9）查询任意桩号的设计高程及填挖。
（10）查询任意线元的信息。
（11）图纸的批量打印功能。
（12）路面上任意点位的标高计算功能。

13.1.7 数据输入与准备

纬地系统中所有的平、纵、横基础数据录入均开发有实用、方便的录入工具（软件），如平面数据（交点）导入/导出、纵断面数据输入、横断面数据输入等，减少了数据输入错误，方便用户使用。

13.1.8 输出成果

1. 绘图部分
（1）路线平面设计图；

（2）路线纵断设计图；

（3）横断面设计图；

（4）公路用地图（表）；

（5）路线总体布置图；

（6）路线概略与全景透视图；

（7）互通式立交平面线位数据图；

（8）立交连接部设计详图；

（9）立交连接部路面标高图。

纬地系统版可批量、高效输出路线平、纵、横等所有相关图纸，用户可单张、多张或一次性输出打印所有图纸。

2. 出表部分

（1）直线及曲线转角一览表；

（2）主点坐标表；

（3）逐桩坐标表；

（4）立交曲线表与路线平面曲线元素表；

（5）纵坡与竖曲线表；

（6）路基设计表；

（7）超高加宽表；

（8）路面加宽表；

（9）路基排水设计表；

（10）公路用地表；

（11）土石方计算表；

（12）边沟、排水沟设计表；

（13）总里程及断链桩号表；

（14）主要经济技术指标表；

（15）水准点表。

以上输出的表格均可由用户自由选择输出方式（AutoCAD 图形、Word、Excel 三种方式），并自动分页，方便打印。

13.2　系统应用常规步骤

使用 HintCAD V5.8 版进行公路路线及互通立交的设计工作，一般步骤如下。

13.2.1　常规公路施工图设计项目

对于工程可行性研究或初步设计项目，根据需要简略应用下述有关内容。

（1）单击"项目"→"新建项目"，指定项目名称、路径，新建公路路线设计项目。

（2）单击"设计"→"主线平面设计"（也可交互使用"立交平面设计"），进行路线平面线形设计与调整；直接生成路线平面图，在"主线平面设计"（或"立交平面设计"）对话框中单击"保存"得到 ∗.jd 数据和 ∗.pm 数据。

（3）单击"表格"→"输出直曲转角表"功能生成路线直线及曲线转角一览表。

（4）单击"项目"→"设计向导"，根据提示自动建立：路幅宽度变化数据文件（＊.wid）、超高过渡数据文件（＊.sup）、设计参数控制文件（＊.ctr）、桩号序列文件（＊.sta）等数据文件。

（5）单击"表格"→"输出逐桩坐标表"功能生成路线逐桩坐标表。

（6）使用"项目管理"或利用"HintCAD专用数据管理编辑器"结合实际项目特点修改以下数据文件：路幅宽度变化数据文件（＊.wid）、超高过渡数据文件（＊.sup）、设计参数控制数据文件（＊.ctr）等，这些数据文件控制项目的超高、加宽等过渡变化和纵面控制条件等情况。

（7）单击"数据"→"纵断数据输入"输入纵断面地面线数据（＊.dmx）；"数据"→"横断数据输入"功能输入横断面地面线数据（＊.hdm）；并在项目管理器中添加该数据文件。

（8）单击"设计"→"纵断面设计"进行纵断面拉坡和竖曲线设计调整，保存数据至＊.zdm文件中。

（9）单击"设计"→"纵断面绘图"生成路线纵断面图，同时根据设计参数控制文件（＊.ctr），标注各类构造物，单击"表格"→"输出竖曲线表"计算输出纵坡、竖曲线表。

（10）单击"设计"→"路基设计计算"，生成路基设计中间数据文件（＊.lj）；并可由路基设计中间数据文件，单击"表格"→"输出路基设计表"计算输出路基设计表。

（11）单击"设计"→"支挡构造物处理"输入有关挡墙等支挡物数据，并将其保存到当前项目中。

（12）单击"设计"→"横断设计绘图"，绘制路基横断面设计图，同时直接输出土石方数据文件（＊.tf）、根据需要输出路基横断面三维数据文件（＊.3DR）和左右侧边沟沟底标高数据（C:\Hint58\Lst\zgdbg.tmp）、（C:\Hint58\Lst\ygdbg.tmp）。

（13）单击"数据"→"控制参数输入"修改设计参数控制数据文件中关于土石比例分配的控制数据，单击"表格"→"输出土方计算表"计算输出土石方数量计算表和每公里土石方表。

（14）单击"绘图"→"绘制总体布置图"绘制路线总体设计图。

（15）单击"绘图"→"绘制公路用地图"可绘制公路占地图。

13.2.2　低等级公路设计项目

一般低等级公路项目需在外业期间现场进行平面线形设计，所以对于低等级公路项目应用纬地系统的步骤如下：

（1）单击"项目"→"新建项目"，指定项目名称、路径，新建公路路线设计项目。

（2）根据外业平面设计资料，单击"数据"→"平面数据导入"（或"平面交点导入"）功能，输入平面设计数据，并单击"导入为交点数据"将平面数据导入为纬地所支持的"平面交点数据"（对应文件后缀＊.jd）。

（3）单击"项目"→"项目管理器"中的"文件"管理页，选择"平面交点文件"一栏，指定平面导入生成的平面交点文件（＊.jd）并添加到项目中，单击"项目文件"菜单的"保存退出"。

（4）启动"主线平面设计"便可自动打开交点数据，"计算绘图"后可直接在AutoCAD中生成平面图形。单击"保存"按钮，系统自动将交点数据（＊.jd）转化为平面曲线数据（＊.pm）。

（5）以下同13.2.1节中第（3）步以后的内容。

13.3　纬地设计向导

菜单：项目——设计向导

命令：Hwizard

纬地系统 V3.0 ~V5.8 版在国内首先建立起基于现行《公路工程技术标准》和《公路路线设计规范》的纬地路线与立交设计专用标准数据库,并研制开发"纬地设计向导"功能。该功能在路线平面设计确定后,引导完成整个项目诸多标准和参数的确定和取用。可自动为不同等级和标准的设计项目选取超高与加宽过渡区间、数值,以及填挖方边坡、边沟排水沟等设计控制参数,引导用户更加快捷、方便地完成路线与互通式立交设计工作。这些通用标准数据可由用户自行修改(结合《公路工程技术标准》和《公路路线设计规范》修改),所取用的设计控制参数,用户还可使用"控制参数输入"功能结合实际工程情况加以修改调整。

该部分功能的研制开发成功,是纬地系统向部分智能化辅助设计方向探索的重要一步。

在纬地系统 V5.5 以后,根据设计项目的要求,在设计向导中可以将一个项目划分为若干个不同公路等级标准的项目分段,从而避免用户将同一项目分成多个项目进行设计。还可根据同一项目不同的等级标准分段自动计算建立超高、加宽、路幅断面、填挖方边坡等技术参数。并且支持三四级公路不设置缓和曲线时自动在直线段和圆曲线内过渡等情况,系统能够根据超高渐变率和加宽渐变率自动计算并确定过渡段。

纬地设计向导启动后,第一步对话框如图 13-1 所示,程序自动从项目中提取"项目名称"、"平面线形文件"以及"项目路径"等数据。用户需选择项目类型(公路主线或互通式立体交叉),并且指定设置本项目设计起终点范围——进行最终设计出图的有效范围,该范围可能等于平面线形设计的全长,也可以是其中的某一部分。在其他设置栏中可以输入本项目的桩号标识(如输入 A,则所有图表的桩号前均冠以字母 A)和桩号精度(桩号小数的保留位数)。单击"下一步"进入本项目第一个分段的设置。

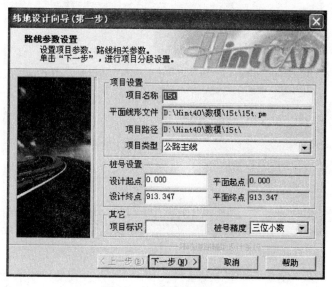

图 13-1　纬地设计向导

项目分段 1 第一步:首先输入本项目第一段的分段终点桩号,系统默认为平面设计的终点桩号。如果整个项目不分段,即只有一个项目分段,则不修改此桩号。其次选择"公路等级",根据公路等级程序自动从数据库中提出其对应的计算车速,其对话框如图 13-2 所示。单击"下一步"进入项目分段 1 第二步的设置。

项目分段 1 第二步:设计向导提示出对应的典型路基横断面型式和具体尺寸组成,用

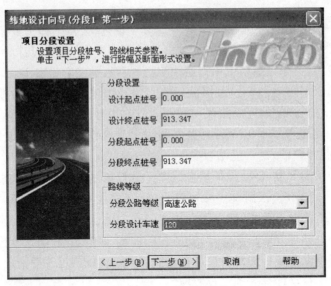

图 13-2　项目分段

户可直接修改并调整路幅总宽;针对城市道路,用户还可在原公路断面的两侧设置左右侧附加板块,来方便地处理多板块断面。对话框如图 13-3 所示。单击"下一步"进入项目分段 1 第三步。

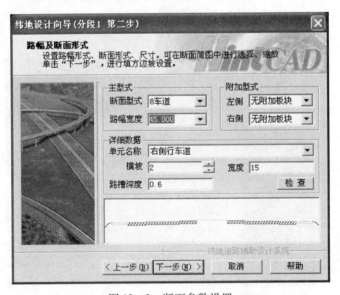

图 13-3　断面参数设置

　　项目分段 1 第三步、第四步引导完成项目典型填、挖方边坡的控制参数设置。可根据需要设置可处理高填与深挖断面的任意多级边坡台阶。对话框分别如图 13-4 和图 13-5 所示。

　　项目分段 1 第五步、第六步引导用户进行路基两侧边沟、排水沟型式及典型尺寸设置,可以根据需要设置矩形或梯形边沟,对于排水沟还可设置挡土堰等。对话框分别如图 13-6 和图 13-7 所示。

　　项目分段 1 第七步提示选择确定该项目分段路基设计所采用的超高和加宽类型、超高旋转、超高渐变方式及外侧土路肩超高方式、曲线加宽位置及加宽渐变方式,对话框如图 13-8 所

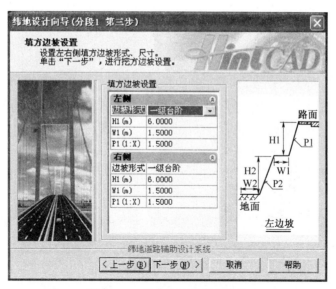

图 13-4　填方边坡的控制参数

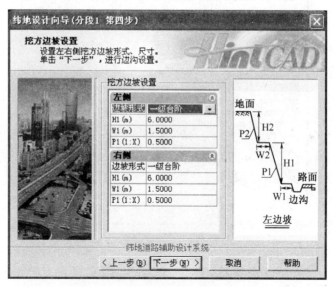

图 13-5　挖方边坡的控制参数

示。单击"下一步"则开始项目的第二个分段的设置,如此循环直到所有项目分段设置完成,则进入纬地设计向导最后一步自动计算超高和加宽过渡段。如果只有一个项目分段,单击"下一步",则直接进入纬地设计向导最后一步。

纬地设计向导最后一步:单击"自动计算超高加宽"按钮,系统将根据前面所有项目分段的设置结合项目的平面线形文件自动计算出每个交点曲线的超高和加宽过渡段,其对话框如图 13-9 所示。对于过渡段长度不够或曲线半径太小的线元,系统将以红色显示,便于进行检查。大家可以展开每一个曲线单元查看其超高和加宽设置,并且可以修改超高和加宽过渡段的位置和长度。

关于系统自动计算设置超高和加宽过渡段的设置原则详见本节后面的设置说明。单击"下一步",出现设计向导结束对话框。

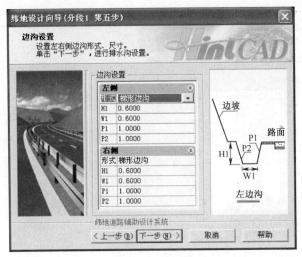

图 13-6　边沟设置

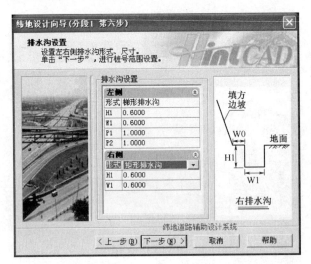

图 13-7　排水沟设置

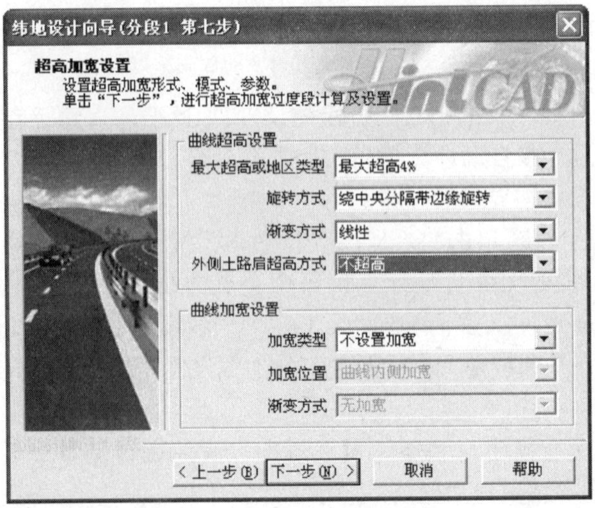

图 13-8　曲线超高与加宽设置

纬地设计向导结束对话框如图 13-10 所示。可设定逐桩桩号间距(如 20m),程序将以此间距自动生成桩号序列文件,并增加所有曲线要素桩。程序把将要自动生成的四个数据文件列于对话框中,在这里还可以修改所输出数据文件的名称。单击"完成"按钮,系统即自动计算生成路幅宽度文件(*.wid)、超高设置文件(*.sup)、设计参数控制文件(*.ctr)和桩号序列文件(*.sta),并自动将这四个数据文件添加到纬地项目管理器中。

图 13-9　自动计算超高加宽

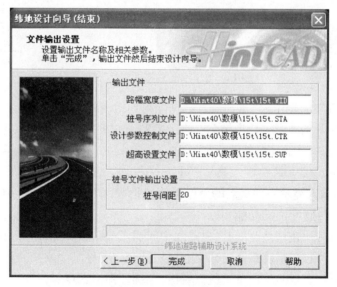

图 13-10　文件输出设置

13.4　平曲线的"交点设计法"

13.4.1　交点设计法简介

"交点设计法"是针对公路主线线形设计而开发的,这里将两段缓和曲线和一段圆曲线捆

233

绑作为一个交点曲线的基本组合,其中前部缓和曲线和后部缓和曲线既可以分别是任意一种缓和曲线类型,也可以分别存在或不存在,并且相邻两交点曲线可以相互组合。也正是基于这样的组合,本交点设计法适用于公路主线设计中各种线形组合,如对称与非对称、S型、凸型、卵型、C型以及回头曲线的设计。"交点设计法"又可称为"导线设计法"。

13.4.2　主线平面设计主对话框功能介绍

此种方法适用于一般情况下利用交点转角进行公路主线的平面设计与计算、成图。

菜单:设计——主线平面设计

命令:jdpm

交点设计法主对话框,如图 13 − 11 所示。

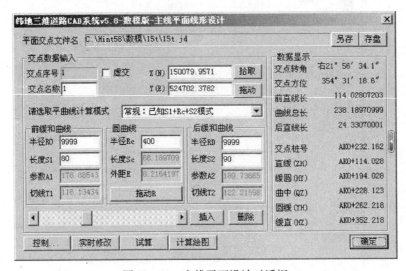

图 13 − 11　主线平面设计对话框

"存盘"和"另存"按钮用于将平面交点数据保存到指定的文件中。

在此对话框中,主要描述的是当前交点曲线的所有相关信息。下面叙述"交点数据输入:"线形数据输入部分各项对话框控件的功能用途。

其中"交点名称:"编辑框中输入显示当前对话框所显示交点的人为编号;"X(N):"、"Y(E):"编辑框分别输入显示当前交点的坐标数值;"拾取"、"拖动"按钮分别完成交点坐标的直接点取和交点的实时拖(移)动功能。

交点名称自动编排:在调整路线时,在路线中间插入或删除了交点,考虑到外业测量的交点编号和内业设计的一致性,系统默认增减交点以后的交点名称是不改变的。如果需要对交点名称进行重新编号,可在交点名称处单击鼠标右键,系统即弹出交点名称自动编号的选项菜单,如图 13 − 12 所示。大家可选择对当前项目的全部交点进行重新自动编号,或者只从当前交点开始往后重新编号。还可以选择按照当前交点的名称格式对所有交点重新进行编排。

全部重新编号

从当前交点开始重新编号

以当前交点格式重新编号

图 13 − 12　交点名称自动编排

"请选取平曲线计算模式:"列表为本交点曲线组合的计算方式,其中包含基本的交点曲线组合和多种组合的切线长度反算方式,可以根据不同的需要选择适合的计算方式。而对于不同的计算方式,对话框均有不同的连锁控制,以提示用户应该输入的数据项目。

横向滚动条控制向前和向后翻动交点数据,"插入"、"删除"按钮分别控制在任意位置插入和删除一个交点。

整个交点的曲线及组合的控制参数均在"前缓和曲线"、"圆曲线"、"后缓和曲线"中的编辑框中显示和编辑修改,其中"S_1"、"A_1"、"R_0"分别控制当前交点的前部缓和曲线的长度、缓和曲线参数值及其起点曲率半径;其中"Rc"、"Sc"分别控制曲线组合中部圆曲线的半径和长度;"S_2"、"A_2"、"R_D"分别控制当前交点的后部缓和曲线的长度、缓和曲线参数值及其终点曲率半径;"T_1"、"T_2"、"Ly"分别控制本交点设置曲线组合后第一切线长度、第二切线长度、曲线组合的曲线总长度,这些控件组将根据选择的不同计算方式,处于不同的状态,以显示、输入和修改各控制参数数据。

"拖动 R"按钮用于实时拖动中部圆曲线半径的变化。

"实时修改"按钮使可以动态拖动修改任意一个交点的位置和参数。

"控制…"按钮用于控制平面线形的起始桩号和绘制平面图时的标注位置、字体高度等;注意:在使用交点设计法进行路线平面设计及拖动时,将"控制…"对话框中的"绘交点线"按钮点亮。

"试算"按钮用于计算包括本交点在内的所有交点的曲线组合,并将本交点数据显示于主对话框。

"计算绘图"按钮用于计算和在当前图形屏幕显示本交点曲线线形。

"确定"按钮用于关闭对话框,并记忆当前输入数据和各种计算状态,但是所有的记忆都在计算机内存中进行,如果需要将数据永久保存到数据文件,必须单击"另存"或"存盘"按钮。

"取消"按钮可以关闭此对话框,同时当前对话框中的数据改动也被取消。

对于已有项目,"主线平面设计"启动后,自动打开并读入当前项目中所指定的平面交点数据。点按"计算绘图"后便可在当前屏幕浏览路线平面图形。

当新建项目后,可直接应用主线平面设计功能进行路线平面设计。首先应用 AutoCAD 打开数字化地形图(如果有的话),点取"设计"菜单下的"主线平面设计"项,这时系统只为新建项目建立了一个交点(除了交点名称和交点坐标可输入外,其他控件将处于不可用状态),首先输入第一个交点的 X(N)、Y(E) 坐标或单击"拾取"按钮直接在图形屏幕中点取交点。单击"插入"按钮,按照对话框的提示,点取"是"后,主对话框消失,可在图形屏幕中看到鼠标和第一个交点间有一条动态的连线,移动鼠标到合适的位置单击鼠标左键,系统即确定第二个交点的位置,根据需要可继续用鼠标拾取后面的交点直到完成交点的插入,单击鼠标右键,系统返回主对话框中。也可以在对话框中修改这些交点的坐标。

在纬地新版本中,进一步加强了主线平面设计的"拾取"功能。可以使用 CAD 的"Line(直线)"命令和"Pline(多段线)"命令在当前屏幕直接绘制路线的交点导线,将导线调整好以后,打开主线平面设计对话框,单击对话框中的"拾取"按钮,在右键菜单中选择"E 拾取交点线"或根据 CAD 命令行提示输入 E 回车,鼠标箭头变为小方框,点取屏幕中绘制的交点导线,系统即自动将其转换为纬地系统当前项目的交点线坐标。

通过移动横向滚动条,分别给每个交点设置平曲线(圆曲线和缓和曲线),并可根据需要先选择交点的计算模式,输入已知参数,点"试算"按钮进行各种接线反算(计算模式参见下文说明）。在计算成功的情况下,点"计算绘图"按钮可直接实时显示路线平面图形;而当计算不能完成时,对话框中的数据将没有刷新,并且在 AutoCAD 命令行中将出现计算不能完成的提示信息,在调整参数后可继续进行计算。

另外,用户可点"实时修改"和"拖动 R"按钮,根据命令行的提示实时拖动修改交点的位置和平曲线半径 R,以达到绕避构造物及路线优化等目的。实时修改是纬地道路辅助设计的一大特点和优势,也是完成许多特殊设计最快捷的工具。

注意对话框右侧"数据显示"中的内容,以控制整个平面线形设计和监控试算结果。结合工程设计中的实际情况,主线平面设计允许前后交点曲线相接时出现微小的相掺现象,即"前直线长"或"后直线长"出现负值。但其长度不能大于 2mm,否则系统将出现出错提示。

纬地新版中,在对话框右侧边缘中部增加了一个蓝色小按钮,用于控制对话框右侧"数据显示"栏的折叠和展开,减少对话框在图形屏幕中的占用面积,以方便用户查看图形。另外还增加了主对话框停放位置的记忆功能,即用户在设计绘图时将对话框移动到其他合适位置,当再次打开此对话框时,对话框仍显示在刚才移动后的位置,也方便了用户查看图形。虽是小小的细微改动,却体现了纬地软件人性化、处处考虑用户设计习惯、方便用户设计的特点。

对于如何完成各种模式的平曲线反算及复曲线、卵形曲线设计,请参阅下文计算方式介绍。

13.5　纵断面地面线数据输入

纬地系统开发了专门的纵、横断面地面线数据输入程序,推荐用户使用它们进行纵、横断面地面线数据输入(特别是对于横断面地面线数据),以便将许多类似键入手误、桩号不匹配、桩号顺序颠倒、格式不符等错误排除在数据录入阶段。纵、横断面地面线数据均为纯文本文件格式,用户也可以使用写字板、edit、Word 及 Excel 等文本编辑器编辑修改,但请注意保存为纯文本格式。

菜单:数据——纵断数据输入

命令:DATTOOL

纵断数据输入对话框如图 13 – 13 所示,系统可自动根据用户在"文件"菜单"设定桩号间

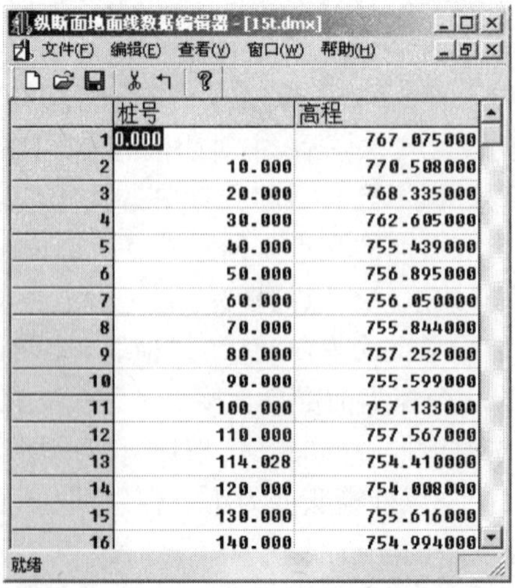

图 13 – 13　纵断数据输入对话框

隔"设定按固定间距提示下一输入桩号（自动提示里程桩号），用户可以修改提示桩号，之后键入回车，输入高程数据，完成后再回车，系统自动下增一行，光标也调至下一行，如此循环到输入完成。输入完成后，用鼠标单击最后一行的序号，选中该行，单击图标工具中的"剪刀"，便可删去最后一行多余的桩号。当用户需要在某一行插入一行时，先将光标移到该行，再单击图标工具中的"插入"按钮。系统会自动检查用户输入的每一桩号的顺序，错误时会自动提示。

输入完成，单击"存盘"按钮，系统便将地面线数据写入到用户指定的数据文件中，并自动添加到项目管理器中。

13.6　横断面地面线数据输入

菜单：数据——横断数据输入

命令：HDMTOOL

横断数据输入对话框如图13－14和图13－15所示，系统提供两种方式的桩号提示：按桩号间距或根据纵断面地面线数据的桩号。一般用户选择后一种，这样可以方便地避免出现纵、横断数据不匹配的情况。在图13－15的输入界面中，每三行为一组，分别为桩号、左侧数据、右侧数据。用户在输入桩号后回车，光标自动跳至第二行开始输入左侧数据，每组数据包括两项，即平距和高差，这里的平距和高差既可以是相对于前一点的，也可以是相对于中桩的（输入完成后，可以通过"横断面数据转换"中的"相对中桩→相对前点"转化为纬地系统需用的相对前点数据）。左侧输入完毕后，直接键入两次回车，光标便跳至第三行，如此循环输入。输入完成后单击存盘将数据保存到指定文件中，系统自动将该文件添加到项目管理器中。

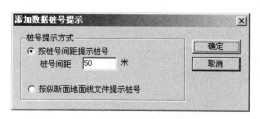

图13－14　横断添加数据输入对话框

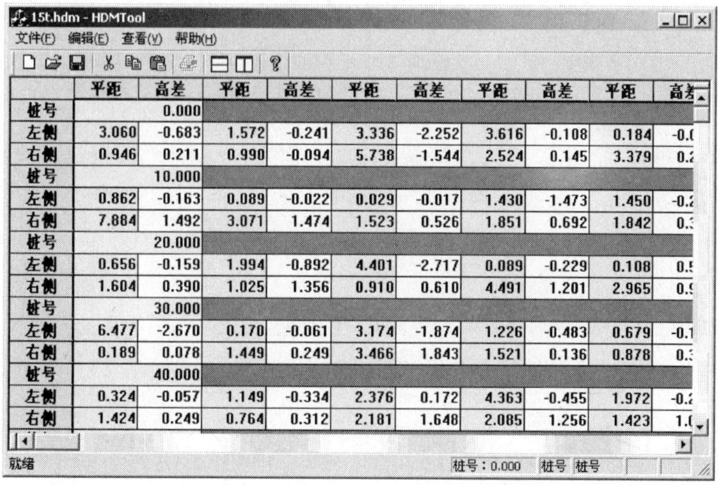

图13－15　横断数据输入对话框

另外，当项目管理器中未指定横断面数据文件或横断面输入工具中新建横断面数据文件时，V4.6以后版本的横断面输入工具可直接读入德国的Card/1软件所输出的横断面格式文件

237

和 HEAD 等软件的横断面格式文件,并转化为纬地系统的横断面文件格式。

关于纵、横断面的桩号匹配关系,纬地系统中要求:纵断面包含横断面,即纵断面数据中的桩号,在横断面中可以没有;但横断面数据中有的桩号,在纵断面中则必须有。另外当两种数据中的某一桩号相差小于2cm,即0.02m 时,系统会自动判断它们为同一桩号。为此,纬地道路 V5.6 以后增加了"纵横断面数据检查"工具,如图 13 – 16 所示。系统可自动检查出纵横断面数据文件中没有对应的桩号,以及重复出现的桩号数据等。

图 13 – 16　纵横断面数据检查

13.7　纵断面动态拉坡设计

系统在自动绘制拉坡图的基础上,支持动态交互式拉坡与竖曲线设计。用户可实时修改变坡点的位置、标高、竖曲线半径、切线长、外距等参数;对大、中型桥梁等主要纵坡,受控处系统可自动提示控制标高和相关信息。

菜单:设计——纵断面设计

命令:ZDMSJ

纵断面拉坡设计主对话框,如图 13 – 17 所示。

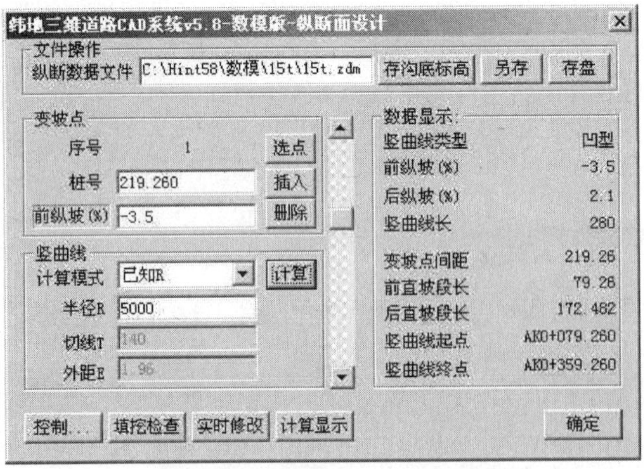

图 13 – 17　纵断面设计主对话框

此对话框启动后,如果项目中存在纵断面设计数据文件(* . zdm),系统将自动读入并进行计算显示相关信息。"存盘"和"另存"可将修改后变坡点及竖曲线等数据保存到数据文件中去。

第一次单击"计算显示"按钮,程序将在当前屏幕图形中绘出全线的纵断面地面线、里程桩号和平曲线变化,同时屏幕图形下方也会对应显示一栏平曲线变化图,为用户直接在屏幕上进行拉坡设计作准备,如图 13 – 18 所示。

在拉坡设计过程中,系统在屏幕左上角会出现一个动态数据显示框,主要显示变坡点、竖曲线、坡度、坡长的数据变化,随着鼠标的移动,框中数据也随之变动,动态显示设计者拉坡所需的数据一目了然。

平曲线图的窗口是固定不动的,并且可以将背景、字体、线形设置成不同的颜色。随着拉坡图的放大、缩小和移动等操作,平曲线也会随之在横向进行拉伸、缩短和移动,使其桩号位置始终和拉坡图桩号对应,以方便用户对拉坡位置进行判断和很方便地进行拉坡的平纵结合设计。

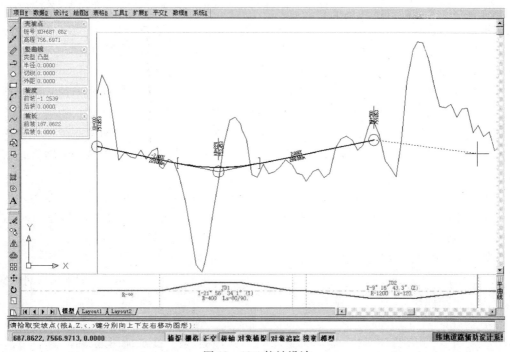

图 13-18　拉坡设计

单击"控制"按钮后将出现图 13-19 所示对话框,用于控制系统是否自动绘制纵断拉坡图和在拉坡图中标注桥梁、涵洞构造物的位置和控制标高,以方便在计算机屏幕上进行拉坡设计。如果用户使用纬地道路 CAD 数模版软件从数字地模中直接采集了路面左右侧边缘的地面高程,对话框中的"绘制路基左右侧地面高程"选项可以控制在拉坡图中同时绘出左右侧的地面高程线图形。这样用户在拉坡时便可直接控制路基左右侧边缘的填挖情况。"标注竖曲线"选项是选择是否在拉坡图上显示变坡点桩号、高程、坡度、坡长以及竖曲线的起终点位置。

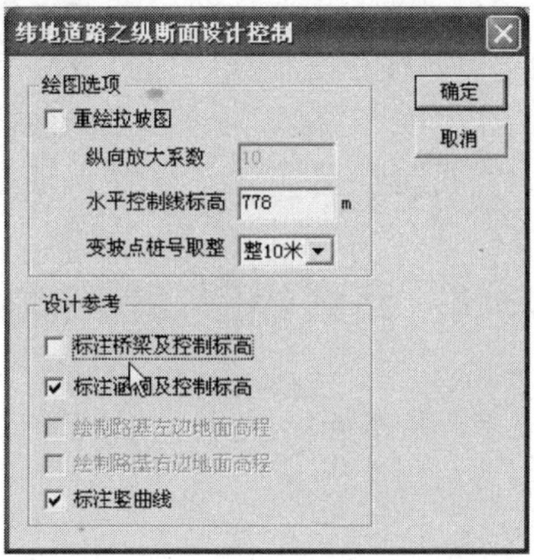

图 13-19　纵断面设计控制

"变坡点"中各控件显示当前变坡点的"序号"、"变坡点桩号"及"变坡点高程"等数据。"选点"用于在屏幕上直接拾取当前变坡点的位置;纵向滚动条控制向前或向后翻动变坡点数据。"插入"和"删除"按钮使用户可以在屏幕上通过鼠标点取的方式直接插入(增加)或删除一个变坡点及其数据。

为了使路线纵坡的坡度在设计和施工中便于计算和掌握,纬地系统还支持在对话框中直接输入坡度值。鼠标单击变坡点控件中的凹显"高程"按钮,右侧数据框中的变坡点高程值会转换为前(或后)纵坡度,用户可以将该坡度值进行取整或输入需要的坡度值,单击"计算显示"按钮,系统会自动算出新的变坡点高程并刷新图形。

在"竖曲线"中的"计算模式"包含五种模式,即常规的"已知 R"(竖曲线半径)控制模式、"已知 T"(切线长度)控制模式、"已知 E"(竖曲线外距)控制模式,以及与前(或后)竖曲线相接的控制模式,以达到不同的设计计算要求。根据用户对"计算模式"的不同选择,其下的三项"竖曲线半径"、"曲线切线"、"曲线外距"等编辑框呈现不同的状态,亮显时为可编辑修改状态,否则仅为显示状态。

"数据显示:"中显示了与当前变坡点有关的其他数据信息,以供随时参考、控制。

"水平控制线标高"中用户可编辑修改用于拉坡设计时作为参考的水平标高控制线(其默认标高为纵断面地面线的最大标高)。

"确定"按钮完成对对话框中数据的记忆后隐去对话框。

"计算显示"按钮用于重新全程计算所有变坡点,并将计算结果显示于对话框中;同时完成对拉坡图中纵断面设计线的自动刷新功能。

"实时修改"按钮是纵断面设计功能的重点,首先提示"请选择变坡点/P 坡段:",如果用户需要修改变坡点,可在目标变坡点圆圈之内单击鼠标左键,系统提示请用户选择"修改方式:沿前坡(F)/后坡(B)/水平(H)/垂直(V)/半径(R)/切线(T)/外距(E)/自由(Z):",用户键入不同的控制键(字母)后,可分别对变坡点进行沿前坡(F)、后坡(B)、水平(H)、垂直(V)等方式的实时移动和对竖曲线半径(R)、切线长(T),以及外距(E)等的控制性动态拖动。该命令默认的修改方式是对变坡点的自由(Z)拖动。这里系统仍然支持"S"、"L"键对鼠标拖动步长的缩小与放大功能。如果用户需要将变坡点的桩号或某一纵坡坡度设定到整数值或固定值,可以通过实时拖动、直接修改对话框中变坡点的数据或直接指定变坡点的前、后纵坡值来实现。

当用户选择拖动"坡段"时,系统提示"选择修改方式:指定坡度且固定前点(Q)/固定后点(H)/自由拖动(Z)"。这里用户可以在指定坡段的前点或后点固定的前提下,直接输入一指定纵坡坡度,"自由拖动(Z)"使用户可以在坡段坡度不变的前提下,整段纵坡进行平行移动。

在操作过程完成后,注意用"存盘"或"另存"命令对纵断面变坡点及竖曲线数据进行存盘。

13.8 路线纵断面图绘制

该功能可根据用户的不同需求进行不同设置,从而绘制任意比例及不同形式的纵断面设计图,并可自动分跨径标注桥梁、涵洞等构造物。

菜单:设计——纵断面设计绘图

命令:ZDMT

纵断面计算与绘图程序主对话框,如图 13-20 所示。

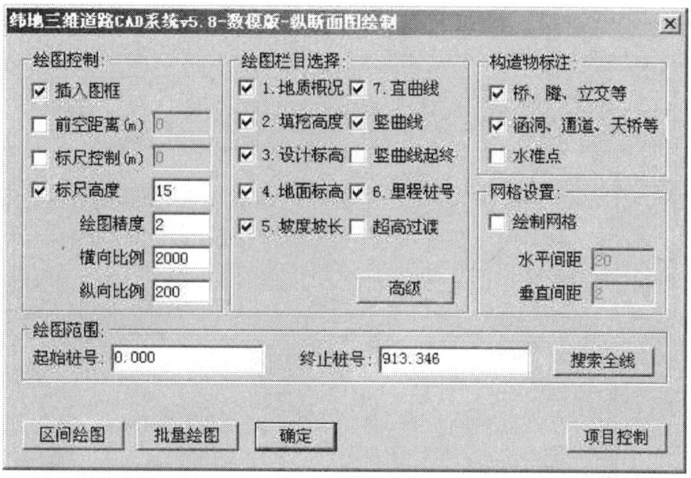

图 13-20 纵断面绘图对话框

"起始桩号:"和"终止桩号:"编辑框用于输入用户所需绘制的纵断面图的桩号区间范围。单击"搜索全线"按钮,系统会自动搜索到本项目起终点桩号。

"标尺控制:"按钮点亮后,可在其后的编辑框中输入一标高值,程序将通过以此数值作为纵断面图中标尺的最低点标高来调整纵断面图在图框中的位置,另外可以控制"标尺高度:"的高度值。

"前空距离:"按钮点亮后,控制在绘图时调整纵断面图与标尺间的水平向距离。

"绘图精度:"编辑框中用户可以制定在绘图过程中,设计标高、地面标高等数据的精度。

"横向比例:"和"纵向比例:"编辑框中分别输入指定纵断面的纵横向绘图比例。也正是因为纵横向比例可以任意调整,所以此程序还可以方便地用于路线平纵面缩图的绘制。

"确定"按钮可完成对话框数据的记忆功能。

"区间绘图"按钮将完成对话框输入,开始进行用户输入范围的连续纵断面图绘制,主要包括读取变坡点及竖曲线,进行纵断面计算,绘制设计线;读取纵断面地面线数据文件,绘制地面线;读取超高过渡文件,绘制超高渐变图;读取平面线形数据文件,绘制平曲线;将位于绘图范围内的地面线文件中的一系列桩号及其地面标高、设计标高标注于图中;将设计参数控制文件中qhsj. dat 项及 hdsj. dat 项所列出的桥梁、分离立交、天桥、涵洞、通道包括水准点等数据标注于纵断面图中。

"批量绘图"按钮用于自动分页绘制纵断面设计图。当所有设置均调整好以后,单击"批量绘图"按钮,系统根据用户的设置,自动调用纬地目录下的纵断面图框(纬地安装目录下的/Tk-zdmt. dwg)分页批量输出所有纵断面图,如图 13-21 所示。系统将自动确定标尺高度,当地形起伏较大时,系统会自动进行断高处理(但纬地系统中默认在同一幅图中最多断高三次,否则用户应压缩纵向绘图比例了)。

"绘图栏目选择"中的一系列按钮分别控制纵断面图中诸多元素的取舍和排放次序,如地质概况、里程桩号、设计高程、地面高程、直曲线、超高过渡、纵坡、竖曲线等。"构造标注"控制是否标注桥梁、涵洞、隧道和水准点等构造物,用户可以根据自己的需要随意控制。

单击"高级"设置按钮,出现如图 13-22 所示对话框,用户可以对其进行详细的设置,其中

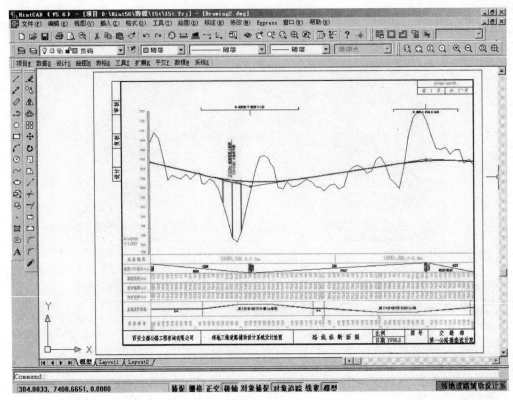

图 13-21 纵断面出图

通用设置可以选择里程桩号不重叠或者只绘制 5km、1km、500m、100m、50m、20m 等桩号,通过此功能,用户可以很方便地绘制不同比例下的纵断面缩图。另外对纵断面图中的地质概况等每一项栏目都可以进行详细的设置,可以自行修改栏目名称、高度、选择是否绘制、绘制顺序以及图层和文字等各种修改。

程序可在绘图时自动缩放并插入图框文件(纬地安装目录下的\tk_zdm.dwg),用户可以修改、替换该文件。请先修改该文件的属性,取消只读文件的设置,并将新的图框文件的插入点定位到内框的左下角,并注意标准图框模板的大小及位置不能改变。

图 13-22 纵断面图栏目详细设置

13.9 横断面设计与绘图

主要功能:任意定制各种横断面类型、多级填挖方边坡、护坡道、边沟、排水沟,以及截水沟和路基支挡防护构造物,实现了横断面随意修改后的所有数据自动搜索刷新。针对不同公路等级和设计的不同需要,可随意定制横断面绘图的方式方法、断面各种图形信息的标注形式和内容。需要特别说明的是新的横断面设计模块可以方便、准确地考虑各种情况下路基左右侧超填、因路基沉降引起的顶面超填、清除表土以及路槽部分的土方数量增减变化(直接在断面数量中考虑),用户可以根据不同项目的特点选择应用。

菜单:设计——横断设计绘图

命令:HDM_new

横断设计与绘图主对话框如图 13－23 所示,主要分为三部分:设计控制、土方控制、绘图控制。

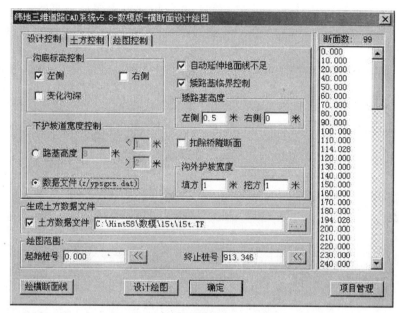

图 13－23 横断绘图主对话框

13.9.1 设计控制

(1)自动延伸地面线不足。控制当断面两侧地面线测量宽度较窄,戴帽子时边坡线不能和地面线相交,系统可自动按地面线最外侧的一段的坡度延伸,直到戴帽子成功(当地面线最外侧坡度垂直时除外)。

(2)左右侧沟底标高控制。如果用户已经在项目管理器中添加了左右侧沟底标高设计数据文件,那么"沟底标高控制"中的"左侧"和"右侧"控制将会亮显,用户可以分别设定在路基左右侧横断面设计时是否进行沟底标高控制,并可选择变化沟深或固定沟深。结合《文件编制办法》要求,纬地系统自 V3.0 版起便已经支持路基两侧沟底标高控制模式下的横断面设计,V4.6 版此功能有了进一步完善,更加灵活方便。

(3)下护坡道宽度控制。此功能主要用于控制高等级公路项目填方断面下护坡道的宽度变化,其控制支持两种方式,一是根据路基填土高度控制,即用户可以指定当路基高度大于某一数值时下护坡道宽度和小于这一数值时下护坡道宽度;二是根据设计控制参数文件中左右侧排水沟形式(zpsgxs. dat 和 ypsgxs. dat)中的具体数据控制,一般当排水沟控制的第一组数据的坡度数值为 0 时,系统会自动将其识别为下护坡道控制数据。如果用户选择了第一种路基高度控制方式,系统将自动忽略 zpsgxs. dat 和 ypsgxs. dat 中出现的下护坡道控制数据(如果存在,其后的排水沟形式不受影响)。

(4)矮路基临界控制。用户选择此项后,需要输入左右侧填方路基的一个临界高度数值(一般约为边沟的深度),用以控制当路基边缘填方高度小于临界高度时,直接设计边沟,而不先按填方放坡之后再设计排水沟。

利用此项功能还可以进行反开挖路基等特殊横断面设计。

（5）扣除桥隧断面。用户选择此项后，桥隧桩号范围内将不绘出横断面。

（6）沟外护坡宽度。用来控制戴帽子时排水沟（或边沟）的外缘平台宽度，用户可以分别设置沟外护坡平台位于填方或挖方区域的宽度。

系统首先将沟外侧边坡顺坡延长 1 倍沟深判断与地面是否相交。如果延长后沟外侧深度小于设计沟深的 1/2 倍或大于设计沟深的 2 倍时，设计线则直接沿沟外侧坡度与地面线相交；反之则按原设计边沟尺寸绘图并在沟外侧生成护坡平台（按用户指定的宽度），系统继续判断平台外侧填挖，并按照控制参数文件中填挖方边坡第一段非平坡坡度（即坡度不为 0 的坡度）开始放坡交于地面线。

13.9.2　土方控制

（1）计入排水沟面积。用以控制在断面面积中是否考虑计入左右侧排水沟的土方面积，如图 13-24。

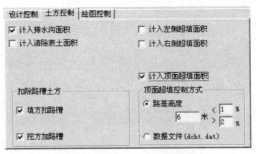

图 13-24　土方控制对话框

（2）计入清除表土面积。用以控制在断面面积中是否考虑计入清除表土面积。参见图 13-25，其中 W_1 的宽度即为清除表土的宽度。

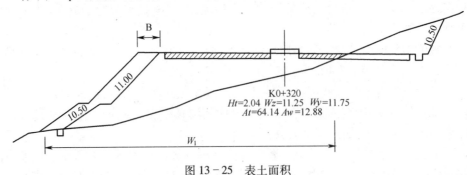

图 13-25　表土面积

（3）计入左右侧超填面积。用以控制在断面面积中是否考虑计入填方路基左右侧超宽填筑部分的土方面积。图 13-25 中左侧即为对路基超填部分土方面积的示意，B 宽度为超填宽度。

（4）扣除路槽土方。用以控制在断面面积中考虑扣除路槽部分土方面积的情况，用户可以分别选择对于填方段落是否扣除路槽面积和挖方段落是否加上路槽面积。在新版纬地 5.6 中，系统支持在控制参数文件（ * . ctr）中输入路基各部分（行车道、硬路肩、土路肩）路槽不同的深度，可选择在横断面图中绘出路槽图形，并精确扣除（或增加）路槽面积。如果用户将行车道、硬路肩、土路肩等宽度全部考虑时,便可实现根据设计施工的实际需要,路基施工只填到路槽底面,然后培路肩等情况。

参见图13-25所示,系统在进行断面面积计算时,系统将根据用户的选择,从断面填方面积中减去路槽部分(图中阴影部分)的面积,而对于挖方部分,系统将根据选择自动在断面挖方面积中增加路槽(图中空白路槽部分)的面积。

(5)计入顶面超填面积。这一控制主要用于某些路基沉降较为严重的项目,需要在路基土方中考虑因地基沉降而引起的土方数量增加。顶面超填也分为"路基高度"和"文件控制"两种方式,路基高度控制方式,即按路基高度大于或小于某一指定临界高度分别考虑顶面超填的厚度(路基实际高度的百分数)。当用户选择数据文件控制方式后,系统将自动控制参数文件中"顶超填"部分的分段数据来考虑顶面超填土方。

13.9.3　绘图控制(图13-26)

(1)选择绘图方式。用户可以按项目需要自由控制绘图的比例和方式,其中包括:"1∶100 A3纸横向"、"1∶100 A3纸竖向"、"1∶200 A3纸横向"、"1∶200 A3纸竖向"、"1∶400 A3纸横向"、"1∶400 A3纸竖向"、"自由出图"、"不绘出图形"等,除"自由出图"、"不绘出图形"两种方式外,其他方式的绘图系统均会自动分图装框。"自由出图"出图方式一般用于横断面设计检查和不出图等情况下,"不绘出图形"方式一般用在用户并不需要察看横断面设计图形,而是需要快速得到土方数据或其他数据等情况。

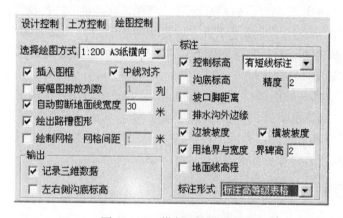

图13-26　横断面绘图控制

(2)插入图框。控制系统在横断面设计绘图时是否自动插入图框,图框模板为纬地安装目录下的"Tk_hdmt. dwg"文件,用户可以根据项目需要修改图框内容,但不能移动、缩放该图框。

(3)中线对齐。用户可以勾选横断面绘图的排列方式是以中线对齐的方式还是以图形居中的方式来进行排列。

(4)每幅图排放列数。适用于低等级道路断面较窄的情况,用户可以根据需要直接指定每幅横断面图中断面的排放列数。

(5)自动剪断地面线宽度。用于控制是否需要系统在横断面绘图时,根据用户指定的长度将地面线左右水平距离超出此长度的多余部分自动裁掉,对于设计线超出此长度时,系统将保留设计线及其以外一定的地面线长度。

(6)绘出路槽图形。用于控制是否需要系统在横断面绘图时,自动绘出路槽部分图形。

（7）绘制网格。用户可以选择在横断面设计绘图时，是否绘出方格网，方格网的大小可以自由设定。

（8）标注部分。系统新版中用户可以根据需要，自由选择在横断面图中自动标注哪些内容，包括：路面上控制点标高及标注型式、沟底标高及精度控制、坡口坡脚距离和高程、排水沟外缘距离和标高、边坡坡度、横坡坡度、用地界与用地宽度以及横断地面线每一个折点的高程等。对于每一横断面的具体断面信息参数绘制，系统可支持三种方式，即"标注低等级表格"、"标注高等级表格"和"标注数据"。

（9）输出相关数据成果部分。系统可根据用户选择在横断面设计绘图时，直接输出横断面设计"三维数据"和路基的"左右侧沟底标高"，其中断面"三维数据"用于系统数模版直接结合数模输出公路全三维模型。

"左右侧沟底标高"数据输出的临时文件为纬地安装目录下的"\Lst\zgdbg.tmp"和"\Lst\ygdbg.tmp"文件，主要为高等级公路的边沟、排水沟沟底纵坡设计使用，用户可以直接以该文件作为某一新建项目的纵断面地面线数据，然后利用纬地系统的纵断面设计程序直接进行沟底拉坡设计，完成后直接选择"存沟底标高"按钮，即可将沟底纵坡数据保存为左右侧沟底标高文件（＊.zbg 和＊.ybg），以便再次进行沟底纵坡控制模式下的横断面设计。

13.9.4　生成土方数据文件

系统可以根据用户选择直接在横断面设计与绘图的同时输出土方数据文件，其中记录桩号、断面填挖面积、中桩填挖高度、坡口坡脚距离等数据，以满足后期的横断面设计修改、用地图绘制、总体图绘制等需要，特别是路基土石方计算和调配的需要。对话框中用户在选择输出土方数据文件后（数据文件名称变为亮显状态）需输入土方数据文件的名称，也可以单击其后的"…"按钮，指定该文件的名称及存放位置。

最新版中土方数据文件还进行了许多修改，记录了横断面设计中更多的数据，如路基边缘宽度与高程、坡口坡脚宽度与高程、断面面积中已经考虑的分项土方面积等等。这样用户不仅可以利用该数据文件进行土方计算，还可以从中提取出路基排水设计、挡土墙设计、分项土方计算等所需要的数据，大大方便了相关专业的设计与出图工作。

13.9.5　桩号列表和绘图范围

系统在启动横断面设计对话框时，便已经打开项目中的横断面地面线文件，读出所有桩号，并列于对话框右侧，便于用户查阅和选择横断面绘图范围中的起终桩号。

13.9.6　绘横断面地面线（按钮）

用于在当前图形屏幕绘出所有横断面地面线图形，一般用于地面线输入后的数据检查。

13.9.7　设计绘图（按钮）

系统开始根据用户所有（以上）定制，开始横断面设计与绘图。单击"设计绘图"按钮，系统自动调用纬地安装目录下的横断面图框（Tk-hdmt.dwg），批量自动生成用户指定的桩号区间的所有横断面图。如图 13-27 所示为系统根据用户的定制自动生成的一种横断面图，定制的格式为"A3 图纸横放、比例 1：400、中线对齐、断面图排放两列、自动裁剪地面线 25m、绘出路槽图形、标注路面横坡、标注边坡坡度、绘出用地界并标注宽度、设计数据以表格形式输出"等。

所有这些设置均可根据用户的不同需要自由定制。

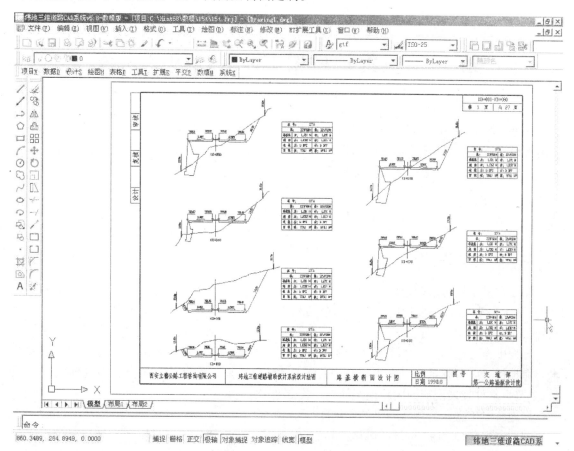

图 13-27　横断面出图

横断面设计绘图是根据路基中间数据文件（＊．lj），每个桩号的路基数据对应相同桩号的横断面地面线进行戴帽。如果某个横断面桩号在戴帽时找不到对应桩号的路基数据，系统则会给出提示及相应的选项如图 13-28 所示。

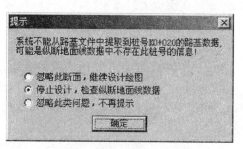

图 13-28　路基数据检查

用户可根据具体情况做出不同的选择，如选择第一项，单击"确定"按钮，则系统忽略此横断面，继续其他断面的设计绘图，至下一个出现同样问题的断面时继续提示用户进行选择；如选择第二项，系统自当前提示桩号的位置停止横断面设计绘图，用户可使用"纵横断面数据检查"工具检查完善纵断面地面线文件，并重新进行路基设计计算，然后再继续横断面设计绘图的操作；如选择第三项，则系统自动忽略此类问题不再提示，系统仅对所有有对应路基数据的横断地面线一次性完成设计绘图，而忽略没有对应路基数据的横断面地面线桩号。

第 14 章　海地桥梁 HardBE 2013 系统

海地桥梁 HardBE 2013 系统是用于桥涵设计的 CAD 软件系统,主要面向公路、市政道路、铁路等设计行业。海地桥梁 HardBE 2013 系统可大大提高设计效率和质量,是工程设计人员强有力的辅助设计工具,是符合软件发展潮流面向新世纪的新一代专业 CAD 系统。

14.1　桥型总体布置图

14.1.1　总体说明

海地桥梁工程师系统,是公路工程设计系列软件之一。海地桥梁工程师系统是用于桥涵设计的 CAD 软件系统,主要面向公路、市政道路、铁路等设计行业。桥梁工程师系统由西安海地软件公司联合辽宁、山西、云南等设计院联合开发,西安海地计算机软件公司具有完全自主的版权。开发中充分总结了广大工程人员的设计经验和实际需求,并采用了先进的计算机软件技术。海地桥梁工程师系统可大大提高设计效率和质量,是工程设计人员强有力的辅助设计工具,是符合软件发展潮流面向新世纪的新一代专业 CAD 系统。

海地桥梁工程师系具备明显的先进性:

(1)可视化:真正 Windows 风格的界面,直观,简单,易用。通过导航图为用户提供了直观的参数说明;通过模板参数可以更快捷地定义计算内容;设计过的项目均可以定义成模板,同类型的项目在模板上修改使设计变的极其简单,风格统一,易学易用。

(2)参数化:图纸完全参数化设计,数据完全模板化输入,即时修改即时设计成图,系统提供详细的帮助信息,帮助用户输入正确的参数值。

(3)标准化:计算和绘图均遵循交通部颁布的标准;提供标准图纸库;系统提供常规的板桥跨径 6~20m,斜交角度 0~50°(间隔为 5°)的上部一般构造图、钢筋构造图以及与上部配套的下部(桩柱式桥墩桥台、盖梁构造及钢筋图),此图为部颁标准图的改进图库。同时还提供了部颁桥涵标准图(共 30 套)。

(4)集成化:数据输入、设计计算、验算、图纸生成与图纸管理有机地集成在一起不需要单独的数据输入工具,用户在 CAD 系统内输入或修改数据,数据输入完成后即可进行设计计算,并马上得到设计说明及图纸,用户对设计结果进行检查,如检查有误,用户可以返回数据输入界面修改参数后重新进行设计过程。

(5)网络化:通过网络可共享设计资料为用户提供网络版本,通过网络用户可共享设计数据文件、图纸文件、标准图库等资料。

(6)实用化:实用的设计计算、验算功能,在工程实际中得到多次验证各设计计算、验算功能都是完全面向工程的实际需求而开发的,较为完整并仍在继续扩充;各设计功能已在多个实际工程得以应用,其可靠性能完全保证。

(7)先进性:基于先进的 CAD 软件开发平台 AutoCAD 系统,完全采用 C++及 ObjectARX 编程,技术先进,符合发展潮流。

（8）全面性：系统自动生成各种各样的桥梁总体布置图,包括各种板梁配合各种下部的梁式、拱式、斜拉、悬索等,直线的、斜弯的以及斜弯组合桥。系统能够自动计算验算并输出各种板的上部的一般、配筋及细部工程图纸以及计算说明书。系统能够自动设计、验算并输出各种桥梁下部的工程图纸,包括重力式、桩柱式、肋式、轻型、石砌等形式,并输出设计说明书。系统自动计算、验算小型拱桥,并自动输出拱桥的全部图纸。系统提供部颁桥涵标准图库,对于工程设计提供极为方便的素材。正是由于海地桥梁工程师系统的全面性,已经成为桥梁工作者不可获缺的的工具,海地桥梁工程师系统先进性已经在工程实践中得到了充分的验证。

海地桥梁工程师（HardBE）桥型布置主要完成简支梁型大、中、小桥梁、通道以及连续梁桥总体布置图的绘制。其中,对于简支梁型大、中、小桥梁、通道,其上部主梁形式可为矩形实心板、单（多）圆孔空心板、方孔空心板、翼缘式空心板以及 T 型梁等多种形式;桥台可为柱式台、钢筋砼薄壁台、钢筋砼轻型台、石砌轻型台以及肋板式桥等五种形式;桥墩可为柱式桥墩、钢筋砼薄壁墩、钢筋砼轻型墩以及石砌轻型桥墩等四种形式。对于连续梁,其墩台形式同上,其主梁形式除以上所描述的以外,还增加了箱梁类型。实际使用时,可以根据实际情况选取上部形式和墩台形式,并输入相应的数据,系统会自动绘制出用户设定的桥型布置图。

14.1.2 操作步骤

总控信息的设定：选择桥梁的总体控制信息。如桥梁的上部形式、桥墩类型、桥台类型、桥梁分幅情况、分孔情况等。在此步骤中,还可以设置图纸的自定义图框、调入从前已经设计好的数据,一般可以调入一个相类似的桥姓数据,在这个数据的基础上进行必要的修改即可成为新的设计,通常情况下,一条路的桥型相似的地方非常多,完全可以通过"模板"的更改来进行批量的设计。对于已经完成的设计数据,可以通过"存储"命令"换名"将图纸数据保存起来。记住,如果是通过已经设计好的数据修改进行的设计,在存储时为了不破坏从前的数据,一定要"换名"进行存储。很多用户在刚开始使用时由于没有注意这一点,而给工作带来不必要的麻烦。

数据编辑：输入桥梁各部分的尺寸、位置描述数据,以便系统进行绘图。

绘桥型图：数据输入完成后,系统会根据用户所输入的数据和指定的图框绘制出桥型布置图。海地桥梁工程师生成的图纸将根据桥长以及绘图比例进行自动分页。对于生成的图纸用户可以进行必要的编辑和修改。

HardBE 2013 系统提供大中桥桥型、小桥桥型及通道桥桥型三种形式。下面以大中桥桥型为例说明其操作步骤。

1. 数据操作

单击"桥型"→"大中桥桥型",弹出"大中桥桥型设计系统"对话框,如图 14－1 所示。对话框下方,有"读入数据"、"保存数据"及"清空数据"三个按钮。"读入数据"用于调用已有的桥型数据文件;"保存数据"用于保存编辑好的桥型数据;"清空数据"用于清除已编辑的桥型数据。

2. 图幅控制数据

图 14－1 中"图幅控制"选项卡主要包括图框标题栏内容、桥型总体控制信息以及桥型绘制总体控制信息,上（下、左、右）缘空隙指图形边界与内图框的距离,单位为厘米。

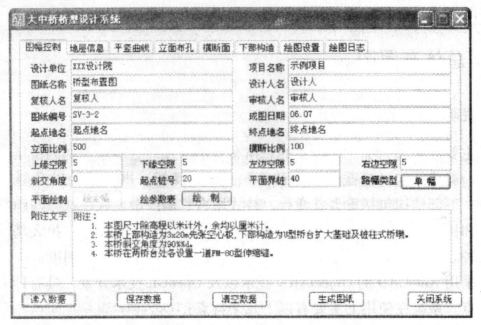

图 14-1 "图幅控制"选项卡

3. 地层信息

"地层信息"选项卡,包含"地层线信息"、"地质钻孔数据"、"水位信息"及"锥坡信息"四部分内容,如图 14-2 所示。

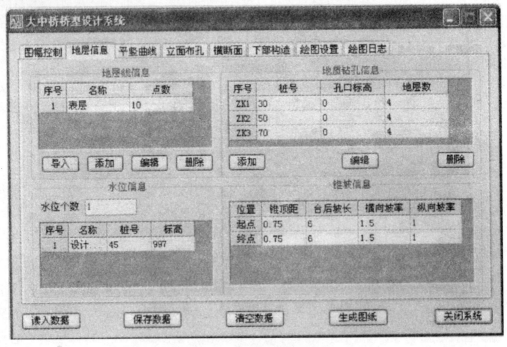

图 14-2 "地层信息"选项卡

(1) 地层线信息此功能用于输入桥址处的地面线和地质构造线。

① 导入:用于导入"*.dc"x:格式的 QX 系统地层线文件。

② 添加:新建或添加一条地层线。

③ 编辑:用户可直接双击数据网格某行以编辑某条地层线;也可先单击数据网格某行,然后单击"编辑"按钮来实现对某条地层线的编辑。注意,若有多条地层线编辑时,可双击进入任一条地层线的数据输入界面,然后可通过此界面中的"上层"和"下层"按钮完成地层线间的快速切换。

④删除:用户可先单击数据网格某行,然后单击"删除"按钮来删除某条地层线。输入地层线时注意:各层的描述数据应按照桩号递增顺序输入,且层序应按照自上向下的顺序。

(2) 地质钻孔信息此功能用于输入地质钻孔数据,其中土层厚度以米计。

①添加:新建或添加一个钻孔,可参考已有钻孔提高数据录入速度。

②编辑:用户可直接双击数据网格某行以编辑某个钻孔;也可先单击数据网格某行,然后单击"编辑"按钮来实现对某个钻孔的编辑。注意,若有多个钻孔编辑时,可双击进入任一个钻孔的数据输入界面,然后可通过此界面中的"前孔"和"后孔"按钮完成钻孔间的快速切换。

③删除:用户可先单击数据网格某行,然后单击"删除"按钮来删除某个钻孔。输入钻孔资料时应按照桩号递增顺序输入各钻孔。

(3) 水位信息用于水位数据的输入,绘制桥型图时标于立面图中。"名称"指水位的名称,如设计水位、常水位。"桩号"指立面图中标注此水位的里程桩号。"标高"指水位的标高值。

(4) 锥坡信息。"锥顶距"指锥坡的锥顶(放坡起点)至桥台尾端的距离,通常为 0.75;"台后坡长"指台后护坡的长度;"纵向坡率"指锥坡顺桥向的坡率,如 1 : 1.5 填 1.5;"横向坡率"指护坡的坡率,一般与路基边坡的坡率相同,如 1 : 1.5 填 1.5。当某个锥坡参数 ≤0 时,此锥坡将不绘制。

4. 平竖曲线

"平竖曲线"选项卡包含"平曲线参数"、"竖曲线参数"两部分内容,如图 14-3 所示。

(1) 平曲线参数用于输入桥位处路线的平曲线参数。

① 起点、终点的 X、Y 坐标:指桥梁所处平曲线交点的大地坐标。

② 交点个数:指包含桥梁的最短平曲线的中间交点总数。当无曲线时应填 0。

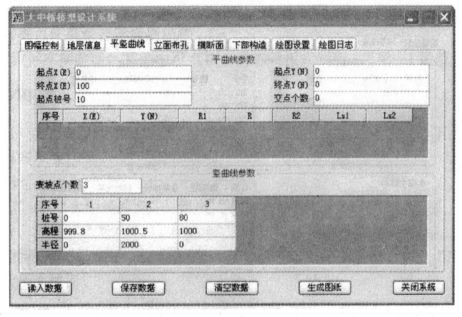

图 14-3 "平竖曲线"选项卡

251

③ 起点桩号:指上述起点对应的里程桩号。

④ 平曲线参数表:长度单位均为米;X(E)、Y(N):各中间交点的大地坐标;曲线半径:各交点中圆曲线的半径;缓和长 Lsl:各交点中第一缓和曲线的长度;缓和长 Ls2:各交点中第二缓和曲线的长度。

(2) 竖曲线参数用于输入桥位处路线的竖曲线参数。使用时,首先输入竖曲线点数,然后单击其下的数据网格即可输入其他参数。使用时有以下三种情况:当为单向坡时只需输入两个变坡点参数,且各变坡点的半径均为 0;当为单竖曲线时,应输入三个变坡点参数,且第一和第三变坡点的半径均为 0,第二变坡点的半径必须大于 0;当为多个竖曲线时,按照桩号递增顺序依次输入各变坡点参数,同样,首变坡点和末变坡点的半径为 0,其余中间变坡点的半径必须大于 0。其中,竖曲线半径以米计。

提示:在输入变坡点的参数时,首变坡点和末变坡点的桩号和高程可不必按照实际填,只需保持它们与相邻变坡点的坡度不变即可,但各中间变坡点参数必须按照实际填。

5. 布孔及立面描述

使用注意:

(1) 每一段表示一种类型的上部结构形式,可有任意跨径。

(2) 同一种上部类型且不同跨径者,视为不同的段,应分开处理。

(3) 单孔跨径指各段的标准跨径,对于边孔,指伸缩缝的桥孔侧至墩中心的距离。

(4) 孔数指对应段(上部类型)的跨数。

(5) 可单击"添加"按钮或按"Insert"键添加一种上部类型。

(6) 可先单击某段然后单击"编辑"按钮或按"Enter"键编辑选中的段。

(7) 可先单击某段然后单击"删除"按钮或按"Delete"键删除选中的段。

(8) 各段数据全部填写完毕后,应以单击"确定"按钮方式离开此界面。

输入数据时,应先输入节段描述、单孔跨径及节段孔数,然后选择立面结构类型,输入结构描述参数,输入完毕并确认无误后以单击"确定"按钮关闭此界面,如图 14-4 和图 14-5 所示。

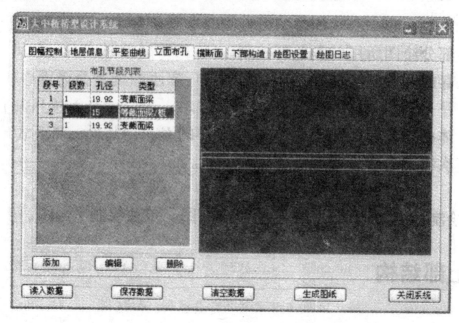

图 14-4 "上部布孔描述"选项卡

6. 横断面描述

（1）所有长度单位均为米。

（2）左右护栏形式可通过单击实现"不使用"、"防撞墙"、"防撞护栏"、"钢波形护栏"切换。

（3）可通过单击"添加"按钮实现断面的插入。

（4）先单击选中某个断面,然后单击"编辑断面"按钮或按< Enter>键编辑某个断面。

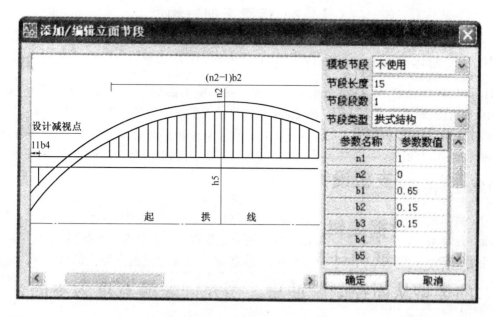

图 14-5　"节段立面描述"选项卡

（5）先单击选中某个断面,然后单击"删除断面"按钮或按< Delete>键删除某个断面。

（6）完成后单击"确定"按钮离开此界面,从而保存修改后的数据。

使用注意:

① 应先选择断面类型,然后输入其他数据。

② 带孔板式断面中,孔的个数均无限制,但内部尺寸关系应无误。圆孔可由尺寸控制变成椭圆孔(竖直)。

③ 复式断面中应注意边梁与中梁的尺寸差异。

④ 断面数据所描述的断面总宽度应与"断面全宽"对应。

7. 下部及基础描述

使用注意:

（1）尽可能按照墩台顺序依次设计各墩台,以免遗漏。

（2）设计各墩台时,应先选择墩台类型和墩台连接类型,然后输入各参数。

8. 绘图设置

此功能主要完成以下几点:

（1）使绘图所用字体类型、字高以及字体的宽度系数可控制。

（2）使绘图所用虚线和中心线的类型可控制。

（3）使图形各部分绘图所用的颜色可控制。

（4）设置可保存或调入。

使用注意：

① 指定的字体必须存在于当前所用 AutoCAD 的 Fonts 目录下。

② 在连续多次绘图时中途修改字体类型无效。

9. 生成图纸

此功能用于绘制标准 A3 图框、单独绘制立面图、单独绘制平面图、生成全图。

14.2 桥梁上部结构

14.2.1 总体说明

HardBE 2013 系统可用于钢筋混凝土或先张法预应力混凝土简支板的内力分析、配筋设计，相应构造图、钢筋图和其他配套图纸的绘制，并且能生成相应的计算书。其中，简支板的横断面形式有矩形空心式、矩形实心式和翼缘式三种。对于矩形空心式，其内孔的形式有圆形或矩形两种，且孔可为任意个。对于翼缘式，其内孔的形式有圆形或矩形两种。

14.2.2 简支板设计步骤

（1）数据编辑将简支板的基本数据、控制数据输入系统，以便系统对其进行分析并生成相应图纸和计算书。若计算的板为预应力结构，可通过设置允许裂缝宽度控制预应力结构的类型从而控制配筋量。当允许裂缝宽度为零时，系统按部分预应力混凝土结构的 A 类构件进行计算，反之，系统按部分预应力混凝土 B 类构件进行计算。此外，在此功能中可以调入或保存设计数据，可以设定绘图图框。

（2）数据检查对所输入数据进行正确性、合理性分析，为以后计算结果的可靠性提供强有力的保障。

（3）配筋计算对简支板进行内力分析和配筋设计，给出与用户所描述简支板相适应的普通钢筋或预应力钢筋用量，以及钢筋在纵横断面上的布置情况。

（4）钢筋参数编辑用户可以使用此项功能对系统计算出的简支板配筋情况进行修改，以使其满足用户的特殊要求。

（5）图纸的绘制绘制简支板的一般构造图、边（中）板的钢筋构造图、端系梁钢筋构造图、钝角加强钢筋构造图、桥面铺装钢筋构造图、防撞墙钢筋构造图、桥面连续钢筋构造图以及泄水管构造图。绘图时应注意：当板的斜度绝对值小于 200 时，按《公路钢筋混凝土及预应力桥涵设计规范》规定不设钝角加强钢筋，其他图纸绘制之前应先完成配筋计算方可进行。只有当板类型为翼缘式空心板时，才有端系梁钢筋构造图，因为其他类型板是通过铰缝实现横向连接的。

14.2.3 简支板类型及参数说明

1. 空心矩形式

此种空心板可为先张法预应力混凝土结构或普通钢筋混凝土结构，其内孔的形状可为矩形或圆形，且孔可为任意个。其断面尺寸如图 14-6、图 14-7 所示。其中 ZBi 代表中板尺寸，BBi 代表边板尺寸；H 为板的预制高度，$H1$、$H2$ 分别为板的顶板、底板厚度；$ZB3$ 和 $BB3$ 分别代表孔中心距板最外侧的距离，$ZB4$ 和 $BB4$ 分别代表孔的中心距，当为单孔时他们的值为零；D 代表孔的直径；$XK1$、$YK1$ 代表方孔上面两个拐角的水平尺寸和竖直尺寸，$XK2$、$YK2$ 则代表方孔下面两个拐角的水平尺寸和竖直尺寸。

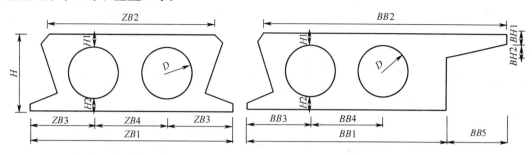

图 14-6　圆形孔空心矩形板断面尺寸图

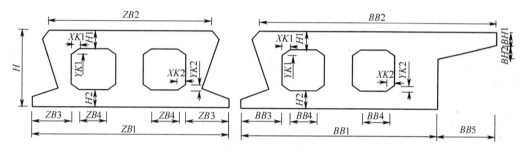

图 14-7　矩形孔空心矩形板断面尺寸图

2. 实心矩形板

此种类型板只用于普通钢筋混凝土结构,其断面尺寸如图 14-8 所示。

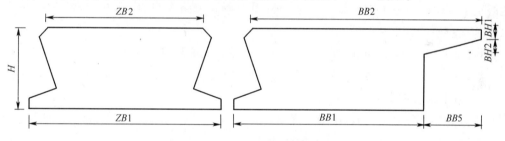

图 14-8　实心矩形板断面尺寸图

3. 翼缘式空心板

此种类型空心板可为先张法预应力混凝土或钢筋混凝土结构,其内的孔形可为矩形或圆形两种,孔的个数为一个,其断面尺寸如图 14-9、图 14-10 所示。

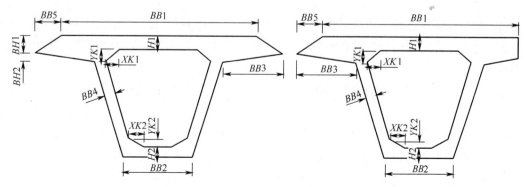

图 14-9　方孔翼缘式空心板断面尺寸图

255

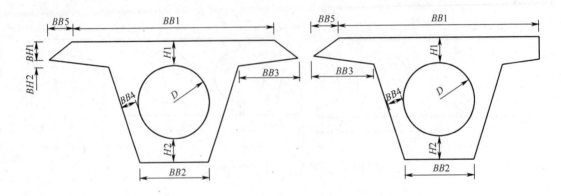

图 14 - 10　圆孔翼缘式空心板断面尺寸图

注意:此种类型板只需输入一组断面描述数据,且边中板区别只在悬臂端部上。此种类型板通过端系梁实现板的横向联系。

14.3　拱　　桥

14.3.1　总体说明

拱桥是公路桥梁建设中普遍采用的一种建筑形式,应用范围较广。实腹拱桥 CAD 系统较好地解决了石拱桥的施工图设计。该系统适用于不同公路等级、1~3 孔、跨径 6 ~20m、斜度 0°~35°实腹拱桥的计算及绘图。

材料:可采用不同标号的块石、片石、粗料石、混凝土预制块及砂浆。

系统包括 3 部分计算功能:拱圈计算,并输出计算说明书;桥台计算,并输出计算说明书;桥墩计算,并输出计算说明书。

系统包括 7 部分绘图功能:桥型布置图,左(右)半幅拱圈钢筋构造图,桥台一般构造图,拱脚垫石钢筋构造图,桥墩一般构造图,护拱、锥坡、台后排水一般构造图,桥上防撞墙一般构造图(0#台、n#台防撞墙一般构造图)。

系统数据精度:桩号及标高精确到 1cm;结构尺寸精确到 1mm;混凝土体积精确到 $0.01m^3$。

14.3.2　操作步骤

(1) 数据编辑通过交互方式输入预设计的拱桥的设计参数,结构形式等,如图 14 - 11 所示。参数将直接影响内力计算的正确性,系统采用交互录入的方式,用户可以非常简单地完成参数的录入。

(2) 数据的检查系统根据拱桥的数据关系,对录入的数据进行检查,同时将给用户报告检查结果。

(3) 拱圈计算通过力学分析,对拱圈的特性进行分析,系统将输出计算说明书。

(4) 桥台计算对桥台前墙、基底应力等进行计算和验算,并提供验算报告。

(5) 桥墩计算对拱桥的桥墩进行应力的验算,并提供验算报告。

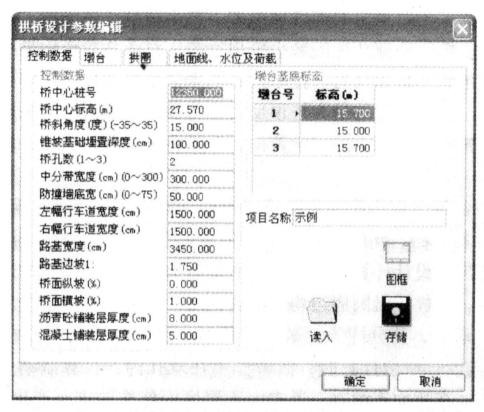

图 14-11 "拱桥设计参数编辑"对话框

14.3.3 参数说明

1. 主控参数

（1）桩号采用数字型表达，如 K12+300.000 直接写成 12300 即可；对于低等级的公路，"中央分隔带"参数为 0；路线纵坡沿路线前进方向，上坡为正，下坡为负；桥面横坡，垂直于路线前进方向，由路中心指向外为正，反之为负。主控参数界面有"存储"功能，用户可以将输入参数保存起来。图框的定义与路线系统的定义方法相同，使用可以参考 HardBE 2013 系统的说明。

（2）墩台参数。输入拱桥的桥墩桥台尺寸参数、材料以及材料标号。

（3）拱圈参数。孔径是指一孔斜跨径，为 600~2000cm。拱圈类型可以选择混凝土预制块、块石、钢筋混凝土。

2. 其他参数

车道数：单幅路全路幅的车道数，双幅路半幅路的车道数。

系统提供特载的相关设计。

14.4 柱式墩台

14.4.1 总体说明

系统能够完成 1~4 柱（圆柱、方柱以及肋板式）的桥台和桥墩的设计、计算、配筋、输出设计说明及工程图纸。

系统的计算、配筋主要包含以下几部分：

（1）盖梁的设计配筋通过系统菜单的"盖梁计算"可以得到盖梁计算书，用于用户的设计存档。同时，系统输出用于墩台台身设计所需的"墩台顶的内力"数据，主要为上部恒载的桩顶反力、盖梁的自重引起的桩顶反力、汽车活载产生的最大桩顶反力、挂车活载产生的最大桩顶反力、汽车活载产生的最小桩顶反力、汽车活载产生最小桩顶反力时的相应弯矩、挂车活载产生的最小桩顶反力、挂车活载产生最小桩顶反力时的相应弯矩、上部恒载总重量、盖梁总重量、特载产生的最大桩顶反力、特载产生的最小桩顶反力、特载产生最小桩顶反力时的相应弯矩。对于以上的力学数据，系统将进行各种组合，用于墩台台身的设计计算。

（2）墩台的设计配筋利用系统菜单的"墩台计算"命令，通过盖梁设计得到的内力，系统输出设计说明以备存档。同时，输出墩台的配筋数据，用户可以通过交互方式进行修改。另外，系统还输出为设计计算桩基所需的桩顶内力。配筋计算结构形式分：方柱、肋板按偏心受压构件计算；圆柱按沿圆周边均匀配置钢筋的圆形截面偏心受压构件计算。墩台身的计算考虑了汽车制动力，其分配为墩台计算时，活载作用在单孔内，计算制动力除以2，平均分配到每个柱上；桥墩计算时，活载作用在双孔内，计算制动力除以2，平均分配到每个柱上。温度力，在桥面连续时，考虑由于温度而使橡胶支座产生的变形力。土压力，包括台后填土、台前溜坡、台后活载土压力。

（3）墩的设计配筋利用系统菜单的"墩台计算"命令，通过盖梁设计得到的内力，系统输出设计说明以备存档。同时，输出有冲刷和无冲刷时的桩顶内力，二者取最大值计算桥墩配筋及桩基计算。另外，系统同时输出柱的配筋，用户可以对其进行修改。配筋计算按结构形式分为方柱按偏心受压构件计算、圆柱按沿圆周边均匀配置钢筋的圆形截面偏心受压构件计算。

（4）桩长及桩基计算系统利用墩台计算的结果，根据地质状况按 m 法计算并输出有冲刷和无冲刷时的桩长，桩基内力计算是将桩顶至第一弹性零点处的桩长范围内分为 21 个断面，计算输出 21 个断面的内力，同时找出弯矩最大值进行配筋计算，输出配筋数据，用户可以通过系统提供的交互界面进行修改。

（5）搭板计算通过计算可以得到搭板的配筋，用于出图。

（6）桩基计算对桩基进行力学分析，对承载力、抗倾覆、抗滑动进行验算。

（7）耳墙以及背墙的计算对耳墙和背墙进行配筋。

HardBE 2013 系统的柱式墩台设计，采用从上到下的方式连续进行，也就是，从盖梁开始，盖梁计算将结果传给墩台身，墩台身计算将结果传给桩基，从而实现了数据从上到下的依次传递，为设计人员提供了很大的方便。

14.4.2　操作步骤

（1）数据的编辑。对于编辑的数据可以进行调用或者存储。用户可以通过"模板"的方式进行设计，也就是可以调入从前已经做好的相类似的设计，在此基础上进行修改。

（2）盖梁计算。

（3）墩台身的计算。

（4）桩长及桩基的计算。如果采用的是桩基必须进行此项计算，否则可跳过。

（5）桩基的计算。如果采用的是桩基必须进行此项计算，否则可跳过。

（6）耳墙的计算。

（7）背墙的计算。

由于柱式墩台的设计是由上到下依次进行设计的，所以必须按照以上计算过程进行。

14.4.3　参数说明

对于单幅桥台为双耳墙；对于双幅桥台(一般用于高等级公路)为单耳墙。

盖梁的断面形式为T形和矩形两种,对于台后的搭板可以设置也可以不设(低等级路可不设)。盖梁钢筋的说明:盖梁钢筋直径的确定在数据编辑卡的第三页"盖梁"的"材料"中定义。主筋包括上缘通筋、弯起筋、焊接斜筋以及下缘通筋。

(1)弯起筋。

① 弯起钢筋类型数:指弯起钢筋类型(指不同外形)的总数,每组数据描述一种外形的弯起筋。弯起筋编号:第一种弯起筋编号为2,第 N 种弯起筋编号为弯起筋类型数+1;单柱时填斜长1,双柱时填斜长1、斜长2,依次类推,四柱时填斜长1、斜长2、斜长3、斜长4。

② 根数:指某种类型弯起筋的根数。

③ 斜长 i:其位置及意义如图14-12所示。

钢筋的各尺寸参数如图14-13所示。其中,当某个斜长为直通筋而不下弯时,其值应为999。

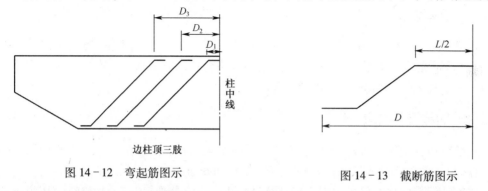

图 14-12　弯起筋图示　　　　　　　　图 14-13　截断筋图示

(2)截断筋截断筋类型数指主筋截断的类型总数。其外形及尺寸参数如图14-13所示,其中 L 为长度, D 为柱中至截断筋左端距离。

(3)骨架筋骨架筋类型数指骨架片的类型总数,系统中最多可有两种骨架片。由各骨架片纵向连接形成盖梁钢筋骨架。对每种骨架片,其肢数是指骨架片在各柱顶单侧所焊短斜筋的个数,距离则指这些短斜筋下弯时的起弯点距柱中心的距离,如图14-14所示。

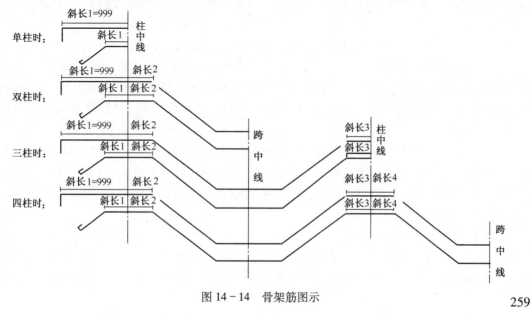

图 14-14　骨架筋图示

（4）通筋上（下）缘通筋编号为盖梁截面上（下）缘通长钢筋的编号。上（下）缘通筋根数为盖梁截面上（下）缘通长钢筋的根数。注意:上下缘通长钢筋的根数应一致,这样才能上下一对一地焊接形成闭合的钢筋骨架。

（5）弯起筋特征截面此截面指边柱或中柱的支点截面。第一排钢筋指最上面一排钢筋。钢筋编码时,若某位置上无钢筋,则用 0 表示,且钢筋最大编号为 9,各排中钢筋的根数均应为界面中"上一排最多主筋根数"。

（6）骨架筋特征截面指各柱顶支点截面和柱间跨中截面。此断面钢筋编码规则同上。在填写边柱上缘、跨中下缘以及中柱上缘布筋编号时,有骨架处的通长筋编号应由骨架类型编号 A 或 B 代替;在填写边柱下缘、跨中上缘以及中柱下缘布筋编号时,有骨架处的通长筋编号应填实际骨架筋编号。

14.5　重力式墩台

14.5.1　总体说明

重力式墩台是 HardBE 2013 系统的重要组成部分,对于石料来源丰富、地质条件较好的地段,公路桥梁下部采用重力式墩台结构形式是较为经济合理的方案选择。本功能可以完成从计算到出图的一系列工作,生成规范合理的工程图。

14.5.2　功能及操作步骤

重力式墩台设计适用于各种公路等级的单幅或双幅路基,不同填土高度及各种角度的 U 形墩台计算（要求上部为简支结构体系）与绘图,系统功能组成:

（1）搭板计算并输出结果可以对搭板计算结果进行交互修改,确定后将为绘制搭板钢筋构造图使用。数据分别为 1 号筋直径、1 号筋正间距、2 号筋直径、2 号筋正间距及 3 号筋斜间距。其设计假定为:搭板放置在经碾压夯实的填土上,首端支在桥台上,尾端无枕梁;桥台本身不发生沉降,随着路基填土的沉降,搭板将绕桥台支点整体下沉,因此搭板可看成是全面积支承于弹性地基上的板;顺桥向搭板所受弹性支承力呈三角形分布,计算跨径取搭板斜长;对于不同斜度的桥涵,其搭板平面形状为平行四边形（斜度 $\Phi=0$ 时为矩形）。搭板长度 L 一般按下式计算取值

$$L=（台后填土的破坏棱体长度+1.0\mathrm{m}）/\cos\Phi$$

（2）墩帽计算并输出结果用户可以交互进行修改,确定后为绘制墩帽钢筋构造图使用,包括 7 项数据,分别为主筋直径、主筋根数、斜筋根数、斜筋间距、箍筋环数、箍筋直径及箍筋间距。墩帽混凝土强度等级为 C25。其横向分布系数按偏心受压法计算,配筋按承载能力极限法设计。

（3）桥台计算并输出结果主要包括台身内力计算及截面强度、基底应力、稳定验算。分为:台后有荷载（汽车或挂车、履带）,桥上无荷载;桥上有荷载,台后无荷载;施工荷载（未架梁,台后已填土）等各种情况组合。并且,只验算顺桥方向（即行车方向）,不验算横桥方向（顺水流方向）。台身为浆砌片石或块石,基础采用 15 号片石混凝土。

（4）桥墩计算并输出结果主要包括墩身内力计算及截面强度、基底应力、稳定验算。内力计算分别按顺桥向、横桥向计算出各截面的内力（弯矩 M,轴向力 P）。在风力计算时,基本风压值采用 35kg/m²;风压高度变化系数 $K_1=1.0$;地形、地理条件系数 $K_2=1.0$;顺桥向风力按横桥

向风力的 70% 取值。常水位按 1.0m 考虑。墩身和基础均采用 15 号片石混凝土。

（5）绘图包括 U 形桥台一般构造图、挑臂式桥墩一般构造图、U 形桥台帽一般构造图、台帽钢筋构造图、墩帽钢筋构造图、墩台挡块钢筋构造图、桥台侧墙顶钢筋构造图、桥台锥坡构造图、墩台支座布置、锚栓构造图、桥头搭板布置图、搭板钢筋构造图、桥台台后排水布置图（设置台后搭板的可不作台后排水，反之设置）、墩身上游圆头钢筋网布置图。

（6）系统精度。结构尺寸精确到 1mm，钢筋质量精确到 0.1kg，圬工体积精确到 0.01m^3。

14.5.3　参数说明

（1）一孔标准跨径（斜长），范围：600～4500cm；一孔计算跨径（斜长），范围 600～500cm；左、右人行道宽度，范围：0～200cm。

（2）左、右幅横桥向板（梁）片数，单幅取整幅之值填写。从左至右每片板（梁）的重量，含二期恒载（kN）。支座摩擦系数的取值可以参考下值：滚动支座及摆动支座 0.05，弧形滑动支座 0.20，平面滑动支座 0.30，老化后的油毛毡垫层 0.60，橡胶与混凝土（或钢板）0.25～0.40（邵氏硬度 55°～66°）。边板顶宽是含一半铰缝的宽度（cm）；边板底宽是不含铰缝的宽度（cm）；中板底宽是不含铰缝的宽度）（cm）；边板安装缝宽度为外侧边板侧面至桥台挡块的间距（cm）。

（3）背墙高度：板（梁）高度＋支座厚度（cm）。桥台设计水位指基础顶面以上水的设计高度（cm）。桥台纵向坡度，0 号台、n 号台纵向坡度沿路线前进方向上坡为正，下坡为负。桥台（左、右幅）顶面横坡，桥台顶面横坡向外侧排水时为正，反之为负；桥台（左、右）外侧高度（cm），其高度值不含铺装厚度；基础底面的摩擦系数，若无地质钻探资料，可参照以下取值：软塑黏土 0.25，硬塑黏土 0.30，亚砂土、粘砂土、半干硬的黏土 0.30～0.40，砂类土 0.40，碎石类土 0.50，软质岩石 0.40～0.60，硬质岩石 0.60～0.70。

（4）桥墩（左、右）外侧高度值不含桥面铺装厚度、板（梁）高度及支座厚度。

（5）系统提供常规荷载。

14.6　石砌轻型墩台

14.6.1　总体说明

能够适用于不同等级的公路，并可完成不同跨径、不同角度的石砌轻型墩台的计算和绘图。

14.6.2　功能

（1）桥台计算并输出计算书。内容包括桥台作为竖直梁时的应力，桥台在本身平面内弯曲所引起的弯拉应力，基底土最大压应力计算。如果桥台的计算结果不能满足要求，可重新对桥台的数据进行调整，重新计算。

（2）计算并输出计算书。内容包括顺桥向截面应力，墩在本身平面内弯曲所引起的弯拉应力，基底土在墩身平面内弯曲时的压应力。如果墩的计算结果不能满足要求，可重新对墩的数据进行调整，重新计算。

（3）搭板计算用户可以修改确定，用于生成搭板配筋图。

（4）出图包括台一般构造图、台帽配筋图、台基础配筋，墩一般构造图、墩帽配筋图、墩基础配筋，支撑梁钢筋构造图、支座布置及锚栓构造图。八字墙尺寸及工程数量表，搭板一般构造图、搭板钢筋构造图。

（5）精度结构尺寸精确到1mm，钢筋质量精确到0.1kg，圬工体积精确到0.01m³。

14.6.3 参数说明

（1）断缝类型：不设；整幅中线处设缝；整幅中线及两幅中线处都设缝。如果墩台计算未通过，可改变断缝类型，重新计算。

（2）墩台身顶坡度的规定：箭头的方向向外为正，向内为负。

（3）支撑梁类型，选用"自动设置"的相关规定：当桥梁跨径小于10m时，支撑梁截面积为20cm×30cm，当桥跨径大于或等于10m时，支撑梁截面积为20cm×40cm，支撑梁垂直布置时间距为200～300cm。

14.7　钢筋混凝土薄壁墩台

14.7.1 总体说明

钢筋混凝土薄壁墩台是在地基软弱地区普遍采用的一种桥梁建筑形式，应用范围较广。

14.7.2 功能

（1）搭板计算，用户可以交互修改计算结果。

（2）墩、台身计算并生成设计说明书。

（3）墩、台桩基配筋计算并生成说明书。

（4）出图，包括桥头搭板一般构造图及钢筋构造图；桥台一般构造图，台帽、台身、耳墙钢筋构造图，桥台承台、桩基钢筋构造图；桥墩一般构造图，墩帽、墩身钢筋构造图，桥墩承台、桩基钢筋构造图，桥墩桩基钢筋构造图；通道锥坡、围墙、挡墙一般构造图，小桥锥坡、围墙一般构造图；支座布置及锚栓构造图，支撑梁一般构造图。

（5）数据精度。结构尺寸精确到1mm，混凝土体积精确到0.01mm³。

14.7.3 参数说明

（1）控制参数。一孔斜跨径，5~16m；斜交角度，0°～+45°；桥孔数，1~3；台身厚度，不小于40cm；桩基础直径，不小于100cm；墩台身混凝土强度等级，不小于C25；承台厚度，一般为80cm；基桩根数（半幅），3~6；基桩加强筋等级，2级；基桩加强筋直径，不小于20mm；基桩箍筋，1级；基桩箍筋直径，8或10mm；基桩定位筋等级，2级；基桩定位筋直径，一般为20mm；基桩净保护层厚度。

（2）桥台参数桥台顶面横坡，符号规定：由路中心指向桥外侧边缘为正，反之为负；桥台高，300~500cm；耳墙长，275~375cm；围墙高度，160~360cm；围墙坡度，4°或5°；围墙基础厚度，不小于60cm；台身钢筋直径，不小于12mm；桥台内侧背墙宽，不小于100cm；台帽厚度，一般为40cm；台基桩主筋截断根数，为台基桩主筋根数的一半。

（3）桥墩参数墩帽厚度，一般为40；桥墩顶面横坡，符号规定：由路中心指向桥外侧边缘为正，反之为负；墩高，300~500cm；墩基桩主筋直径，不小于20mm；墩基桩截断主筋根数，为墩基桩主筋根数的一半；墩挡块高度，15~30cm；墩挡块宽度，20~25cm。

（4）搭板、支撑梁、上部、支座参数（图 14－15）　行车道宽，400～1800cm；防撞墙（人行道）宽（外侧和内侧（靠路中心侧）），50～150cm；桥横向板块数，4~20；车道数，1~3，为半幅路的车道数。

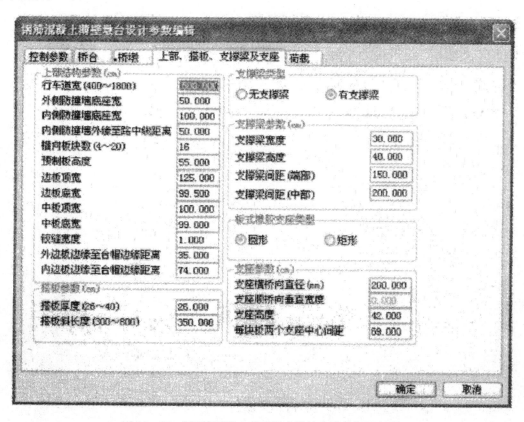

图 14－15　"钢筋混凝土薄壁墩台设计参数编辑"对话框

第15章 工程测绘软件 CASS 9.0

15.1 CASS 9.0 快速入门

首先介绍一个简单完整的实例(图15-1),学习如何做一幅简单的地形图。本章以一个简单的例子来演示地形图的成图过程;CASS 9.0成图模式有多种,这里主要介绍"点号定位"的成图模式。

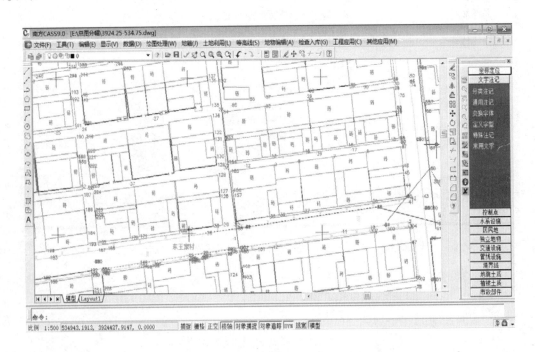

图15-1 例图 study. dwg

1. 定显示区

定显示区就是通过坐标数据文件中的最大、最小坐标定出屏幕窗口的显示范围。

进入CASS 9.0主界面,鼠标单击"绘图处理"项,即出现如图15-2下拉菜单。然后移至"定显示区"项,使之以高亮显示,单击左键,即出现一个对话窗如图15-3所示。

这时,需要输入坐标数据文件名。可参考Windows选择打开文件的方法操作,也可直接通过键盘输入,在"文件名(N):"(即光标闪烁处)输入 C:\CASS 9.0\DEMO\STUDY. DAT,再移动鼠标至"打开(O)"处,按左键。这时,命令区显示:

最小坐标(米):X=31056.221,Y=53097.691

最大坐标(米):X=31237.455,Y=53286.090

2. 选择测点点号定位成图法

移动鼠标至屏幕右侧菜单区"测点点号"项,单击左键,即出现图15-4所示的对话框。

264

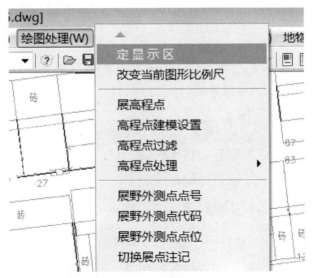

图 15-2 "定显示区"菜单

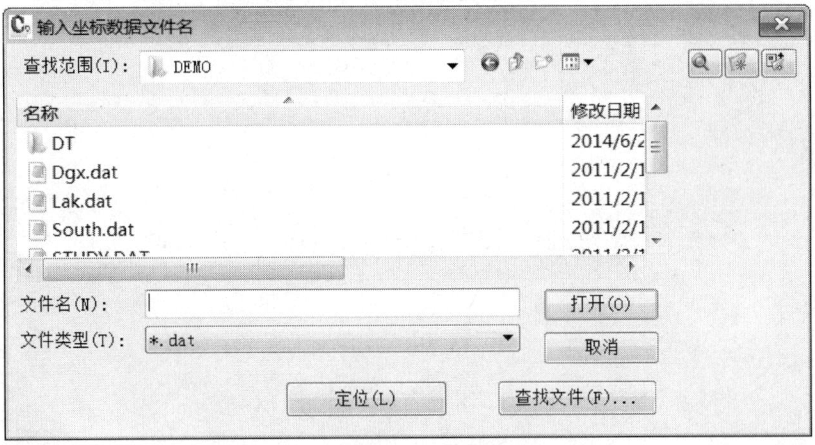

图 15-3 选择"定显示区"数据文件

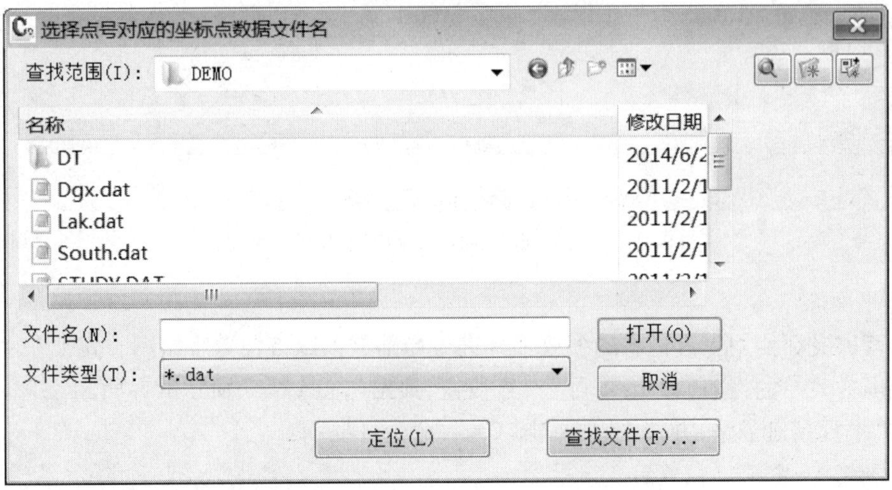

图 15-4 选择"点号定位"数据文件

输入点号坐标数据文件名 C：\CASS 9.0\DEMO\STUDY.DAT 后，命令区提示：

读点完成！共读入106个点

3. 展点

先移动鼠标至屏幕的顶部菜单"绘图处理"项单击左键，这时系统弹出一个下拉菜单。再移动鼠标选择"绘图处理"下的"展野外测点点号"项，如图15-5所示。

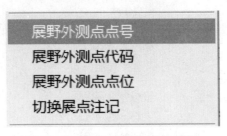

图 15-5 选择"展野外测点点号"

输入对应的坐标数据文件名 C：\CASS 9.0\DEMO\STUDY.DAT 后，便可在屏幕上展出野外测点的点号，如图15-6所示。

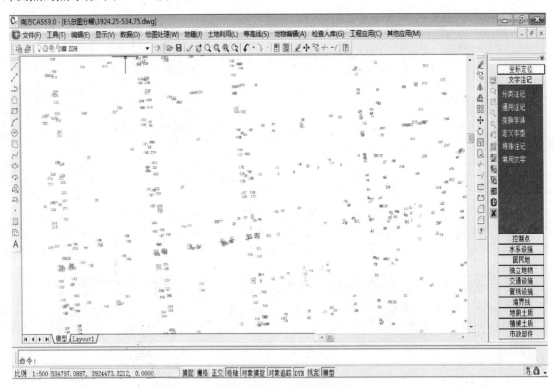

图 15-6 STUDY.DAT 展点图

4. 绘平面图

下面可以灵活使用工具栏中的缩放工具进行局部放大以方便数字绘图。先把左上角放大，选择右侧屏幕菜单的"交通设施/城际公路"按钮，弹出如图15-7所示的界面。

找到"平行高速公路"并选中，再单击"OK"，命令区提示：

绘图比例尺1：输入500，回车。

点P/<点号>输入92，回车。

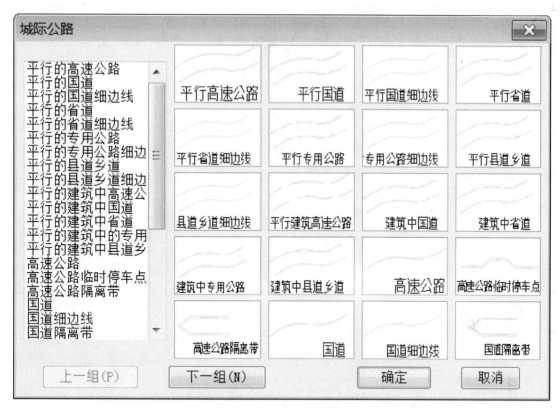

图 15-7　选择屏幕菜单"交通设施/城际公路"

点 P/<点号>输入 45,回车。

点 P/<点号>输入 46,回车。

点 P/<点号>输入 13,回车。

点 P/<点号>输入 47,回车。

点 P/<点号>输入 48,回车。

点 P/<点号>回车

拟合线<N>?输入 Y,回车。

说明:输入 Y,将该边拟合成光滑曲线;输入 N(缺省为 N),则不拟合该线。

1. 边点式/2. 边宽式<1>:回车(默认 1)

说明:选 1(缺省为 1),将要求输入公路对边上的一个测点;选 2,要求输入公路宽度。

对面一点

点 P/<点号>输入 19,回车。

这时平行高速公路就作好了,如图 15-8 所示。

下面作一个多点房屋。选择右侧屏幕菜单的"居民地/一般房屋"选项,弹出如图 15-9 界面。

先用鼠标左键选择"多点砼房屋",再单击"OK"按钮。命令区提示:

第一点:

点 P/<点号>输入 49,回车。

指定点:

点 P/<点号>输入 50,回车。

闭合 C/隔一闭合 G/隔一点 J/微导线 A/曲线 Q/边长交会 B/回退 U/点 P/<点号>输入 51,回车。

闭合 C/隔一闭合 G/隔一点 J/微导线 A/曲线 Q/边长交会 B/回退 U/点 P/<点号>输入 J,回车。

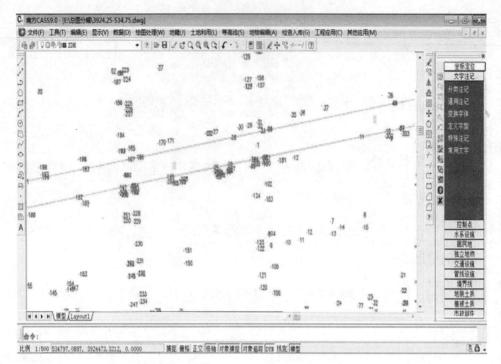

图 15-8 作好一条平行高速公路

点 P/<点号>输入 52,回车。

闭合 C/隔一闭合 G/隔一点 J/微导线 A/曲线 Q/边长交会 B/回退 U/点 P/<点号>输入 53,回车。

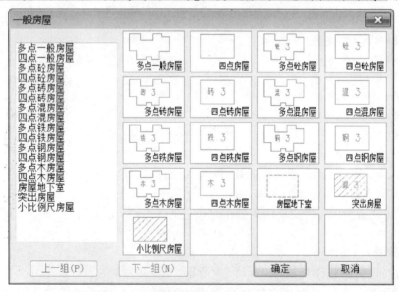

图 15-9 选择屏幕菜单"居民地/一般房屋"

闭合 C/隔一闭合 G/隔一点 J/微导线 A/曲线 Q/边长交会 B/回退 U/点 P/<点号>输入 C,回车。

输入层数:<1>回车(默认输 1 层)。

再作一个多点砼房,命令区提示:

Command: dd

输入地物编码:<141111>141111

268

第一点：点 P／＜点号＞输入 60，回车。

指定点：

点 P／＜点号＞输入 61，回车。

闭合 C／隔一闭合 G／隔一点 J／微导线 A／曲线 Q／边长交会 B／回退 U／点 P／＜点号＞输入 62，回车。

闭合 C／隔一闭合 G／隔一点 J／微导线 A／曲线 Q／边长交会 B／回退 U／点 P／＜点号＞输入 a，回车。

微导线 − 键盘输入角度（K）／＜指定方向点（只确定平行和垂直方向）＞用鼠标左键在 62 点上侧一定距离处点一下。

距离＜m＞：输入 4.5，回车。

闭合 C／隔一闭合 G／隔一点 J／微导线 A／曲线 Q／边长交会 B／回退 U／点 P／＜点号＞输入 63，回车。

闭合 C／隔一闭合 G／隔一点 J／微导线 A／曲线 Q／边长交会 B／回退 U／点 P／＜点号＞输入 j，回车。

点 P／＜点号＞输入 64，回车。

闭合 C／隔一闭合 G／隔一点 J／微导线 A／曲线 Q／边长交会 B／回退 U／点 P／＜点号＞输入 65，回车。

闭合 C／隔一闭合 G／隔一点 J／微导线 A／曲线 Q／边长交会 B／回退 U／点 P／＜点号＞输入 C，回车。

输入层数：＜1＞输入 2，回车。

说明："微导线"功能由用户输入当前点至下一点的左角（度）和距离（米），输入后软件将计算出该点并连线。要求输入角度时若输入 K，则可直接输入左向转角，若直接用鼠标单击，只可确定垂直和平行方向。此功能特别适合知道角度和距离但看不到点的位置的情况，如房角点被树或路灯等障碍物遮挡时。

两栋房子和平行等外公路"建"好后，效果如图 15－10 所示。

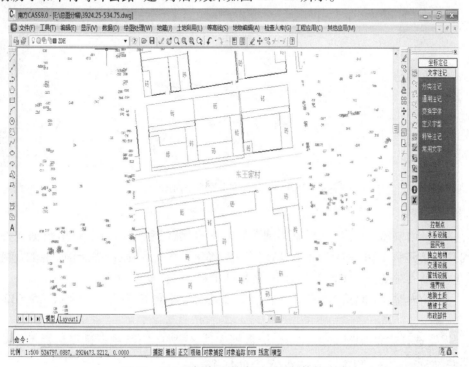

图 15－10　"建"好两栋房子和平行等外公路

类似以上操作,分别利用右侧屏幕菜单绘制其他地物。

在"居民地"菜单中,用3、39、16 三点完成利用三点绘制2层砖结构的四点房;用68、67、66 绘制不拟合的依比例围墙;用76、77、78 绘制四点棚房。

在"交通设施"菜单中,用86、87、88、89、90、91 绘制拟合的小路;用103、104、105、106 绘制拟合的不依比例乡村路。

在"地貌土质"菜单中,用54、55、56、57 绘制拟合的坎高为1米的陡坎;用93、94、95、96 绘制制不拟合的坎高为1米的加固陡坎。

在"独立地物"菜单中,用69、70、71、72、97、98 分别绘制路灯;用73、74 绘制宣传橱窗;用59 绘制不依比例肥气池。

在"水系设施"菜单中,用79 绘制水井。

在"管线设施"菜单中,用75、83、84、85 绘制地面上输电线。

在"植被园林"菜单中,用99、100、101、102 分别绘制果树独立树;用58、80、81、82 绘制菜地(第82号点之后仍要求输入点号时直接回车),要求边界不拟合,并且保留边界。

在"控制点"菜单中,用1、2、4 分别生成埋石图根点,在提问点名.等级:时分别输入 D121、D123、D135。

最后选取"编辑"菜单下的"删除"二级菜单下的"删除实体所在图层",鼠标符号变成了一个小方框,用左键点取任何一个点号的数字注记,所展点的注记将被删除。

平面图作好后效果如图15-11所示。

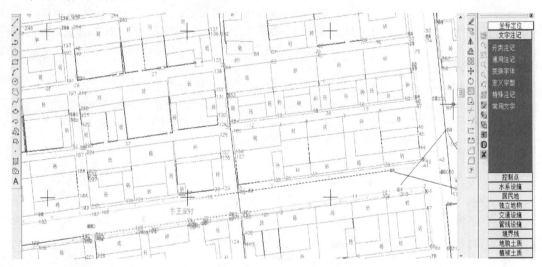

图15-11 STUDY 的平面图

5. 绘等高线

展高程点:用鼠标左键点取"绘图处理"菜单下的"展高程点",将会弹出数据文件的对话框,找到 C:\CASS 9.0\DEMO\STUDY.DAT,选择"确定",命令区提示:注记高程点的距离(米):直接回车,表示不对高程点注记进行取舍,全部展出来。

建立 DTM 模型:用鼠标左键点取"等高线"菜单下"建立 DTM",弹出如图15-12所示对话框。

根据需要选择建立 DTM 的方式和坐标数据文件名,然后选择建模过程是否考虑陡坎和地性线,选择"确定",生成如图15-13所示 DTM 模型。

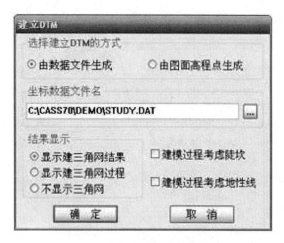

图 15 - 12　建立 DIM 对话框

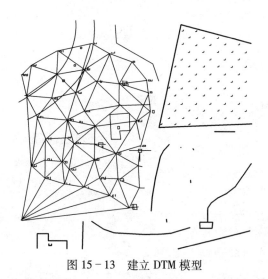

图 15 - 13　建立 DTM 模型

绘等高线:用鼠标左键点取"等高线/绘制等高线",弹出如图 15 - 14 所示对话框。

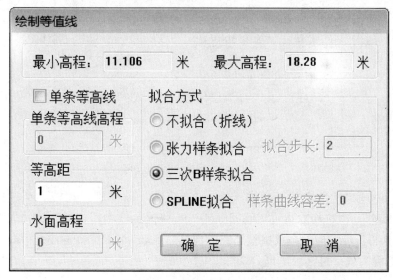

图 15 - 14　绘制等高线对话框

输入等高距后选择拟合方式后"确定"。则系统马上绘制出等高线,如图15-15所示。

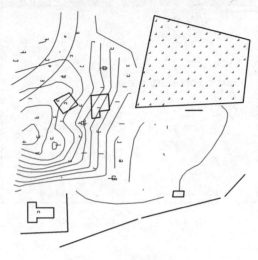

图15-15 绘制等高线

等高线的修剪。利用"等高线"菜单下的"等高线修剪",如图15-16所示。

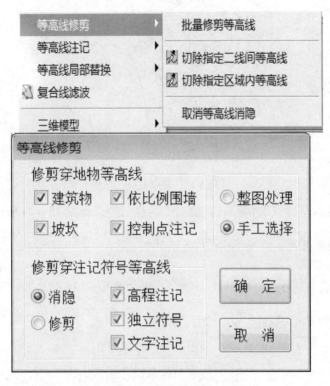

图15-16 "等高线修剪"菜单

用鼠标左键点取"批量修剪等高线",选择"建筑物",软件则自动搜寻穿过建筑物的等高线,将其进行整饰。点取"切除指定二线间等高线",依提示依次用鼠标左键选取左上角的道路两边,CASS 9.0将自动切除等高线穿过道路的部分。点取"切除穿高程注记等高线",CASS 9.0将自动搜寻,把等高线穿过注记的部分切除。

272

6. 加注记

下面演示在平行等外公路上加"经纬路"三个字。

用鼠标左键点取右侧屏幕菜单的"文字注记-通用注记"项,弹出如图 15-17 所示的界面。

图 15-17　弹出文字注记对话框

首先在需要添加文字注记的位置绘制一条拟合的多功能复合线,然后在注记内容中输入"经纬路"并选择注记排列和注记类型,输入文字大小确定后选择绘制的拟合的多功能复合线即可完成注记。

经过以上各步,生成的图就如图 15-1 所示。

7. 加图框

用鼠标左键单击"绘图处理"菜单下的"标准图幅(50×40)",弹出如图 15-18 所示的界面。

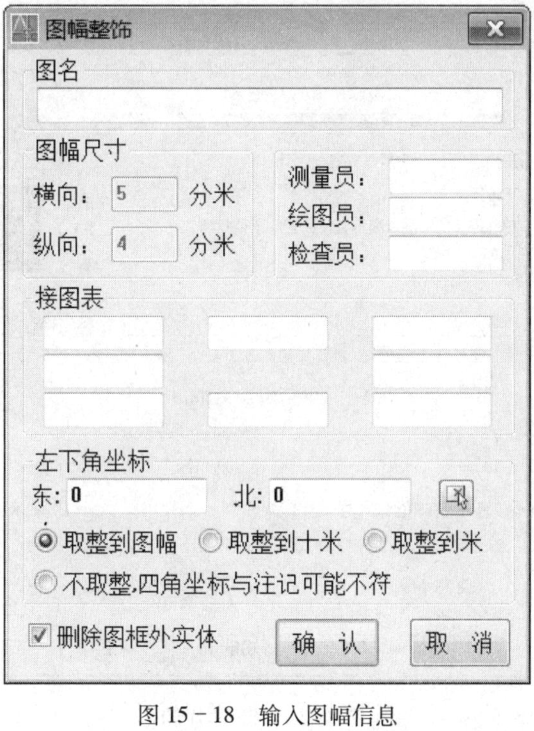

图 15-18　输入图幅信息

在"图名"栏里输入"建设新村";在"左下角坐标"的"东"、"北"栏内分别输入"53073"、"31050";在"删除图框外实体"栏前打勾,然后按确认。这样这幅图就作好了,如图 15-19 所示。

注:2007 版新图式,图框外已无"测量员、绘图员"信息。右下角只有"批注"。

图 15-19　加图框

另外,可以将图框左下角的图幅信息更改成符合需要的字样,可以将图框和图章用户化,非常灵活。

8. 绘图输出

用鼠标左键点取"文件"菜单下的"用绘图仪或打印机出图",进行绘图,如图 15-20 所示。

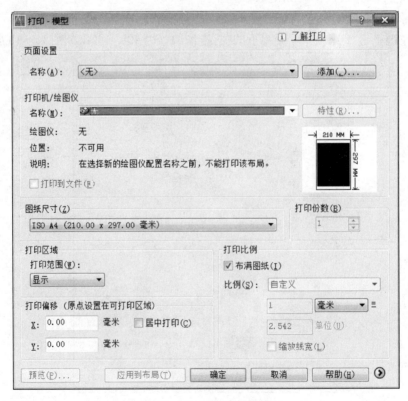

图 15-20　用绘图仪出图

选好图纸尺寸、图纸方向之后,用鼠标左键单击"窗选"按钮,用鼠标圈定绘图范围。将"打印比例"一项选为"2∶1"(表示满足1∶500比例尺的打印要求),通过"部分预览"和"全部预览"可以查看出图效果,满意后就可单击"确定"按钮进行绘图了。

15.2 道路断面法土方计算

断面法土方计算主要用在公路土方计算和区域土方计算,对于特别复杂的地方可以用任意断面设计方法。断面法土方计算主要有道路断面、场地断面和任意断面三种计算土方量的方法。本节主要介绍道路断面法土方计算基本步骤,其他方法读者可自行尝试。

第一步:生成里程文件。

里程文件用离散的方法描述了实际地形。接下来的所有工作都是在分析里程文件里的数据后才能完成的。

生成里程文件常用的有四种方法,点取菜单"工程应用",在弹出的菜单里选择"生成里程文件",CASS 9.0提供了五种生成里程文件的方法,如图15-21所示。

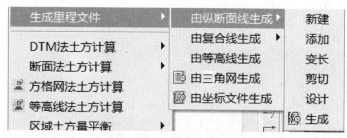

图15-21 生成里程文件菜单

1. 由纵断面线生成

在CASS 9.0中综合了以前版本由图面生成和由纵断面生成两者的优点。在生成的过程中充分体现灵活、直观、简捷的设计理念,将图纸设计的直观和计算机处理的快捷紧密结合在一起。

· 在使用生成里程文件之前,要事先用复合线绘制出纵断面线。

· 用鼠标点取"工程应用\生成里程文件\由纵断面生成\新建"。

· 屏幕提示:

请选取纵断面线:用鼠标点取所绘纵断面线弹出如图15-22所示对话框。

中桩点获取方式:结点表示结点上要有断面通过;等分表示从起点开始用相同的间距;等分且处理结点表示用相同的间距且要考虑不在整数间距上的结点。

横断面间距:两个断面之间的距离此处输入20。

横断面左边长度:输入大于0的任意值,此处输入15。

横断面右边长度:输入大于0的任意值,此处输入15。

选择其中的一种方式后则自动沿纵断面线生成横断面线,如图15-23所示。

其他编辑功能用法如图15-24所示。

添加:在现有基础上添加横断面线。执行"添加"功能,命令行提示:

选择纵断面线 用鼠标选择纵断面线;

输入横断面左边长度:(米)20

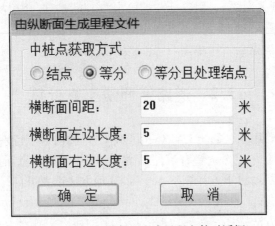

图 15－22　由纵断面生成里程文件对话框

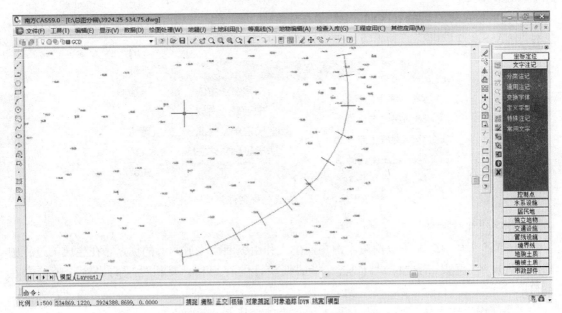

图 15－23　由纵断面生成横断面

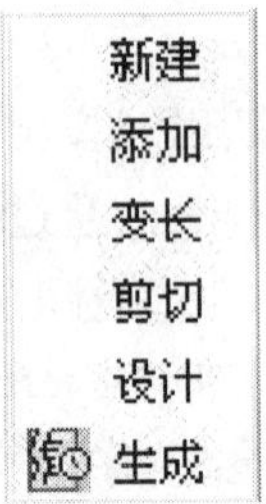

新建

添加

变长

剪切

设计

生成

图 15－24　横断面线编辑命令

输入横断面右边长度:(米) 20

选择获取中桩位置方式:(1)鼠标定点 (2)输入里程 ＜1＞1 表示直接用鼠标在纵断面线上定点。2 表示输入线路加桩里程。

指定加桩位置:用鼠标定点或输入里程。

变长:可将图上横断面左右长度进行改变;执行"变长"功能,命令行提示:

276

选择纵断面线：

选择横断面线：

选择对象：找到一个

选择对象：

输入横断面左边长度：(米) 21

输入横断面右边长度：(米) 21，输入左右的目标长度后该断面变长。

剪切：指定纵断面线和剪切边后剪掉部分断面多余部分。

设计：直接给横断面指定设计高程。首先绘出横断面线的切割边界，选定横断面线后弹出设计高程输入框：

生成：当横断面设计完成后，单击"生成"将设计结果生成里程文件。

2. 由复合线生成

这种方法用于生成纵断面的里程文件。它从断面线的起点开始，按间距次记下每一交点在纵断面线上离起点的距离和所在等高线的高程。

3. 由等高线生成

这种方法只能用来生成纵断面的里程文件。它从断面线的起点开始，处理断面线与等高线的所有交点，依次记下每一交点在纵断面线上离起点的距离和所在等高线的高程。

·在图上绘出等高线，再用轻量复合线绘制纵断面线（可用 PL 命令绘制）。

·用鼠标点取"工程应用\生成里程文件\由等高线生成"。

·屏幕提示：

请选取断面线：用鼠标点取所绘纵断面线

·屏幕上弹出"输入断面里程数据文件名"的对话框，来选择断面里程数据文件。这个文件将保存要生成的里程数据。

·屏幕提示：

输入断面起始里程：<0.0>

如果断面线起始里程不为 0，在这里输入。回车，里程文件生成完毕。

4. 由三角网生成

这种方法只能用来生成纵断面的里程文件。它从断面线的起点开始，处理断面线与三角网的所有交点，依次记下每一交点在纵断面线上离起点的距离和所在三角形的高程。

·在图上生成三角网，再用轻量复合线绘制纵断面线（可用 PL 命令绘制）。

·用鼠标点取"工程应用\生成里程文件\由三角网生成"。

·屏幕提示：

请选取断面线：用鼠标点取所绘纵断面线

·屏幕上弹出"输入断面里程数据文件名"对话框，来选择断面里程数据文件。这个文件将保存要生成的里程数据。

·屏幕提示：

输入断面起始里程：<0.0>

如果断面线起始里程不为 0，在这里输入。回车，里程文件生成完毕。

5. 由坐标文件生成

·用鼠标点取"工程应用"菜单下的"生成里程文件"子菜单中的"由坐标文件生成"。

·屏幕上弹出"输入简码数据文件名"对话框，来选择简码数据文件。这个文件的编码必须按以下方法定义，具体例子见"DEMO"子目录下的"ZHD. DAT"文件。

总点数

点号,M1,X 坐标,Y 坐标,高程[其中,代码为 Mi 表示道路中心点,代码为 i 表示

点号,1,X 坐标,Y 坐标,高程该点是对应 Mi 的道路横断面上的点

……

点号,M2,X 坐标,Y 坐标,高程

点号,2,X 坐标,Y 坐标,高程

……

点号,Mi,X 坐标,Y 坐标,高程

点号,i,X 坐标,Y 坐标,高程

……

注意:M1、M2、M3 各点应按实际的道路中线点顺序,而同一横断面的各点可不按顺序。

·屏幕上弹出"输入断面里程数据文件名"对话框,来选择断面里程数据文件。这个文件将保存要生成的里程数据。

命令行出现提示:输入断面序号:<直接回车处理所有断面>,如果输入断面序号,则只转换坐标文件中该断面的数据;如果直接回车,则处理坐标文件中所有断面的数据。

第二步:选择土方计算类型。

·用鼠标点取"工程应用\断面法土方计算\道路断面",如图 15-25 所示。

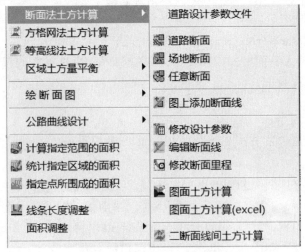

图 15-25　断面土方计算菜单

·单击后弹出对话框,道路断面的初始参数都可以在这个对话框中进行设置,如图 15-26 所示。

第三步:给定计算参数。

接下来就是在上一步弹出的对话框中输入道路的各种参数,以达所需。

·选择里程文件:单击确定左边的按钮(上面有三点的),出现"选择里程文件名"对话框。选定第一步生成的里程文件。

·横断面设计文件:横断面的设计参数可以事先写入到一个文件中单击:"工程应用\断面法土方计算\道路设计参数文件",弹出如图 15-27 所示输入界面。

·如果不使用道路设计参数文件,则在图 15-26 中把实际设计参数填入各相应的位置。

注意:单位均为米。

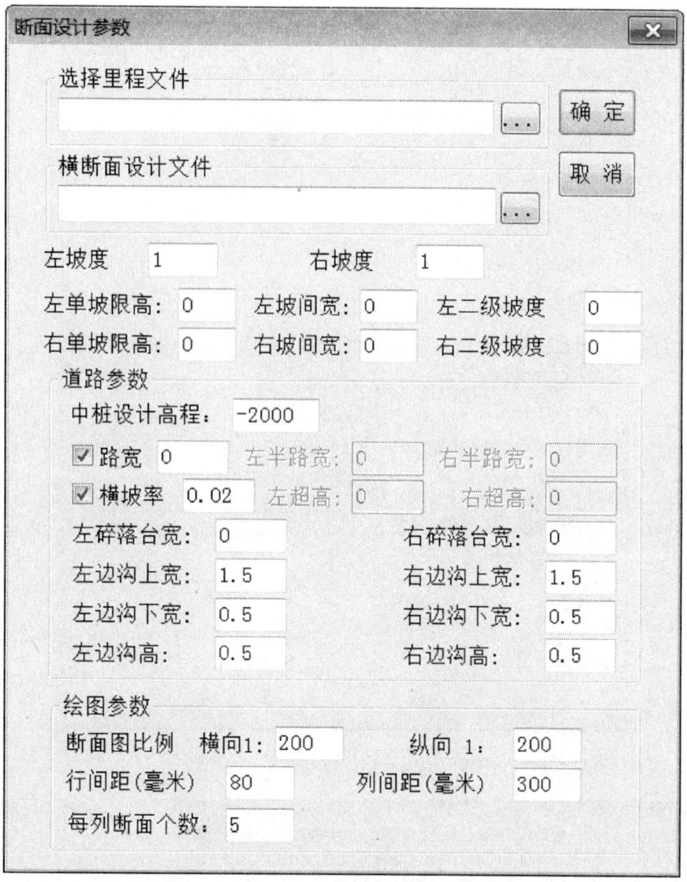

图 15-26 断面设计参数输入对话框

图 15-27 道路设计参数输入

·单击"确定"按钮后,弹出对话框,如图 15-28 所示。

系统根据上步给定的比例尺,在图上绘出道路的纵断面。

·至此,图上已绘出道路的纵断面图及每一个横断面图,结果如图 15-29 所示。

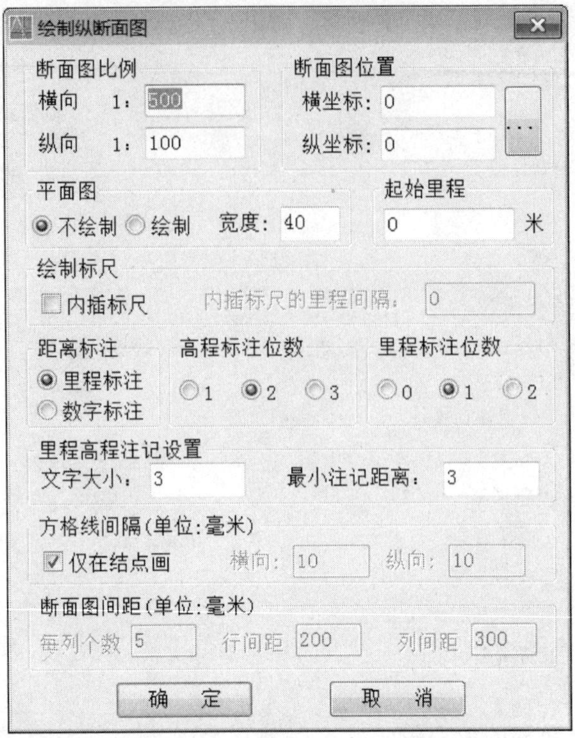

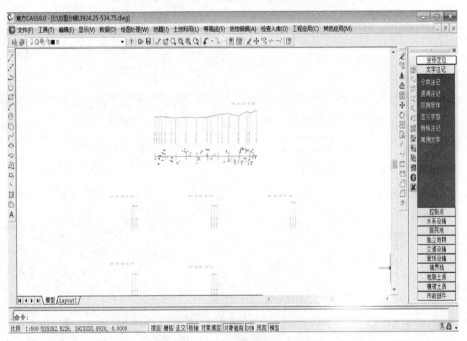

图 15-28　绘制纵断面图设置

图 15-29　纵断面图成果示意图

　　如果道路设计时该区段的中桩高程全部一样,就不需要下一步的编辑工作了。但实际上,有些断面的设计高程可能和其他的不一样,这样就需要手工编辑这些断面。

　　·如果生成的部分设计断面参数需要修改,用鼠标点取"工程应用\断面法土方计算\修改设计参数",如图 15-30 所示。

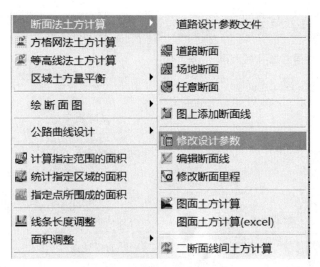

图 15-30　修改设计参数子菜单

屏幕提示：

选择断面线　这时可用鼠标点取图上需要编辑的断面线，选设计线或地面线均可。选中后弹出如图 15-31 所示对话框，可以非常直观地修改相应参数。

修改完毕后单击"确定"按钮，系统取得各个参数，自动对断面图进行重算。

· 如果生成的部分实际断面线需要修改，用鼠标点取"**工程应用 \断面法土方计算 \编辑断面线**"功能。

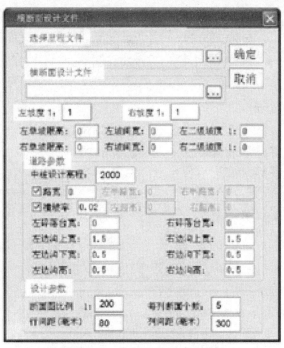

图 15-31　设计参数输入对话框

屏幕提示：

选择断面线　这时可用鼠标点取图上需要编辑的断面线，选设计线或地面线均可（但编辑的内容不一样）。选中后弹出如图 15-32 所示对话框，可以直接对参数进行编辑。

· 如果生成的部分断面线的里程需要修改，用鼠标点取"**工程应用 \断面法土方计算 \修改断面里程**"。

图 15-32 修改实际断面线高程

屏幕提示：

<u>选择断面线</u> 这时可用鼠标点取图上需要修改的断面线，选设计线或地面线均可。

<u>断面号：X，里程：XX..XXX，请输入该断面新里程：</u>输入新的里程即可完成修改。

将所有的断面编辑完后，就可进入第四步。

第四步：计算工程量。

·用鼠标点取"**工程应用\断面法土方计算\图面土方计算**"，如图 15-33 所示。

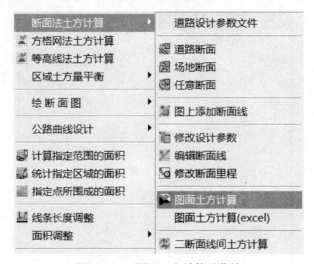

图 15-33 图面土方计算子菜单

命令行提示：

<u>选择要计算土方的断面图：</u>拖框选择所有参与计算的道路横断面图。

<u>指定土石方计算表左上角位置：</u>在屏幕适当位置单击鼠标定点。

·系统自动在图上绘出土石方计算表，如图 15-34 所示。

·并在命令行提示：

<u>总挖方 = XXXX 立方米，总填方 = XXXX 立方米</u>

·至此，该区段的道路填挖方量已经计算完成，可以将道路纵横断面图和土石方计算表打印出来，作为工程量的计算结果。

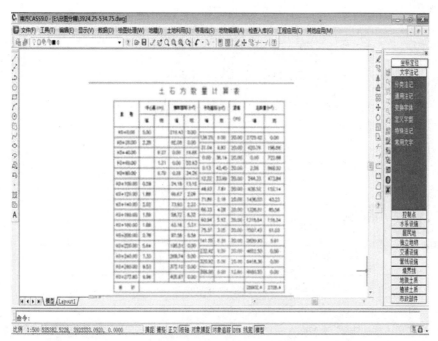

图 15 - 34　土石方计算表

15.3　断面图的绘制

绘制断面图的方法有四种：①由图面生成；②根据里程文件；③根据等高线；④根据三角网。

1. 由坐标文件生成

坐标文件指野外观测得的包含高程点文件，方法如下：

（1）先用复合线生成断面线，点取"工程应用\绘断面图\根据已知坐标"功能。

（2）提示：选择断面线　用鼠标点取上步所绘断面线。屏幕上弹出"断面线上取值"对话框，如图 15 - 35 所示，如果"坐标获取方式"栏中选择"由数据文件生成"，则在"坐标数据文件名"栏中选择高程点数据文件。

如果选"由图面高程点生成"，此步则为在图上选取高程点，前提是图面存在高程点，否则此方法无法生成断面图。

（3）输入采样点间距：输入采样点的间距，系统的默认值为 20m。采样点的间距的含义是复合线上两顶点之间若大于此间距，则每隔此间距内插一个点。

（4）输入起始里程<0.0> 系统默认起始里程为 0。

（5）单击"确定"之后，屏幕弹出绘制纵断面图对话框，如图 15 - 36 所示。

输入相关参数，如：

横向比例为 1∶<500> 输入横向比例，系统的默认值为 1∶500。

纵向比例为 1∶<100> 输入纵向比例，系统的默认值为 1∶100。

断面图位置：可以手工输入，亦可在图面上拾取。

可以选择是否绘制平面图、标尺、标注；还有一些关于注记的设置。

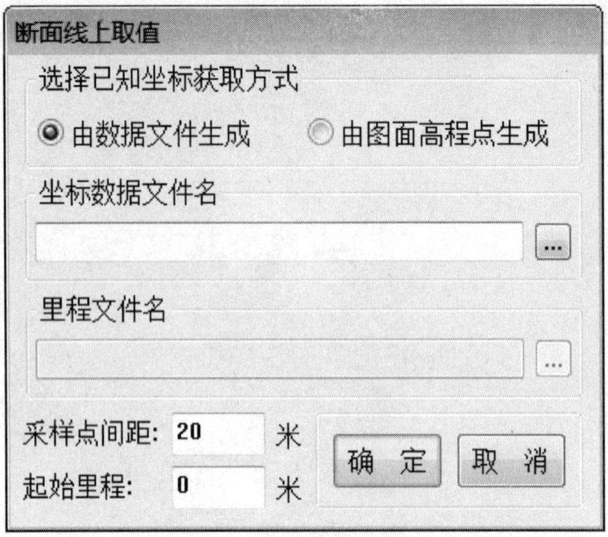

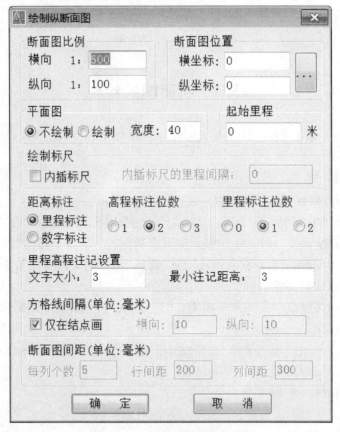

图 15 - 35　根据已知坐标绘纵断面图

图 15 - 36　绘制纵断面图对话框

（6）单击"确定"之后，在屏幕上出现所选断面线的断面图，如图 15 - 37 所示。

2. 根据里程文件

一个里程文件可包含多个断面的信息，此时绘断面图就可一次绘出多个断面。

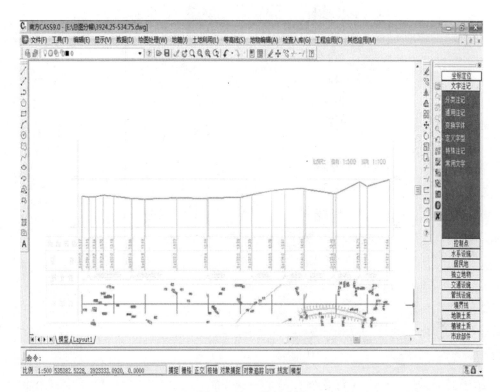

图 15 – 37 纵断面图

里程文件的一个断面信息内允许有该断面不同时期的断面数据,这样绘制这个断面时就可以同时绘出实际断面线和设计断面线。

3. 根据等高线

如果图面存在等高线,则可以根据断面线与等高线的交点来绘制纵断面图。

选择"工程应用 \绘断面图 \根据等高线"命令,命令行提示:

请选取断面线:选择要绘制断面图的断面线。

4. 根据三角网

如果图面存在三角网,则可以根据断面线与三角网的交点来绘制纵断面图。

选择"工程应用 \绘断面图 \根据三角网"命令,命令行提示:

请选取断面线:选择要绘制断面图的断面线。

15.4 公路曲线设计

15.4.1 单个交点处理

操作过程如下:

(1)用鼠标点取"工程应用\公路曲线设计\单个交点"。

(2)屏幕上弹出"公路曲线计算"的对话框,输入起点、交点和各曲线要素,如图 15 – 38 所示。

(3)屏幕上会显示公路曲线和平曲线要素表,如图 15 – 39 所示。

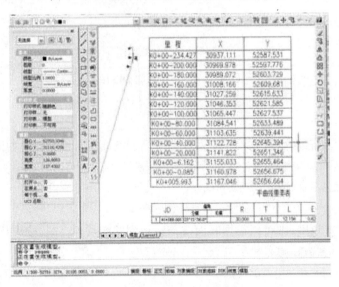

图 15-38 输入平曲线已知要素文件名对话框

图 15-39 公路曲线和平曲线要素表

15.4.2 多个交点处理

1. 曲线要素文件录入

鼠标选取"工程应用\公路曲线设计\要素文件录入",命令行提示:

(1)偏角定位 (2)坐标定位:<1>选偏角定位则弹出要素输入框:

(1)偏角定位法。

起点需要输入的数据:①起点坐标;②起点里程;③起点看下一个交点的方位角;④起点到下一个交点的直线距离。

各个交点所输入的数据:①点名;②偏角;③半径（若半径是 0,则为小偏角,即只是折线,不

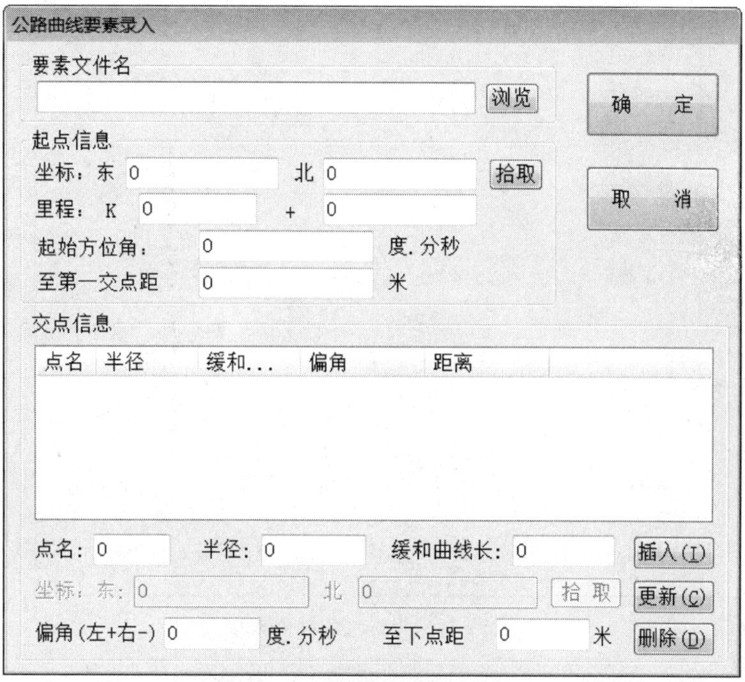

图 15 - 40　偏角法曲线要素录入

设曲线）；④缓和曲线长（若缓和曲线长为0,则为圆曲线）；⑤到下一个交点的距离（如果是最后一个交点,则输入到终点的距离）。

分析:通过<起点的坐标>、<到下一个交点的方位角>和到第一交点的距离可以推算出<第一个交点的坐标>。

再根据<到下一个交点的方位角>和<第一个交点的偏角>可以推算出<第一个交点到第二个交点的方位角>,再根据<第一个交点到第二个交点的方位角>和<到第二个交点的距离>和<第一个交点的坐标>可以推出<第二个交点的坐标>。

依次类推,直到终点。

选坐标定位则弹出如图 15 -41 所示要素输入框。

（2）坐标定位法。

起点需要输入的数据:①起点坐标;②起点里程。

各交点需输入的数据:①点名;②半径（若半径是 0,则为小偏角,即只是折线,不设曲线）;③缓和曲线长（若缓和曲线长为 0,则为圆曲线）;④交点坐标（若是最后一点则为终点坐标）。

分析:由<起点坐标>、<第一交点坐标>、<第二交点坐标>可以反算出<起点>至<第一交点>,<第一交点>至<第二交点>的方位角,由这两个方位角可以计算出第一曲线的偏角,由偏角半径和交点坐标则可以计算其他曲线要素。

依次类推,直至终点。

2. 要素文件处理

鼠标选取"工程应用\公路曲线设计\曲线要素处理"命令,弹出如图 15 -42 所示对话框。

在要素文件名栏中输入事先录入的要素文件路径,再输入采样间隔、绘图采样间隔。"输出采样点坐标文件"为可选。单击"确定"后,在屏幕指定平曲线要素表位置后绘出曲线及要素表,如图 15 -43 所示。

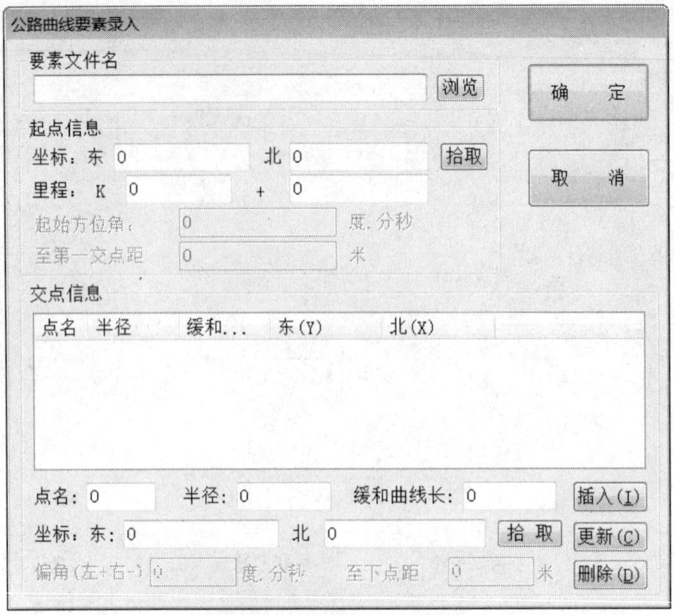

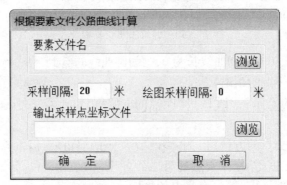

图 15-41　坐标法曲线要素录入

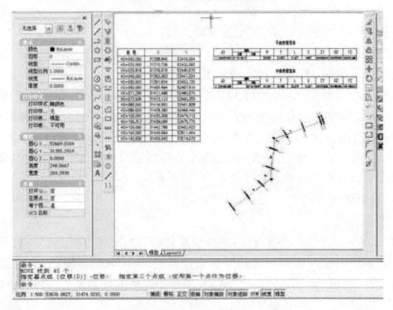

图 15-42　要素文件处理

图 15-43　公路曲线设计要素表

15.5 面 积 应 用

1. 长度调整

通过选择复合线或直线,程序自动计算所选线的长度,并调整到指定的长度。

(1) 选择"工程应用\线条长度调整"命令。

(2) 提示:请选择想要调整的线条;

(3) 提示:起始线段长 XXX.XXX 米,终止线段长 XXX.XXX 米;

(4) 提示:请输入要调整到的长度(米);输入目标长度;

(5) 提示:需调整 (1)起点(2)终点<2>;默认为终点。

回车或右键"确定",完成长度调整。

2. 面积调整

面积调整如图 15－44 所示。

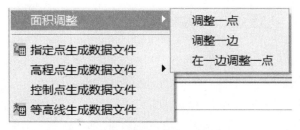

图 15－44　面积调整菜单

通过调整封闭复合线的一点或一边,把该复合线面积调整成所要求的目标面积。复合线要求是未经拟合的。

如果选择调整一点,复合线被调整顶点将随鼠标的移动而移动,整个复合线的形状也会跟着发生变化,同时可以看到屏幕左下角实时显示变化着的复合线面积,待该面积达到所要求数值,单击鼠标左键确定被调整点的位置。如果面积数变化太快,可将图形局部放大再使用本功能。

如果选择调整一边,复合线被调整边将会平行向内或向外移动以达到所要求的面积值。

如果选择在一边调整一点,该边会根据目标面积而缩短或延长,另一顶点固定不动。原来连到此点的其他边会自动重新连接。

3. 计算指定范围的面积

(1) 选择"工程应用\计算指定范围的面积"命令。

(2) 提示:1、选目标/2、选图层/3、选指定图层的目标<1>

输入 1:即要求您用鼠标指定需计算面积的地物,可用窗选、点选等方式,计算结果注记在地物重心上,且用青色阴影线标示;

输入 2:系统提示您输入图层名,结果把该图层的封闭复合线地物面积全部计算出来并注记在重心上,且用青色阴影线标示;

输入 3:则先选图层,再选择目标,特别采用窗选时系统自动过滤,只计算注记指定图层被选中的以复合线封闭的地物。

（3）提示：是否对统计区域加青色阴影线？<Y>默认为"是"。

（4）提示：总面积 = XXXXX.XX 平方米

4. 统计指定区域的面积

该功能用来将上面注记在图上的面积累加起来。

（1）用鼠标点取"工程应用\统计指定区域的面积"。

（2）提示：

面积统计 -- 可用：窗口(W.C)/多边形窗口(WP.CP)/... 等多种方式选择已计算过面积的区域

选择对象：选择面积文字注记：用鼠标拉一个窗口即可。

（3）提示：总面积 = XXXXX.XX 平方米

5. 计算指定点所围成的面积

（1）用鼠标点取"工程应用\指定点所围成的面积"。

（2）提示：输入点：用鼠标指定想要计算的区域的第一点，底行将一直提示输入下一点，直到按鼠标的右键或回车键确认指定区域封闭（结束点和起始点并不是同一个点，系统将自动地封闭结束点和起始点）。

（3）提示：总面积 = XXXXX.XX 平方米

第16章 纵横公路造价软件

通过本章学习了解程概预算和报价序功能及流程说明。熟悉运用程序完成道桥预算编制的过程。掌握运用程序完成道桥报价编制的过程。

16.1 道桥工程概预算编制

16.1.1 程序功能及流程说明

目前进行道路桥梁工程造价计算的软件有很多,如:纵横公路造价管理系统、同望公路工程造价预算管理软件、超人公路造价概预算软件、凯威公路工程造价管理软件、饮羽公路造价软件、大盛公路工程造价管理系统等。本章以纵横公路造价管理系统为例介绍运用计算机编制道路桥梁工程概预算和投标报价。

1. 纵横公路工程造价管理系统概述

纵横公路工程造价管理系统,以下简称纵横公路造价软件。主要用于编制公路工程建设项目的建议估算、可行估算、概算、修正概算、施工图预算、标底控制价、投标报价、合同中间结算、设计变更结算、竣工结算。

2. 纵横公路造价软件的下载安装与注册

(1)下载安装程序。登录纵横公司官方网站:www. smartcost. com. cn,进入"下载中心",下载安装程序即可。

(2)解压安装程序。①双击压缩包,解压安装程序;②运行安装程序,按提示安装即可;③安装完成后,在桌面即出现四个图标,如图16-1所示。

图16-1 图标

3. 纵横公路造价软件版本介绍

(1)三算版(估概预算版):编制公路工程可行估算、建议估算、概算、修正概算、施工图预算等。

(2)投标版:编制公路工程清单预算、标底控制价、中间结算、设计变更结算、单价变更审核、竣工结算等。

(3)专业版:专业版本=估概预算版+投标版(可行估算、建议估算、概算、修正概算、施工图

预算、清单预算、标底控制价、中间结算、设计变更结算、单价变更审核、竣工结算)

(4) 网络版:只要能上网,就拥有免费正版纵横公路造价软件(功能同专业版)。

(5) 学习版:学习版除了不能直接打印和导出报表,其他功能均与专业版相同。

4. 编制概预算文件的操作流程

第一步:建文件、建项目→第二步:确定费率文件→第三步:建立项目表→第四步:选定额、输定额工程量→第五步:定额调整→第六步:计算第二、三部分费用→第七步:工料机分析与单价计算→第八步:报表输出→第九步:数据交换。

5. 新建建设项目及造价文件

(1) 建文件、建项目。打开纵横公路造价软件概预算版,会出现界面如图16-2所示。

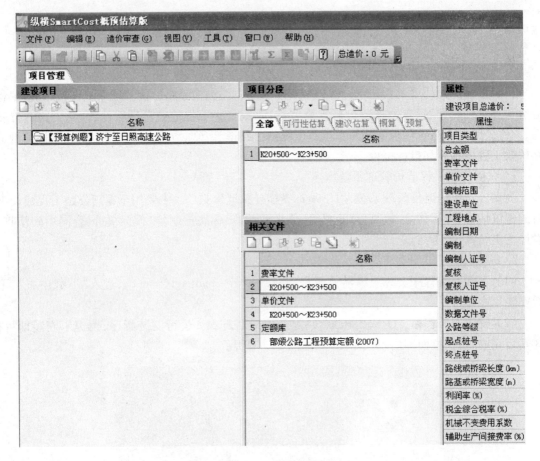

图16-2 软件界面

(2) 单击"新建项目"按钮,或者快捷菜单栏下的新建建设项目图标 □ ,系统会自动弹出新建项目对话框。

(3) 在空白栏输入建设项目名称:如 XX 二级公路;选择项目类型:预算,单击"确定"完成新建建设项目工作,如图16-3所示。

(4) 确定项目属性:"项目属性"是指利润、税金等其他费用取值。单击"文件菜单"→"项目属性"或单击"项目属性"图标,在弹出的项目文件属性对话框,按实际工程情况填写基本信息、技术参数、计算参数、其他取费、小数位数,确定即可,如图16-4所示。

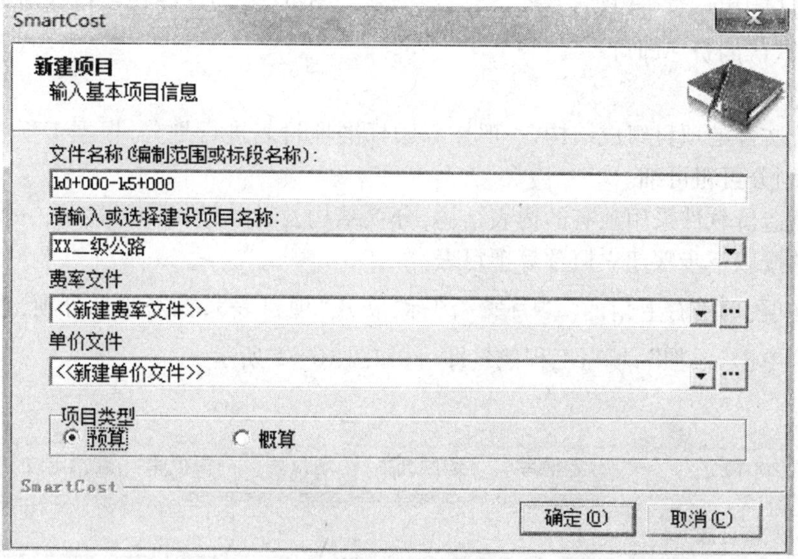

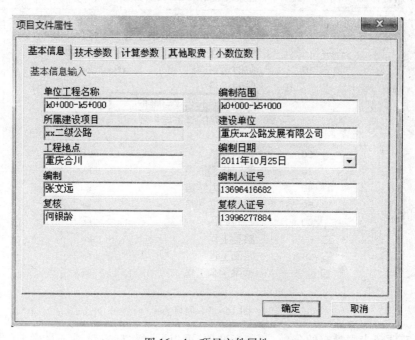

图 16-3　新建项目

图 16-4　项目文件属性

6. 确定费率文件

费率文件主要是指公路工程的其他工程费、规费、企业管理费等费的费率,其他工程费和间接费按"人工费+材料费+机械费"、"人工费+机械费"、"人工费"和"直接费"为计算基数,乘"费率"方式计算,根据工程实际情况取用不同的值。各省(市、区)结合当地实际情况,对部颁编制办法作了相应的补充规定。凡在该地区进行的公路建设项目均要执行当地的补充规定。根据项目所在地具体工程情况选择不同的费率标准(详见《公路工程基本建设项目概算预算编制办法》及各省补充规定)。

单击主窗口中的"费率"图标 ，然后根据施工图纸，分别选择各项参数即可，标准的"工程参数"选用默认的费率即可。

7. 建立项目表

建立造价文件的项目组成结构，一般按部颁标准项目表进行划分，根据工程项目的规模不同，项目表的划分可粗可细。

纵横公路造价软件采用独有的树表结构，分项结构及计算结果同屏显示，一览无遗。纵横公路造价软件按以下步骤建立概预算项目表：

建立标准项：单击右上角的 项目表 图标，展开"项目表"，如需添加分项，直接双击该分项名称或勾选单击"添加"，填写工程数量即可，如图 16-5 所示。

图 16-5 项目表

对于标准项目表中没有的分项，即非标准项，可以通过鼠标右键或工具栏上的 按钮逐个添加（如外购土方）。

8. 选定额，输入工程量

单击选中需套定额的分项→点屏幕右上角的"定额选择"→在相应的定额章节中找到需要选择的定额后，双击定额即可，如图 16-6 所示。

9. 定额调整

当定额的工作内容和计算分项的工作内容不完全一致时，要对定额进行必要的调整。纵横公路造价软件的定额调整分为：工料机/砼、附注条件、辅助定额、稳定土、单价调整（单价调整是指局部工料机或单个定额中某一个工料机改预算单价）。

294

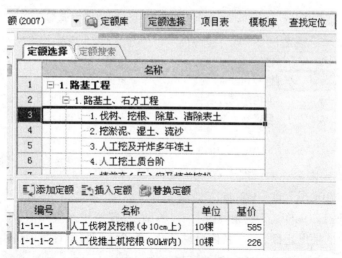

图 16-6　定额选择

在定额列表中选中要调整的定额细目,点定额调整按钮,软件弹出"定额调整"窗口,如下: >> 定额调整　工料机/砼　附注条件　辅助定额　稳定土　单价调整

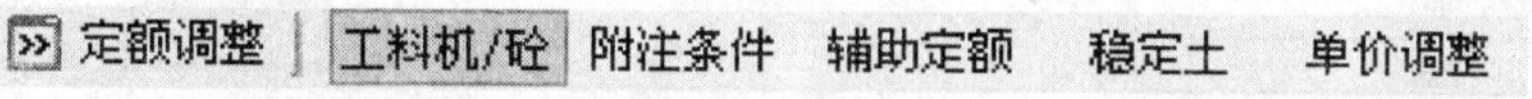

(1) 工料机/砼。在"工料机/砼"界面,可进行工料机抽换、新增工料机、调整定额消耗量(如改砂浆号、换砼号)等调整。鼠标右键或单击 ⋯ 图标完成操作,如图 16-7 所示。

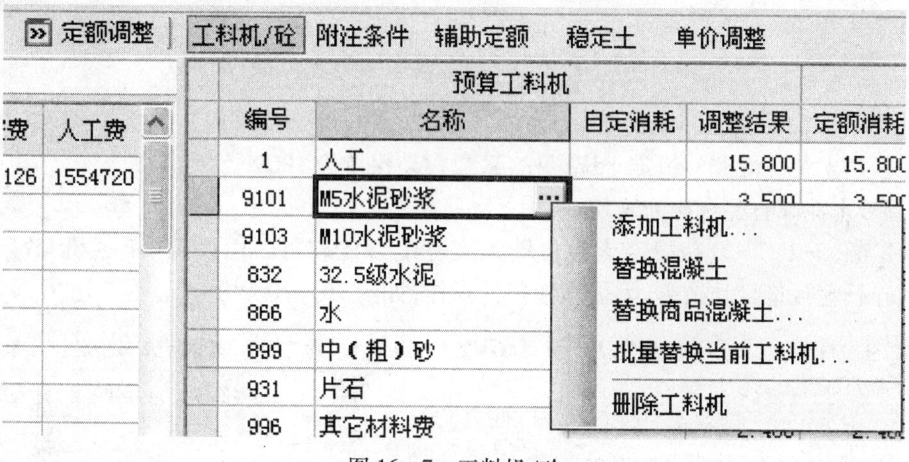

图 16-7　工料机/砼

例:换砂浆号:M5 换成 M7.5

输入定额:1-2-3-1,单击"定额调整"→"工料机/砼",选择替换水泥砂浆型号。

在弹出的选择工料机窗口中,找到 M7.5 号水泥砂浆,勾选确定即可。

(2) 附注条件(定额乘系数)。纵横软件已经把定额书中的附注说明做成了选项的形式,做预算时,直接根据实际情况勾选即可。

例:灌注桩可根据不同的桩径选择调整系数。

输入定额:4-4-5-43,当设计桩径与定额桩径不同时,可根据施工情况选择实际桩径。单击"附注条件",选择实际"桩径",勾选即可,如图 16-8 所示。

(3) 辅助定额。辅助定额调整主要调整定额的运距、厚度、钢绞线的束数、强夯夯击点数次数等内容。定额中描述定额单位值的定额称为"主定额"。定额中同时给出了可对主定额进行

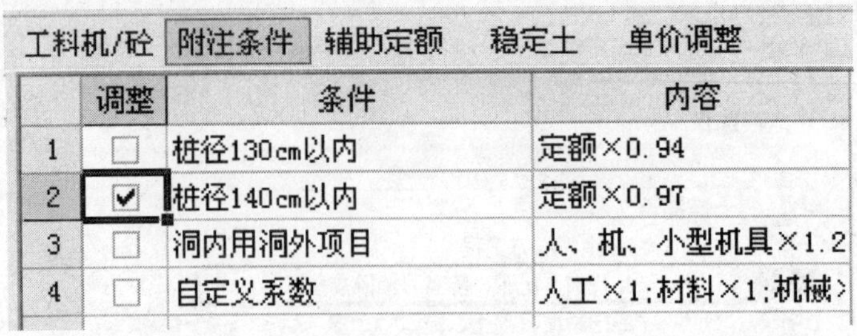

图 16-8　附注条件

增量调整的定额,其定额名称中一般含有"增、减"字样,称为辅助定额。

例:调整运距:"10t 车运输 10.2km"

输入定额:1-1-11-9,单击"定额调整"→"辅助定额"→输入实际值:10.2km 即可,软件自动选择 5、10、15km 的辅助定额,定额名称自动变化,单价随即自动计算,如图 16-9 所示。

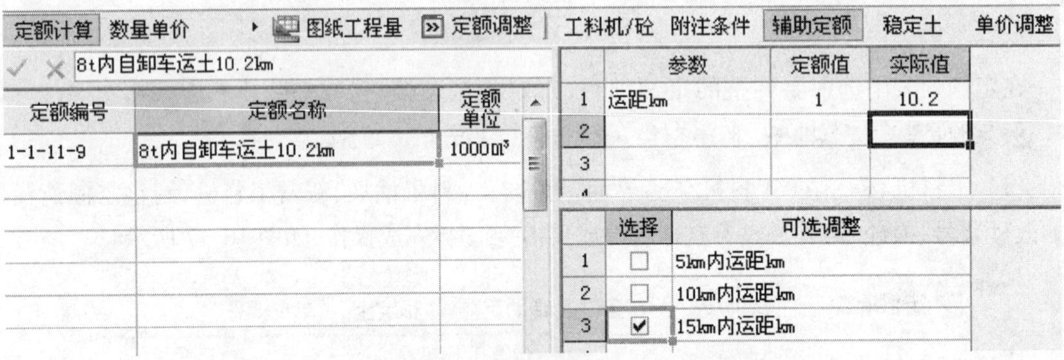

图 16-9　辅助定额

(4) 稳定土。一般调整稳定土配合比,系数自动保持为 100%。

例:调整水泥碎石配合比为 4:96

输入定额:2-1-7-5,在稳定土窗口输入实际配合比即可。切换到"工料机/砼",可以看到,水泥、碎石消耗量自动换算,无须其他任何操作,如图 16-10 所示。

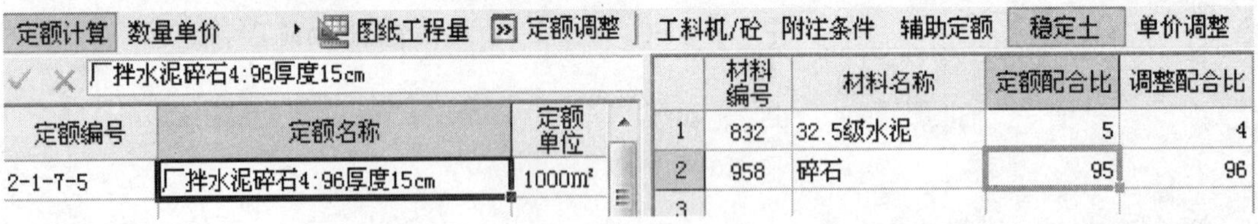

图 16-10　稳定土

(5) 单价调整。单击"定额调整"→"单价调整",在相应的工、料处直接输入单价即可。此单价调整只对本条定额起作用,如图 16-11 所示。

10. 计算第二、三部分费用

第二、三部分费用是指设备及工具、器具购置费和工程建设其他费用,主要通过基数计算和数量单价的方式确定费用。单击项目表"金额"列图标⋯,弹出"表达式编辑器",在表达式窗口中输入计算公式即可,如图 16-12 所示。

11. 工料机预算单价

操作要点:1-人工单价;2-材料单价;3-机械单价。

工料机/砼　附注条件　辅助定额　稳定土　单价调整

编号	名称	定额价	预算价	单价调整
1	人工	49.20	43.15	
9101	M5水泥砂浆	0.00	0.00	
9103	M10水泥砂浆	0.00	0.00	
832	32.5级水泥	320.00	320.00	
866	水	0.50	0.50	
899	中（粗）砂	60.00	78.80	
981	块石	85.00	110.00	110.00
996	其它材料费	1.00	1.00	
1999	基价	1.00	1.00	

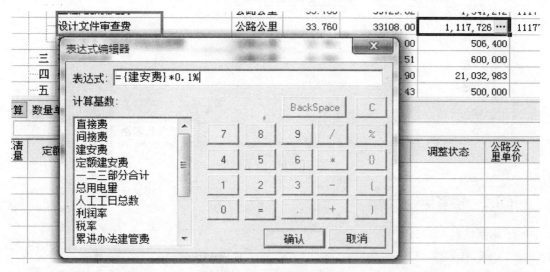

图 16－11　单价调整

图 16－12　表达式编辑器

工料机窗口汇总显示本造价文件所有定额内包含的工料机，可直接在此窗口修改或计算工料机的预算单价。

（1）人工单价。在工料机窗口预算单价列输入人工单价即可。可通过纵横软件“帮助”中的“2008 编制办法及定额章节说明”，查看各省补充编办中规定的人工单价，如图 16－13 所示。

编号	名称	单位	消耗量	定额单价	预算单价	规格	主材
1	人工	工日	69863.000	49.20	43.15		✔
2	机械工	工日	5220.500	49.20	43.15		✔
101	原木	m^3	0.000	1120.00	1120.00	混合规格	✔

图 16－13　人工单价

（2）材料单价。材料的预算价，是指材料运达工地仓库的价格，不是材料的出厂价格，也不是市场价格。直接在预算单价列输入即可。

（3）机械单价。施工机械台班单价由不变费用和可变费用组成。不变费用一般不允许修改，可变费用只需确定机械工单价、动力燃料费、车船使用税，机械台班费用自动计算。

纵横软件里，切换到“机械单价”窗口，单击选择当地“车船税标准”即可。

12. 报表输出

单击"报表"图标可直接预览、打印、输出报表、导出 PDF,Excel 格式,A3、A4 自由切换,同时还可对报表进行设置。

13. 交换数据

在"文件"菜单栏→"导出"→"成批导出建设项目",可以把整个建设项目的项目文件、单价文件和费率文件统一压缩在一个 .sbp 文件里,可进行数据交换,通过"文件"→"导入"操作即可接收项目文件。

具体如图 16-14 所示。

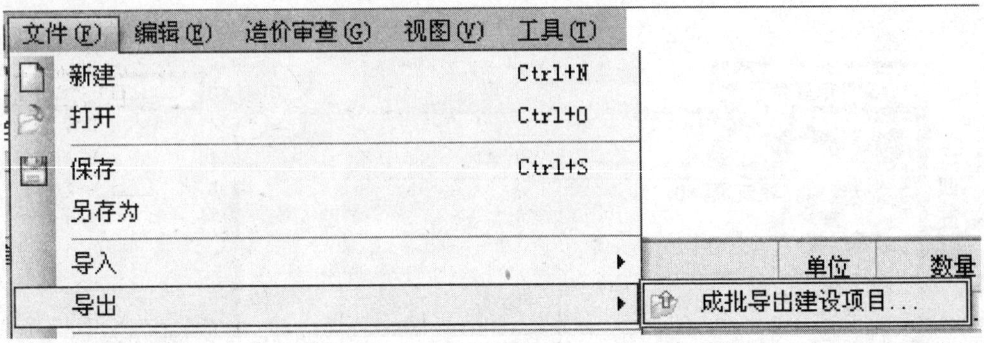

图 16-14 报表输出

16.1.2 预算编制示例

1. 编制信息

(1)基本信息。

①文件名称:k0+000—k5+000(编制范围或标段名称)

②建设项目名称:XX 二级公路

③编制类型:施工图预算

④编制软件:纵横公路工程造价管理系统

(2)项目属性。

"文件菜单"→"项目属性"

数据文件号:CQ2011001(可不填)	编制范围:k0+000—k5+000
所属建设项目:XX 二级公路	建设单位:重庆 XX 公路发展有限公司
工程地点:重庆合川	公路等级:二级公路
路线或桥梁长度/km:5	路基或桥梁宽度/m:24
利润率:7 %	税金:3.41%

(3)取费信息(费率文件属性)。

工程所在地	重庆	费率标准	重庆费率标准(2008)
冬季施工	不计	雨季施工	Ⅱ区 4 个月
夜间施工	不计	高原施工	不计

工程所在地	重庆	费率标准	重庆费率标准(2008)
风沙施工	不计	沿海地区	不计
行车干扰	不计(绕行)	安全施工	计
临时设施	计	施工辅助	计
工地转移/km	60	养老保险/%	20
失业保险/%	2	医疗保险/%	9.7
住房公积金/%	7	工伤保险/%	1.5
基本费用	计	综合里程/km	4
职工探亲	计	职工取暖	不计
财务费用	计		

2. 造价书内容

(1) 工程项目表。

工程项目:标准项目从标准项目表中选择,非标准项插入添加。

①项目分型表。

项	目	节	细目	工程或费用名称	单 位	数量
				第一部分 建筑安装工程费	公路公里	
一				临时工程	公路公里	5.000
	10			临时道路	km	5.000
		10		临时道路	km	5.000
	40			临时电力线路	km	0.100
二				路基工程	km	4.950
	20			挖方	m³	50000.000
		10		挖土方	m³	50000.000
			15	外购土方(非标准项)	m³	20000.000
	60			防护与加固工程	km	5.00
		20		坡面圬工防护	m³/m²	15000.00
			30	浆砌片石护坡	m³/m²	15000.00
三				路面工程	km	5.00
	30			路面基层	m²	76000.000
		20		水泥稳定类基层	m²	76000.000
	60			水泥混凝土面层	m²	70000.000
		10		水泥混凝土面层	m²	70000.000
				第二部分 设备及工具、器具购置费	公路公里	5.00
三				办公及生活用家具购置	公路公里	5.00
				第三部分 工程建设其他费用	公路公里	5.00

项	目	节	细目	工程或费用名称	单 位	数量
二				建设项目管理费	公路公里	5.00
	10			建设单位(业主)管理费	公路公里	5.00
	30			工程监理费	公路公里	5.00
	50			设计文件审查费	公路公里	5.00
十一				建设期贷款利息	公路公里	5.00
				第一、二、三部分 费用合计	公路公里	5.00
				预备费	元	
				1. 价差预备费	元	
				2. 基本预备费	元	
				新增加费用项目(不作预备费基数)	元	
				概(预)算总金额	元	
				其中:回收金额	元	
				公路基本造价	公路公里	5.00

②定额细目表。

工程项目	定 额 名 称	单位	工程量	取费	定额号及定额调整提示
临时道路	汽车便道平微区路基宽7m	km	5	7	7-1-1-1
临时电力线路	干线三线裸铝线输电线路	100m	100	8	7-1-5-1
挖土方	2.0m³ 内挖掘机挖装土方普通土	1000m³	50000	2	1-1-9-8
	10t 内自卸车运土 5.2km	1000m³	50000	3	1-1-11-13,+15×8 (备注:调整运距)
	二级路 10t 内振动压路机压土	1000m³	50000	2	1-1-18-8
外购土方 (非标准项)	(单价×数量)	m³	20000	0	20000×3＝60000 (备注:不计利润、计税金)
浆砌片石护坡	浆砌片石护坡	10m³	15000	8	5-1-10-2,M5,-3.5, M7.5,+3.5 (备注:换砂浆号)
水泥稳定类 基 层	厂拌水泥碎石4:96厚度20cm	1000m²	76000	7	2-1-7-5,+111×5,4:96, 200t/h 内厂拌设备 (备注:调整配合比、调整厚 度、换厂拌设备型号)
	稳定土运输 10t 内4km	1000m³	3800	3	2-1-8-13,+14×6 (备注:调整运距)
	厂拌设备安拆(200t/h 内)	座	1	10	2-1-10-3
水泥混凝土 面 层	轨道摊铺机铺筑混凝土厚20cm	1000m²	70000	10	2-2-17-3,普 C30-32.5- 4,-204,9222 量0,添10016 量 204,10016 价420 (备注:换商品混凝土、取费 取构造物Ⅲ)
	路面钢筋	t	1	13	2-2-17-15

③定额调整注意事项。

注1：基层水泥含量"4%"调整方法：定额调整→稳定土→调整配合比；

注2：采用商品混凝土具体调整方法：定额调整→工料机砼→右键单击替换商品混凝土→修改取费为构造物Ⅲ，商品混凝土预算价格为420元；

注3：运距调整方法：定额调整→辅助定额→输入实际值；

注4：附注条件调整方法：定额调整→附注条件直接打钩；

注5：路基的总长度要扣除桥隧的长度，所以路基长度为4.95km。

（2）第二部分 设备、工具、器具及家具购置费"参考编制流程"。

（3）第三部分 工程建设其他费用。

建设单位（业主）管理费	｛累进办法建管费｝
工程监理费	｛建安费｝＊2.5%
设计文件审查费	｛建安费｝＊0.1%
建设期贷款利息（备注：选中贷款利息的行，单击右键，选择建设期贷款利息，弹出建设期贷款利息编辑器；输入银行名称，接着输入计息年后回车，输入相关数值，单击"生成项目表"即可完成）	交通银行贷款3年：第1年50万；第2年50万；第3年50万。利率均为7%

3. 基本预备费

计算方法：以第一、二、三部分费用之和（扣除固定资产投资方向调节税和建设期贷款利息两项费用）；施工图预算按3%计列。

单击基本预备费的金额列，单击三个小点，弹出表达式编辑器；输入公式。

4. 工料机预算价信息（图16-15）

人工、机械工根据重庆市补充编制办法取定：

图16-15 工料机预算价信息

点工料机窗口→直接输入数值：人工 43.15；机械工 43.15；

5. 报表

（1）直接单击报表，然后可以查看各种报表，正版用户一年内免费定制各类报表。

（2）报表可以进行设置，单击设置，可对报表进行设置。

可以导出 Excel 格式和 PDF 格式，A3、A4 格式自由切换。

16.2　道桥工程报价编制

16.2.1　程序功能及流程说明

1）编制清单预算文件的操作流程

第一步：建文件、建项目（同 5.1）→第二步：确定费率文件（同 5.1）→第三步：建立工程量清单→第四步：选定额（同 5.1）→第五步：定额调整（同 5.1）→第六步：工料机分析与单价计算（同 5.1）→第七步：分摊→第八步：调价→第九步：报表输出（同 5.1）→第十步：交换数据（同 5.1）

2）新建建设项目及造价文件"同 5.1"

3）清单范本

建立工程量清单方法：①从清单范本选择清单；②从 Excel 复制再粘贴到纵横软件中或直接导入 Excel 清单。

清单第 100 章费用计算

实例：

根据招标文件，工程一切险＝第 100 章到 700 章合计的 0.3%（不含工程一切险本身）。

① 单击一切险的金额列，单击 …… ，弹出表达式编辑器；

② 双击 {第 100 章到 700 章合计} 取得基数，完成"＝{100 章至 700 章合计} ＊ 0.3%"的计算式，

执行分摊	取消分摊	取消所有分摊			
	名称	单位	数量	单价	金额
1	混凝土拌和站	总额	1	150000	150000
2					

系统自动计算金额。

对某些已知单价的清单项目，可以在数量单价列直接输入单价。系统自动计算结果。

对于专项暂定金额项目，在软件造价书主窗口的"专项暂定"列勾选，选择"材料"、"工程设备"、"专项工程"即可。

4）分摊

分摊的目的，在于将工程量清单中没有单独开列、而在实际施工过程中必须发生的合理费用，分摊到"多个"相关清单项目内。常见的分摊项目有"拌和站建设费"，"弃土场建设费"等。

基本操作

例：将混凝土拌和站一座（金额 150000 元）分摊到路面的 306-1 和 312-1 清单中。

操作要点：

（1）建立分摊项目：单击左侧工具栏上的分摊图标切换到分摊窗口；输入分摊项名称：混凝

土拌和站。

	名称	单位	数量	单价	金额
1	混凝土拌和站	总额	1	150000	150000
2					

执行分摊　取消分摊　取消所有分摊

确定分摊项金额:采用"数量单价"进行分摊,输入如下:

定额计算　数量单价

✓ ✗ 混凝土拌合站

	名称	单位	数量	单价	取费类别	类型	利润	税金
1	混凝土拌合站	座	1.000	150000		材料	□ 0	□ 0

（2）执行分摊:单击窗口左上角的"执行分摊",勾选参与费用分摊的清单,选择分摊方式即可,如图16-16所示。

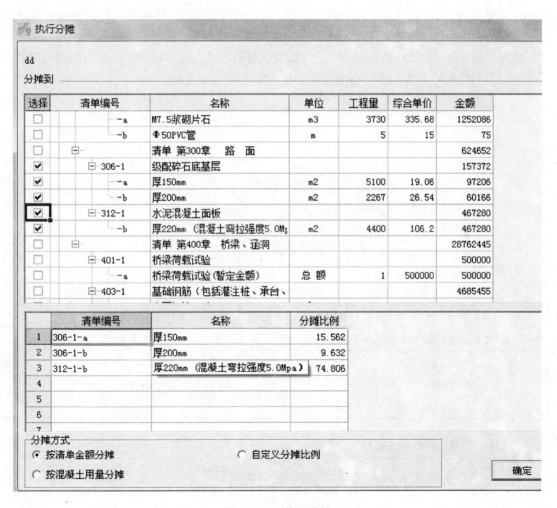

图16-16　执行分摊

（3）查看分摊结果:执行分摊后,在对应的已分摊清单下的数量窗口下可查看。分摊项在清单或者报表里,是作为一项独立的费用出现的。

（4）取消分摊:在纵横软件里,单击菜单栏的"清单报价"→"取消所有分摊"即可。

5）调价

在激烈的投标竞争中，"速度"就是制胜武器。纵横公路造价软件特别强化了清单调价功能。可成批调清单的"工料机消耗量、单价、费率"；乘系数后，所有单价分析表数据自动调整。

操作要点：

①单击调价按钮进入到调价窗口；

②首次调价时，单击"初始化/恢复"，调用原始数据。

③单击"成批调整工料机消耗"，在人工、材料、机械方框内分别输入系数，确定。

如有需要：也可选择"费率/单价"调整系数，操作亦然。

④单击"调价计算"，即可得到调价前和调价后单价、金额。

也可对某些分项清单进行微调，直接输入金额或调整"人工、材料、机械"的系数，单击"调价计算"即可。

6）调价方案的比对

纵横公路造价软件中保存"调价前"与"调价后"两套报表（全部报表），用户可按招标文件的要求选择任意一套报表打印。

在招标过程中，常需对几个报价方案进行对比分析，这时，就可以利用纵横公路造价软件与Excel无缝衔接的特点，将清单项目及各个调价方案的报价复制到Excel中进行分析比对。

16.2.2 报价编制示例

1. 编制信息

1）基本信息

（1）文件名称：A2合同段（编制范围或标段名称）。

（2）建设项目名称：重庆XX公路。

（3）项目类型：2009清单范本（清单投标报价）。

（4）编制软件：纵横公路工程造价管理系统。

2）项目属性

"文件菜单"→"项目属性"。

建设单位：重庆XX公路发展有限公司	工程地点：重庆合川
数据文件号：CQ2011002（可不填）	公路等级：高速公路
工程地点：重庆合川	编制范围：A2合同段
路线或桥梁长度（km）：2.6	路基或桥梁宽度（m）：24.5
利润率：7%	税金：3.35%

3）取费信息（费率文件属性）

工程所在地	重庆	费率标准	重庆费率标准（2008）
冬季施工	不计	雨季施工	Ⅱ区4个月
夜间施工	不计	高原施工	不计
风沙施工	不计	沿海地区	不计
行车干扰	不计（新建不计）	安全施工	计
临时设施	计	施工辅助	计

304

（续）

工程所在地	重庆	费率标准	重庆费率标准(2008)
工地转移(km)	60	养老保险(%)	20
失业保险(%)	2	医疗保险(%)	9.7
住房公积金(%)	7	工伤保险(%)	1.5
基本费用	计	综合里程(km)	4
职工探亲	计	职工取暖	不计
财务费用	计		

2. 报价造价计算

1) 工程量清单

清单编号	名　称	单位	数量	数量2
	第100章至700章清单			
	清单 第100章 总则			
101-1	保险费			
-a	按合同条款规定;提供建筑工程一切险	总额	1	
-b	按合同条款规定,提供第三方责任险	总额	1	
102-4	纵横公路工程造价管理软件	总额	10	
	清单 第200章 路基			
202-1	清理与掘除			
-a	清理现场	m²	23518	
203-1	路基挖方			
-a	挖土方	m³	21187	
208-2	浆砌片石护坡			
-a	M7.5浆砌片石	m³	3730	
-b	φ50PVC管	m	5	
	清单 第300章 路面			
306-1	级配碎石底基层			
-a	厚150mm	m²	5100	
-b	厚200mm	m²	2267	
312-1	水泥混凝土面板			
-b	厚220mm(混凝土弯拉强度5.0MPa)	m²	4400	

2) 选套定额细目表

（先做完200章至700章数据,最后处理100章总则）

编号	清单名称及相应定额	单位	数量	定额调整情况
	第100章至700章清单			
	清单 第100章 总则			
101-1	保险费			
-a	按合同条款规定;提供建筑工程一切险	总额	1	100章至700章合计(不含第三方责任险)＊3.14%(备注:点金额鼠标右键,输入公式)

编号	清单名称及相应定额	单位	数量	定额调整情况
-b	按合同条款规定,提供第三方责任险	总额	1	20000000＊0.3%(备注:点金额鼠标右键,输入计算式"＝20000000＊0.3%")
102-4	纵横公路工程造价管理软件及培训费	总额	10	10×9800(暂定)(专业工程)(备注:在综合单价处直接输入9800)
	清单 第200章 路基			
202-1	清理与掘除			
-a	清理现场	m^2	23518	
1-1-1-12	清除表土(135kW 内推土机)	$100m^3$	47.036	
1-1-10-2	$2m^3$ 内装载机装土方	$1000m^3$	4.704	
1-1-11-13	10t 内自卸车运土5.2km	$1000m^3$	4.704	+15×8(备注:调整运距)
203-1	路基挖方			
-a	挖土方	m^3	21187	
1-1-9-8	$2.0m^3$ 内挖掘机挖装土方普通土	$1000m^3$	3.277	
1-1-9-9	$2.0m^3$ 内挖掘机挖装土方硬土	$1000m^3$	17.91	
1-1-11-13	10t 内自卸车运土5.3km	$1000m^3$	21.187	+15×9(备注:调整运距)
208-2	浆砌片石护坡			
-a	M7.5浆砌片石	m^3	3730	
5-1-10-2	浆砌片石护坡	$10m^3$	373	M5,-3.5,M7.5,+3.5,(备注:换砂浆号)
1-1-6-3	人工挖运硬土20m	$1000m^3$	4.198	
5-1-25-2	砂砾泄水层	$100m^3$	37.3	
-b	ϕ50PVC 管	m	5	
	ϕ50PVC 管	m	5	5×15(数量×单价)(备注:不计利润,不计税金)
	清单 第300章 路面			
306-1	级配碎石底基层			
-a	厚150mm	m^2	5100	
2-2-2-15	平地机拌机铺底基层厚度15cm	$1000m^2$	5.1	+18×7(备注:调整厚度)
-b	厚200mm	m^2	2267	
2-2-2-15	平地机拌机铺底基层厚度20cm	$1000m^2$	2.267	+18×12,拖平压机×2,人工+3,(备注:调整厚度,分层碾压)
312-1	水泥混凝土面板			

306

编号	清单名称及相应定额	单位	数量	定额调整情况
$-b$	厚220mm（混凝土弯拉强度5.0MPa）	m²	4400	
2-2-17-5	滑模摊铺机铺筑混凝土厚22cm	1000m²	4.4	+6×2，普 C30-32.5-4，-224.4，9222量0，添10016量224.4（备注：调整厚度，换商品混凝土）

3. 工料机预算价信息

人工、机械工根据重庆市补充编制办法取定。

人工:43.15;机械工:43.15;

4. 报表

（1）直接单击报表,然后可以查看各种报表。

（2）报表可以进行设置,单击设置,可对报表进行设置。

（3）可以导出 Excel 格式和 PDF 格式,A3、A4 格式自由切换。

参 考 文 献

[1] 王喜仓,刘勇.计算机辅助设计与绘图(AutoCAD 2011)[M].北京:中国水利水电出版社,2010.

[2] 刘勇,董强.画法几何与土木工程制图[M].2版.北京:国防工业出版社,2013.

[3] 于习法,杨惇,何培斌.土建工程设计制图[M].南京:东南大学出版社,2012.

[4] 赵冰华,喻骁.土木工程CAD+天正建筑基础实例教程[M].南京:东南大学出版社,2011.

[5] 周雪峰,陈翔.土木工程CAD与计算软件的应用[M].北京:机械工业出版社,2011.

[6] 郑益民.土木工程CAD[M].北京:机械工业出版社,2014.

[7] 郑益民,赵永平.桥梁工程CAD[M].2版.北京:清华大学出版社,北京交通大学出版社,2012.

[8] GB/T 50001—2010 房屋建筑制图统一标准[S].北京:中国计划出版社,2011.

[9] CB 50010—2010 混凝土结构设计规范[S].北京:中国建筑工业出版社,2011.

[10] JTG B01—2003 公路工程技术标准[S].北京:人民交通出版社,2003.

[11] JTC D60—2004 公路桥涵设计通用规范[S].北京:人民交通出版社,2004.

[12] JTG D62—2004 公路钢筋混凝土及预应力混凝土桥涵设计规范[S].北京:人民交通出版社,2004.

[13] JTC D20—2006 公路路线设计规范[S].北京:人民交通出版社,2006.

[14] 麓山文化.TArch 8.0天正建筑软件标准教程[M].北京:机械工业出版社,2010.

[15] 郭腾峰.道路三维集成CAD技术—纬地三维道路CAD系列软件教程[M].北京:人民交通出版社,2006.

[16] 张同伟.土木工程CAD[M].2版.北京:机械工业出版社,2014.

[17] 张同伟.土木工程CAD[M].1版.北京:机械工业出版社,2008.

[18] 广东南方数码科技有限公司.数字化地形地籍成图系统CASS9.0用户手册,2010.

[19] 崔艳梅.道路桥梁工程概预算[M].重庆:重庆大学出版社,2012.